Effective 软件测试

[荷] 毛里西奥·阿尼什(Maurício Aniche) 著
朱少民 李 洁 张 元 译

清华大学出版社
北 京

北京市版权局著作权合同登记号 图字：01-2023-0294

Maurício Aniche
Effective Software Testing
EISBN: 9781633439931
Original English language edition published by Manning Publications, USA © 2021 by Manning Publications. Simplified Chinese-language edition copyright © 2023 by Tsinghua University Press Limited. All rights reserved.

本书封面贴有清华大学出版社防伪标签，无标签者不得销售。
版权所有，侵权必究。举报：010-62782989，beiqinquan@tup.tsinghua.edu.cn。
图书在版编目(CIP)数据

Effective软件测试 / (荷) 毛里西奥 • 阿尼什(Maurício Aniche) 著；朱少民，李洁，张元译. —北京：清华大学出版社，2023.4
书名原文：Effective Software Testing
ISBN 978-7-302-62937-5

Ⅰ. ①E… Ⅱ. ①毛… ②朱… ③李… ④张… Ⅲ. ①软件—测试 Ⅳ. ①TP311.5

中国国家版本馆CIP数据核字(2023)第060954号

责任编辑：王 军
装帧设计：孔祥峰
责任校对：马遥遥
责任印制：杨 艳

出版发行：清华大学出版社
网 址：http://www.tup.com.cn，http://www.wqbook.com
地 址：北京清华大学学研大厦 A 座 邮 编：100084
社 总 机：010-83470000 邮 购：010-62786544
投稿与读者服务：010-62776969，c-service@tup.tsinghua.edu.cn
质 量 反 馈：010-62772015，zhiliang@tup.tsinghua.edu.cn
印 装 者：三河市春园印刷有限公司
经 销：全国新华书店
开 本：148mm×210mm 印 张：11.75 字 数：385 千字
版 次：2023 年 6 月第 1 版 印 次：2023 年 6 月第 1 次印刷
定 价：98.00 元

产品编号：097439-01

专家赞誉

(排名不分先后，下面按推荐人拼音排名)

本书是一本内容深刻的软件测试书籍，讲述如何平衡研发效率和整体质量来更高效地完成测试，介绍基于需求规格的测试和代码覆盖(涉及测试用例的覆盖标准和全面性)，对测试过程中常见的痛点进行了比较深入的论述和分析，对测试用例的常见方法进行了精确概述，对代码的可测试性和TDD 目前的应用做了很好的总结。无论对于测试工程师，还是负责整体交付的技术管理者，本书都值得一读。

——陈琴(霜波)，阿里巴巴企业智能高级总监

这是一本测试领域的专业入门书籍，扎实、实用，得到全球读者的好评。本书面向开发者，也面向整个软件研发过程的其他相关人员。本书介绍集成测试和系统测试，讲述如何提升测试质量，以及怎么样做才是好的测试实践。以测试金字塔模型中的底层单元测试为主，系统讲解如何设计和执行测试，覆盖领域测试、结构化测试、代码建模和基于系统属性的测试等各个方面，能帮助开发者更好地完成测试工作。学习本书中的知识点和最佳实践对提升测试的价值非常有帮助。本书的译者之一——朱少民老师是测试领域的知名专家，既是研究和讲授软件工程、软件测试的学者，也有多年的企业实践经验。在他的《全程软件测试》和《敏捷测试》等著作中，推崇软件测试贯彻软件研发全生命周期，并以软件研发和测试相融合的视角实践软件工程，提升研发质效，有着与本书原作者相似的理念，有着研究、教学和实践一体的共同模式，我想这是朱老师和团队把本书引入国内的理由之一吧。悦闻此书，是以为荐。

——陈晟，软通动力信息技术(集团)股份有限公司副总裁

从自动化到智能化是所有工程的梦想，软件工程也不例外。软件工程(包括软件测试)常被称为一种艺术。如何进行有效的系统的软件测试，需要工程与艺术的交汇与融合。本书以自动化测试为主线，但不仅局限于自动化的技巧应用，更将软件测试的基本理论和工程思想与自动化思路融会贯通。本书是一本很好的实践教学指导用书，可供软件测试课程的师生和从业人员参考。

——陈振宇，南京大学教授

对于想做好开发测试的团队，本书无疑是非常有益的参考。作者通过实例，结合开发者的特点，深入浅出，层层递进地讲解开发者应该掌握的测试知识，从基于需求的正向测试设计方法，到基于代码覆盖的测试补充、测试自动化和参数化测试等。对可测试性的讲解，有助于开发者写出架构更好的代码，解决代码架构导致测试工作量大的问题。

本书很重视细节，比如对单元测试中单元的定义和解释，可消除很多开发团队的误解，有助于大家更有效地测试。

——高广达，华为数据存储产品线测试技术高级专家(首席)、ICT 软件测试专业组组长

这是一本优秀的软件测试类著作，作者 Mauricio Aniche 博士结合他丰富的开发经历和多年的测试教育经验，从开发角度入手，循序渐进地呈现出软件开发过程中可能遇到的各种测试问题和技术，并用系统性思维去引导解决这些问题。无论是开发者还是测试者，都可从书中介绍的各种先进测试理念和技术中受益。

——季剑锋，亚信安全业数平台质量部总经理

本书展示了清晰、高效的软件测试方法，在现代软件开发过程中，指导开发者培养软件测试技能和素质，显著提升软件开发效率。同时，为渐行渐新的数字生活提供更全面的品质守护。

朱少民、李洁、张元三位资深专家的翻译，以及清华大学出版社对本书的引入，本身就是拓展软件测试疆域的一次突破。读完本书，当我们再

次讨论起软件测试这门学科，我们收获的将不仅是测试技术本身的“物性”，也将收获启迪软件工程行业的“悟性”。

——荆彦青，腾讯 IEG 品质管理总经理、腾讯质量通道委员会会长

高效的软件测试将在越来越多的细分领域发挥重要作用。长期以来困扰着软件测试和质量保证的难题就是投入与产出效率，作者将长期工作实践与先进的质量管理体系相结合，运用工具、图文、代码解析等直观且具象化的手段探索和诠释出一条科学而又独特的解决之道，并通过大量实际案例帮助读者深入浅出地将理论与实践融会贯通。相信每位参与软件开发与测试的工程人员均可在本书中探索到适合自身的高效软件测试解决方案。

——廖志梁，易诚高科 CEO

长期以来，软件工程界存在着对软件测试工作的误解和迷茫。“测试不再是一个独立的研究领域和职位了吗？”很多人在迷惑。我认为，以测试为典型活动的软件 QA 工作是软件工程不可缺少的一部分。高效的软件开发离不开高效的软件测试工作。但目前测试领域的学术教程侧重于前沿的研究成果，而许多面向开发者的书籍则偏重于特定工具，本书的作者 Aniche 教授既教书，又开发软件，他在本书中将测试理论和实践结合起来，书里的示例都是有实践意义的，而不是过于简化的玩具程序。

感谢译者朱少民、李洁、张元老师，把这本高质量的著作带到中国 IT 界，希望本书能推动高效的软件开发，也让测试领域的学生和工程师的工作变得更高效。

——邹欣， CSDN 副总裁，《编程之美》《构建之法》作者

在消费电子产品领域，软件的可靠性是最受关注的质量属性，因为无法通过线上热修复手段解决问题，在线升级的成本对企业和用户都是高昂的。为能更早地发现问题，业内开始 DFT(Design For Testing)的探索和实践，其中 DFR(Design for Reliability，可靠性)和 DFT(Design for Testability，可测试性)是两个重要分支。本书与 DFT 的理念高度契合，全面介绍用例的设计、基于属性的测试、测试策略等，细致诠释了“软件可维可测”理念，对于构建持续可靠稳定的软件系统是非常有价值的参考。

——周志彬，小米集团高级测试总监

译者序

近年来出现了一些新的出版方式，MEAP(Manning Early Access Program)就是其中的一种，把开源运动扩展到出版行业。在MEAP中，读者可在图书出版前逐章阅读早期版本。在作者写作过程中，读者可以及时提供反馈，帮助作者写出更好的作品。

本书正是基于MEAP诞生的一本软件测试图书，其质量已得到多位读者的检验。本书作者Maurício Aniche试图帮助开发人员避免常犯的错误。Maurício博士是开发人员出身，曾亲赴现场交付和部署软件；在客户提出问题后，及时对软件进行了调试、分析和修正。教训是深刻的，他对测试非常重视，亲力亲为，深信“要成为一名高效的开发者，必先成为一名高效的软件测试者”，并强烈推荐在开发系统时构建一个自动化测试集，随时反馈测试结果，从而显著提高软件工程师的工作效率。

Maurício在荷兰代尔夫特理工大学讲授软件测试课程。他不仅有丰富的实践经验，而且有很好的理论基础，有能力讲清楚问题的来龙去脉，能够就“如何有效地完成测试”这个主题展开系统讨论。即使是软件测试中的一些复杂问题或难题(如“基于属性的测试”“变异测试”“对象模拟”等)，作者也没有回避，而是认真分析，通过一系列示例循序渐进地演示如何解决，并提供了相关的参考论文。

本书浓墨重彩地描述如何进行有效的测试；对软件测试的基本方法，包括基于需求的测试用例设计、结构化测试用例设计，都给出具体、有效的设计技巧。对输入域的测试最常见，虽然等价类划分、边界值分析等方法可以帮助进行测试设计，但若能分析出数据特征，采用基于属性的测试方法，自动化程度将更高、测试将更彻底。基于属性的测试方法也是本书的一个亮点，之前很少有关于测试的图书谈到这个方法。

本书关注一些基本的质量或测试问题，如代码的可测试性、自动化测试脚本自身的质量等。本书与时俱进，契约式测试、测试驱动开发、自动化测试等也是本书重点介绍的内容。本书总是从软件开发者的角度出发，立足实际；例如，在单元测试中，不只是从理论上强调逻辑覆盖，采用结构化测试方法(俗称白盒测试方法)，也从实际出发，采用基于需求的测试方法(如等价类划分、边界值分析)，让单元测试更扎实。而且，本书示例丰富，理论和实践完美结合，尽可能使测试用例设计、测试过程简单实用，确保读者可快速地学以致用。

我和作者有着相同的软件开发理念及类似的工作经历，我维护着“软件质量报道”公众号，努力帮助国内软件行业构建高质量、好用的软件；我也跨学术界和产业界工作，在同济大学讲授软件测试课程的同时在软件行业工作超过十年，并持续与业界保持联系，向企业提供咨询、技术服务等。正是因为有这样的背景，很早就关注了本书原著。清华大学出版社拿到中文版权后，立刻联系我，我愉快地接受了翻译任务，随即邀请了之前的合作伙伴李洁、张元开始全心投入翻译，历经 4 个多月才告完成。翻译过程也是我们学习的过程，仿佛重新经历一场新的、美好的测试之旅，没有觉得累，反而觉得是一种享受。我们保持科学严谨的态度，力求准确表达原意、文字流畅，让读者有良好的阅读感，并从中受益。

希望之后再也没有野蛮生长的产品代码，编程总是伴随着测试，产生大量优雅的代码；希望未来的软件世界充满生机，健康发展。

朱少民

本书译者，《全程软件测试》《敏捷测试》的作者

序　一

在现代软件开发中，软件测试指导着软件系统的设计、实现、演化、质量保证和部署。要成为一名高效的开发人员，必须成为一名高效的软件测试人员。本书可以帮助我们实现这个目标。

简而言之，测试只不过是执行软件的某部分并检查它是否按预期运行。但测试也不容易，考虑设计和执行一套完整的测试用例时，很多难题就会浮出水面：在无数可能的测试用例中，应该选哪一个？是否进行了足够的测试确保系统可以发布到生产环境？需要什么额外的测试？为什么要执行这些测试？如果需要修改系统，应该如何设置测试集以支持(而不是阻碍)未来的修改？

本书并没有回避这些复杂的问题。本书涵盖了关键的测试技术，如按契约设计、基于属性的测试、边界测试、测试充分性标准、变异测试以及正确的模拟对象等，并在某些地方提供了相应主题的、可参考的论文。

同时，本书总是从实际设计和运行测试的开发人员的视角出发，尽可能使测试用例本身和测试过程简单化，本书在这点上做得很成功。列举丰富的示例，确保读者在自己的项目中可以立即应用这些技术。

本书是基于代尔夫特理工大学(Delft University of Technology)一门开设多年的课程而形成的。2003 年，我在本科教学中引入了软件测试的课程。2016 年，Maurício Aniche 加入了我的课程教学，并在 2019 年完全接管了这门课程。Maurício 是一位出色的讲师，2021 年，学生们将他选为电气工程、数学和计算机科学系的“年度教师”。

在代尔夫特理工大学，我在计算机科学与工程本科课程的第一年讲授软件测试，那时很难找到一本符合我的理念(即高效的软件工程人员必须是高效的软件测试人员)的书。许多学术教科书侧重于研究成果，许多面向开发者的书籍则偏重于特定的工具或流程。

Maurício Aniche 的 *Effective Software Testing* 找到了理论和实践的最佳结合点，填补了这一空白。本书是为软件开发者编写的，为我们提供了最前沿的软件测试技术。同时，它非常适合作为大学本科课程教材，有助于培养高效的软件测试人员，使其成为下一代计算机科学家。

——Arievan Deursen 博士
荷兰代尔夫特理工大学软件工程教授

序　二

本书是一本实用的入门书籍，可帮助开发人员测试他们的代码。学习本书的过程是一次了解软件测试要素的短小精悍的旅程，涵盖了每个开发人员都应该了解的主题。本书将理论与实践相结合，展示了 Maurício 作为一名学者和一名在职程序员的丰富经验。

我自己进入软件行业的道路是相当随意的，在大学里学习一些编程课程，在工作中接受临时培训，最终通过专业课程获得了博士学位。这让我很羡慕那些在正确的时间学习了正确的课程并拥有我无法企及的理论深度的程序员。我不时地产生一些不成熟的想法，结果却证明这是一个我没有听说过的成熟概念。这就是我认为阅读入门材料(比如这本书)很重要的原因。

在我的软件开发生涯的大部分时间里，我都将测试视为一种必须直面的“罪恶”，其中主要是因为按照文本指令进行手工操作非常枯燥、乏味。如今，在大多数人看来，最好由计算机自动完成测试，但这花了几十年的时间才被广泛接受。这就是为什么当我第一次遇到测试驱动开发时，觉得很疯狂，此后却离不开它了。

可以说，我看过很多野蛮生长的测试代码，的确写得不清楚。显然，事后我们更容易看到这点，因为没有了期限的直接压力。我相信，如果更多程序员使用本书中描述的技术来构建和推理他们正在处理的问题，那么测试代码将得到改善。这并不意味着我们都必须成为学者，但一些概念的适度应用可以带来很大的改变。例如，我发现在使用维护状态的组件时，按契约设计很有帮助。我可能并不总是在代码中添加明确的前置条件和后置条件，但这些概念可以帮助我思考或明确代码应该做什么。

显然，软件测试对于开发人员来说是一个重大的课题，本书就是很好的入门材料。而且，对于我们这些在行业里待了很长时间的人来说，本书很好地提醒了我们易于忽视的技术， 或者说开始时可能错过的技术。本书简要介绍大型测试，还讨论如何维持测试代码的质量。许多现实生活中的测试集因为没有得到维护，而变成了令人沮丧的问题根源。

Maurício 的经验体现在他对每种技术的解释中所包含的实践指导和启发式方法。他谨慎地提供工具，但让读者找到自己的道路(尽管听取他的建议可能是个好主意)。当然，本书的内容本身也经过严格的测试，因为本书最初是为代尔夫特理工大学的课程公开开发的。

就我个人而言，当我为 Maurício 的课程做客座演讲时，经常遇到 Maurício，之后我们会在市中心的一个历史悠久的市场摊位上停下来品尝腌鲱鱼(这种味道对北欧人而言有独特的吸引力)。我们会讨论编程和测试技术，以及在荷兰的生活。Maurício 对学生的责任心，以及他对研究的想法给我留下了深刻印象。我期待有一天，能再次坐上去代尔夫特的火车。

——Steve Freeman 博士
Growing Object-Oriented Software, Guided by Tests 一书的作者

自　　序

每个软件开发者都会记住影响他们职业生涯的一个特殊的 bug。让笔者来分享一下自己的 bug 故事。2006 年，我是一个小型开发团队的技术负责人，该团队正在开发一个控制加油站付款的应用程序。当时，我正在学习计算机科学的本科课程，由此开始了我作为软件开发者的职业生涯。在此之前，我只开发过两个重要的 Web 应用程序。作为首席开发者，我非常认真地对待我的工作。

该系统需要与气泵直接通信。客户加油后，加油站通知系统，应用程序开始其流程：收集有关购买的信息(燃料类型、升数)，计算最终价格，引导用户完成付款，并存储信息供将来制作报表。

该软件系统必须在具有 200 MHz 处理器、2 MB RAM 和几兆字节永久存储空间的专用设备上运行。这是第一次有人尝试将该设备用于商业应用程序。因此，没有以前的项目可以让我们学习或借鉴代码。我们也不能复用任何外部库，甚至必须实现自己的简单数据库。

该系统需要完成加油操作，模拟加油成为开发流程的重要组成部分。我们将实现一个新功能，运行系统，运行模拟器，模拟一些汽油购买行为，并手工检查系统是否正确响应。

几个月后，我们已经实现了一些重要功能。我们的手工测试(包括公司执行的测试)都成功了。我们发布了一个可以在户外测试的版本！但实际测试并不简单，工程团队必须在加油站进行物理修改，以便加油泵与软件对话。令我惊讶的是，该公司决定将第一个试点安排在多米尼加共和国。我不仅很高兴看到我的项目上线，还很高兴能参观这样一个美丽的国家。

我是唯一一位前往多米尼加共和国进行试点的开发者，所以我负责修复任何缺陷。我观看了安装过程，并在软件首次运行时进行跟踪。我花了一整天的时间监控系统，一切看起来都很好。

那天晚上我们出去庆祝。我为自己感到骄傲。当天晚上，我早早地睡了，以便第二天早上与项目干系人会面并讨论项目的后续安排。但是早上 6

点，我的电话响了，是试点加油站的老板："显然软件在夜间崩溃了。夜班工人不知道该怎么办，加油泵一滴油也输送不出来，所以加油站整晚都不能卖东西！" 我感到震惊，怎么会这样？

我直接去了现场，开始调试系统。该错误是由我们没有测试过的情况引起的，加油量超出了系统的处理能力。开发系统时，考虑所使用的嵌入式设备的内存有限，所以采取了预防措施，但从未测试过如果达到极限会发生什么，这是个缺陷！

我们的测试都是手工完成的，为了模拟加油，在模拟器上单击泵上的一个按钮，开始抽气，等待几秒钟(在模拟器上，等待的时间越长，购买的汽油升数就越多)，然后停止加油过程。如果模拟 100 次汽油购买，则必须在模拟器中单击 100 次，这个过程是缓慢而痛苦的。因此，在开发阶段，我们只尝试了两三次加油，只测试了一次异常处理机制，显然这是不够的。

我担任首席开发者的第一个软件系统甚至一整天都没有工作！我可以做些什么来防止这种情况的发生？是时候改变我构建软件的方式了——这让我了解了更多关于软件测试的知识。当然，我在大学里学到了很多测试技术和软件测试的重要性，但只有在需要时才能真正意识到某些东西的价值。

今天，我无法想象这样的情形：在构建一个系统的同时没有构建一个自动化测试集。自动化测试集可以在几秒钟内告诉我，我编写的代码是对还是错，因此我的工作效率更高了。我试图通过本书帮助开发者避免我曾犯过的错误。

作者简介

Maurício Aniche 博士的毕生使命是让软件工程师更好地完成自己的工作。他领导着荷兰支付公司 Adyen 的技术学院，该公司帮助企业接收电子商务、移动和销售点的付款。

Maurício 还是荷兰代尔夫特理工大学的软件工程助理教授，他在那里研究如何提高开发者在测试和维护期间的生产效率。他致力于软件测试方面的教学并赢得了 2021 年度计算机科学教师奖和代尔夫特理工大学教育奖学金，这是一项授予创新的讲师的著名奖学金。

Maurício 拥有巴西圣保罗大学计算机科学硕士和博士学位。在攻读硕士学位期间，他与人共同创办了 Alura，这是巴西最受软件工程师欢迎的电子学习平台之一。他是两本深受巴西开发人员欢迎的书籍——*Test-Driven Development in the Real World* 和 *Object-Oriented Programming and SOLID for Ninjas* 的作者。

Maurício 坚信软件工程将很快成为一个更加以科学为基础的领域。他的目标之一是确保从业者了解学者在研究什么，并确保学者了解从业者在日常工作中面临的真正挑战。

关于封面插图

本书封面上的人物画作 Homme Mordwine(或 Mordwine Man)取自 Jacques Grasset de Saint-Sauveur 于 1797 年出版的一本画册。该画册中的每幅插图都是精心绘制，并手工上色的。

在那个时代，仅凭人们的着装就能很容易地确定他们居住在何处，以及他们的职业或生活状况如何。Manning 用表现几个世纪前丰富的区域文化多样性的收藏画作为书籍封面，来反映计算机技术的创造力和活力。

致　谢

这不是我的第一本技术书籍，却是我第一本全身心投入的书。而这一切都是在许多人的帮助和启发下才实现的。

首先，到目前为止，促使我写这本书的最重要的人是 Arievan Deursen 教授。Arievan 是我的博士后导师，也是后来我在代尔夫特理工大学软件工程研究小组(SERG)的同事。2017 年，他邀请我为大学一年级计算机科学专业的学生共同讲授软件测试课程(是的，代尔夫特理工大学从大一开始就讲授软件测试！)。在与他共同教学的过程中，他在软件测试理论和实践上的很多看法影响了我。Arievan 在这个主题上教育人们的热情激励了我，我一直在努力改进代尔夫特理工大学软件测试课程的教学(现在这是我的全部责任)。这本书是他多年前引导我产生兴趣的自然结果。

代尔夫特理工大学的其他同事也对我产生了重大影响。现在和我一起讲授软件测试的 Frank Mulder 是一位非常有经验的软件开发者，并且不怕挑战软件开发现状。我已经记不清这些年来我们就不同的实践进行了多少次讨论。我们还将这些讨论带到讲堂上，我们的学生几乎和我们一样，在提出自己的观点时获得了很多乐趣。本书中的许多实用主义讨论始于与 Frank 的对话。

我要感谢 Wouter Polet。Wouter 多年来一直是我的助教。新冠疫情开始时，我告诉 Wouter，我们应该为无法上课的学生提供讲义。他将此视为一项使命，并迅速建立了一个网站，其中包含我几年前制作的视频。这些脚本成了我的讲义，后来成为这本书的素材。如果没有 Wouter 的支持，我认为这本书不会出版。我还要感谢 Sára Juhošová，她作为首席助教加入教学团队，并在本书编写中发挥了重要作用。我不知道其他人是否会像她一样从头到尾阅读这本书。Sára 还花了很多时间来微调我写得不够优美的句子；如果没有她的帮助，这本书就不会是这样的了。最后，感谢 Nadine Kuo 和多年来帮助我改进教材的数十位助教。还有很多人帮助过我(这里就不一一列举了)，他们都在本书的撰写过程中发挥了作用。

感谢 Andy Zaidman 教授和 Annibale Panichella 博士。Andy 多年来一直是我的同事，是我的榜样。我怀着热情和兴趣阅读了他的论文。Andy 对实证软件测试的热爱激发了我来代尔夫特理工大学进行博士后研究。Annibale 多年来一直是我的同事，并且是迄今为止我认识的最好的软件工程研究员。Annibale 是基于搜索的软件测试方面的世界级专家，我从他那里学到了很多关于这个主题的知识。Annibale 向我展示了人工智能在软件测试中可以走多远，并影响了我思考(人类)开发者应该做什么。

代尔夫特理工大学以外的人也影响了我，使本书的出版成为可能。首先，我想感谢 Alberto Souza。Alberto 是我最好的朋友之一，也是我认识的最务实的开发者之一。当我决定开始这个漫长的写书过程时，Alberto 为我提供了支持。如果没有他的积极反馈，我不确定我是否能完成这本书。

还要感谢 Steve Freeman。Steve 是著名书籍 *Growing Object-Oriented Systems, Guided by Tests* 的作者之一。2011 年，当我在一个关于测试驱动的开发(TDD)的研讨会上第一次发表学术演讲时，Steve 是主讲人。今天，作为我的软件测试课程的一部分，Steve 每年都会来做客座演讲。我非常喜欢 Steve 看待软件开发的方式，他的书是我读过的最有影响力的著作之一。我也很喜欢与他讨论软件开发的主题，因为他充满热情、很有主见。虽然本书中关于 TDD 和模拟对象的章节并没有反映 Steve 的思维方式，但他确实影响了我对测试的看法。

还要感谢 Manning 出版社的各位。他们从第一天起就帮助我形成了我的想法，这本书的最终版本与最初的提议有很大的不同(变得更好了)。感谢 Kristen Watterson、Tiffany Taylor、Toni Arritola、Rebecca Rinehart、Melissa Ice、Ivan Martinovic、Paul Wells、Christopher Kaufmann、Andy Marinkovich、Aira Ducic、Jason Everett、Azra Dedic 和 Michael Stephens。还要感谢 Frances Buontempo，她是被指派从头到尾跟踪本书的开发者，她及时、丰富的反馈使本书得到了许多改进。

感谢所有的审稿人：Amit Lamba、Atul S Khot、David Cabrero Souto、Francesco Basile、James Liu、James McKean Wood、Jereme Allen、Joel Holmes、Kevin Orr、Matteo Battista、Michael Holmes、Nelson H. Ferrari、Prabhuti Prakash、Robert Edwards、Shawn Lam、Stephen Byrne、Timothy Wooldridge 和 Tom Madden，你们的建议使这本书变得更好。

最后感谢我心爱的妻子 Laura。在我们的孩子出生前几周，我与

Manning 出版社签署了协议。在这段时间里，她给予我极大的耐心和支持。没有她，我不可能写出这本书。我们的宝宝现在七个月大了，虽然他对测试还不了解，但他是我想让世界变得更美好的动力。

前　言

像大多数软件工程一样，软件测试是一门艺术。在过去十年中，我们的社区了解到自动化测试是测试软件的最佳方式。计算机可在瞬间运行数百个测试，而这样的测试集使公司能自信地每天发布数十个版本的软件。

有大量资源(书籍、教程和在线课程)可用于解释如何进行自动化测试。无论使用哪种语言或正在开发哪种类型的软件，我们都可以找到要使用的工具的有关信息，但我们缺少与设计有效测试用例相关的资源。计算机自动执行开发者设计的测试，如果测试不是很好，或没有执行包含错误的代码部分，则测试集的用处不大。

开发社区将软件测试视为一种艺术形式，认为与缺乏创造力或经验的开发者相比，富有激情和创造力的开发者可以创建更有效的测试集。但我在本书中对这个观点提出了疑问，并表明软件测试不需要依赖专业知识、经验或创造力，它在很大程度上可以被系统化。

遵循有效、系统的软件测试方法，则不需要依赖非常有经验的软件开发者来编写好的测试。如果可以找到将大部分流程自动化的方法，将能专注于需要创造力的测试。

本书读者对象

本书是为那些想学习更多有关测试知识或提高测试技能的开发者编写的。如果你有多年的软件工程经验并且写过很多自动化测试，但总是按照自己的直觉来判断下一个测试用例应该是什么，那么本书将为你呈现系统性的思维过程。

具有不同专业水平的开发者将从本书中受益。新手开发者可以跟随笔者介绍的所有代码示例和技术来学习。高级开发者可以了解他们可能不熟悉的技术，并从每一章的务实讨论中学到知识。

笔者所描述的测试技术旨在供编写代码的开发者采用。虽然将程序视为黑匣子的专业软件测试人员可以阅读本书，但本书是站在被测代码的开发者的角度来编写的。

本书中的代码示例是用 Java 编写的，但我们尽量避免使用其他编程语言的开发者不熟悉的花哨结构。我们还概括了同类技术，即便这些代码不能直接转换到不同的环境，思路也是可供借鉴的。

在第 7 章中，我们讨论了如何设计可测试系统。相比于函数式编程人员，这些想法对面向对象的软件系统的开发者更有意义。

本书的组织结构——路线图

本书分为 11 章。在第 1 章中，我构建了系统且有效的软件测试的案例。我们举了一个涉及两名开发者的例子——两者都实现了相同的功能，一个是随意的，另一个是系统性的——并指出了两种方法之间的差异。然后讨论了单元测试、集成测试和系统测试之间的区别，并认为开发者首先应该关注快速的单元测试和集成测试(众所周知的测试金字塔)。

第 2 章介绍领域测试。这种测试实践侧重于基于需求的工程测试用例。软件开发团队在需求方面使用不同的实践(用户故事、UML 或内部格式)，并且领域测试会使用这些信息。每个测试会话都应该从正在开发的功能需求开始。

第 3 章展示了如何在领域测试之后，使用程序的源代码和结构来增强测试。可运行代码覆盖率工具，并使用其结果来反映最初的测试集没有覆盖的代码部分。一些开发者不认为代码覆盖率是一个有用的指标，但在该章中，我们希望让大家相信，如果应用得当，代码覆盖率测试应该是测试过程的一部分。

在第 4 章中，我们讨论质量超越测试的想法：效果取决于如何为代码建模，以及我们的方法和类赋予系统其他类和方法的确定性。契约式设计使代码的前置条件和后置条件明确。这样一来，如果出现问题，程序将停止而不会引起其他问题。

第 5 章介绍基于属性的测试。我们不是基于单个具体例子编写测试，而是测试程序的所有属性。测试框架负责生成与属性匹配的输入数据。掌握这项技术可能很棘手：表达属性并不容易，而且需要很多练习。基于属性的测试也更适合某些代码片段。该章有很多证明这个概念的示例。

第 6 章讨论了超越设计良好的测试用例的实用性。在更复杂的系统中，类依赖于其他类，编写测试可能成为一种负担。我们介绍了模拟对象(Mock)和桩对象(Stub)，它们让我们在测试期间可以忽略一些依赖关系。还讨论了一个重要的权衡：尽管模拟对象简化了测试，但也使测试与生产代码更加耦合，这可能导致测试代码不能优雅地演化。该章讨论了模拟对象的利弊，以及何时使用(或不使用)它们。

第 7 章解释了在设计时考虑了可测试性的系统与不考虑可测试性的系统之间的区别。我们讨论了几种简单的模式，它们将帮助我们编写易于控制和易于观察的代码(任何进入测试世界的开发者的梦想)。该章讨论了软件设计和测试的关系——正如我们将看到的，它们之间有着密切的关系。

第 8 章讨论测试驱动开发(TDD)：在开发产品代码之前编写测试。TDD 是一种非常流行的技术，尤其是在敏捷实践者中。即使你已经熟悉了 TDD，也建议你阅读这一章——笔者对如何应用 TDD 有一些不同寻常的看法，尤其是在你认为 TDD 没有太大作用的情况下。

在第 9 章中，我们超越了单元测试，讨论了集成和系统测试。将之前章节中所讨论的测试技术(例如领域测试和结构化测试)直接应用到这里。编写集成测试和系统测试需要更多的代码，所以如果我们不能很好地组织代码，最终可能得到一个复杂的测试集。该章介绍了编写可靠且易于维护的测试集的几个最佳实践。

在第 10 章中，我们讨论了测试代码的最佳实践。以自动化方式编写测试是测试流程的基本内容。我们还希望编写易于理解和维护的测试代码。该章介绍了最佳实践(我们希望从测试中得到的)和不良实践(我们不希望在测试中出现的)。

在第 11 章中，我们重新审视了本书涵盖的一些概念，强化了重要的主题，并就下一步的发展方向提供了一些建议。

本书未涵盖的内容

本书不涉及针对特定技术和环境的软件测试，例如如何选择测试框架，或者如何测试移动应用程序、React 应用程序或分布式系统等。

讨论的所有实践和技术都将适用于大家正在开发的任何软件系统。本书可以作为任何测试的基础，但是每个领域都有自己的测试实践和工具，因此阅读本书后，你应该寻找正在构建的应用程序类型的更多资源。

本书侧重于功能测试而不是非功能测试(性能、可扩展性和安全性)。如果你的应用程序需要这种类型的测试，建议你寻找有关该主题的特定资源。

关于代码、参考资料和彩图

本书使用 Java 来说明所有的想法和概念，但其他语言的开发者也可以直接借鉴并理解这些技术。

受篇幅限制，代码示例中不包括所有必需的引用(imports)和包。但是，你可扫描封底二维码下载完整的源代码、参考资料和彩图。代码使用 Java 11 进行了测试，我估计新版本不会有任何问题。

目　录

第 *1* 章

有效和系统的软件测试

本章主要内容：

- 了解有效和系统的测试的重要性
- 认识为什么测试软件是困难的，以及为什么不存在无缺陷的系统
- 介绍测试金字塔

在开发者社区中，软件测试的重要性已经成为一个不必争论的话题。每个软件开发者都明白，软件故障可能对企业、人员，甚至整个社会造成严重损害。尽管软件开发者曾经主要负责软件系统的开发，但今天他们也要对其研发的软件系统的质量负责。

开发者社区中已经产生了一些世界级的工具帮助开发者进行测试，包括 JUnit、AssertJ、Selenium 和 jqwik。我们已经学会如何在编写测试的过程中反思程序需要做什么，并获得关于代码设计(或类设计，如果我们使用的是面向对象的编程语言)的反馈。我们还了解到，编写测试代码是具有挑战性的，关注测试代码的质量是测试集(test suite)优雅演化的基础。最后，我们知道了常见的 bug 是什么，以及如何发现 bug。

虽然开发者已经非常擅长使用各种测试工具，但他们很少采用系统的测试技术来探索和发现 bug。许多从业者认为，测试只是一种有助于开发的反馈工具。虽然这是真的(本书将展示如何听从测试代码的反馈)，但测试也可以帮助我们找到 bug。毕竟，软件测试的全部内容都是为了发现 bug!

大多数开发者不喜欢写测试。我听到过很多理由：写产品代码更有趣、更有挑战性，软件测试太费时，我拿的工资是用来写产品代码的，等等。Beller 和他的同事们在 2019 年对数百名开发者进行了一项实证研究，正如他们发现的那样，开发者高估了他们花在测试上的时间。编写本书旨在让大家相信：

(1) 作为一名开发者，我们有责任确保所开发的软件的质量；

(2) 测试是帮助我们履行这一责任的唯一工具；

(3) 如果我们掌握了一系列技术，就能以有效和系统的方式测试自己的代码。

注意这里的用词：有效和系统。大家很快就会明白其中的含义。但首先，我们需要讨论并理解测试的必要性。

1.1 测试的开发者与不测试的开发者的对比

周五下午很晚了，John 正准备实现冲刺(sprint)阶段的最后一个功能。他正在开发一个基于敏捷的软件管理系统，而这个系统的功能是支持开发者进行计划扑克。

计划扑克(planning poker)

计划扑克是一种流行的敏捷估算实践。在计划扑克会议上，开发者估算实现待办列表中特定功能需要花费的精力。团队讨论了该功能后，每个开发者都会出牌，给出一个估算结果：一个从 1 到团队定义的任意数字。数字越大，意味着实现该功能所需的精力越多。例如，估算值为 8 的某项功能的开发者，要比估算值为 2 的开发者多花 4 倍的精力。

估算值最小的开发者和估算值最高的开发者需要向团队的其他成员进行解释，阐明观点。讨论之后每个开发者再次出牌，重复进行，直到团队成员就该功能需要花费多少精力达成一致。关于计划扑克的更多内容，请参考 Marcus Hammarberg 和 Joakim Sundén 编写的 *Kanban in Action*。

John 即将实现该功能的核心方法(method)。这个方法用来接收一个估算清单，并列出需要解释自己观点的两位开发者的名字。他要做的事情就是完成 identifyExtremes 方法。

该方法应该接收一个开发者列表和开发者各自的估算，并返回具有最极端估算的两位开发者的名字。

- 输入：一个估算列表，每个列表包含开发者的名字和他们的估算。
- 输出：一个字符串的列表，包含估算值最低和最高的两位开发者的名字。

几分钟后，John 最终得到如代码清单 1.1 所示的实现代码。

代码清单 1.1　PlanningPoker 类的第一个实现代码

```
public class PlanningPoker {
  public List<String> identifyExtremes(List<Estimate> estimates) {

    Estimate lowestEstimate = null;
    Estimate highestEstimate = null;

    for(Estimate estimate: estimates) {

      if(highestEstimate == null ||
      estimate.getEstimate() > highestEstimate.getEstimate()) {
        highestEstimate = estimate;
      }
      else if(lowestEstimate == null ||
        estimate.getEstimate() < lowestEstimate.getEstimate()) {
          lowestEstimate = estimate;
      }
    }

    return Arrays.asList(
      lowestEstimate.getDeveloper(),
      highestEstimate.getDeveloper()
    );
  }
}
```

定义了最低和最高估算值的占位变量

如果当前的估算值高于之前的最高估算值，就用当前的估算值替换之前的最高估算值

如果当前的估算值低于之前的最低估算值，就用当前的估算值替换之前的最低估算值

返回估算值最低和最高的开发者的名字

identifyExtremes 方法的实现逻辑很简单：通过算法循环检查列表中的所有开发者，并记录最高和最低估算值。该方法返回估算值最低和最高的开发者的名字。lowestEstimate 和 highestEstimate 都被初始化为 null，随后被 for 循环中的第一个估算值所取代。

对代码示例进行类推

有经验的开发者可能会质疑代码示例中的一些编码决定，比如，也许这个 Estimate 类并不是表示开发者及其估算的最佳方式，也许找到最低和最高估算值的代码逻辑并不是最好的，也许 if 语句可以更简单。这些我都同意，但本书的重点不是讨论面向对象的设计或编写代码的最佳实践，相反，重点在于如何在代码编写完成后对其进行测试。

无论大家如何实现自己的代码，本书中所展示的技术都会有所帮助。所以，如果看到一段也许大家认为自己可以写得更好的代码，请不要介意。请大家试着把本书的代码示例类推到自己的代码。就代码的复杂度而言，相信大家肯定遇到过像代码清单 1.1 中这样的代码。

John 不喜欢采用自动化方式进行软件测试。他开始运行写好的应用程序并尝试手工输入一些数据，可在图 1.1 中看到其中的一次尝试。John 看到，基于给定的输入(Ted、Barney、Lily 和 Robin 的估算)，程序产生了正确的输出。

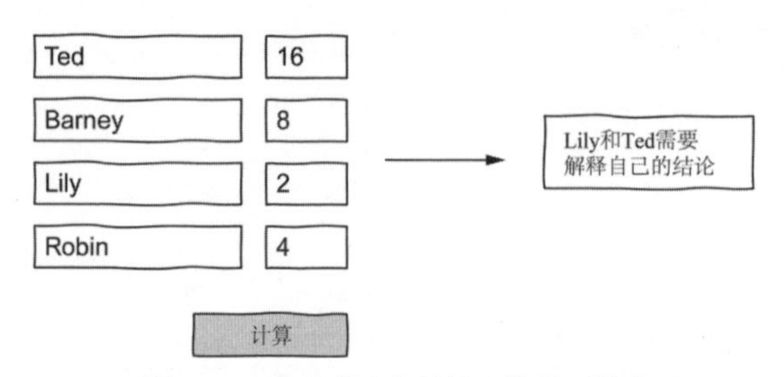

图 1.1　John 在发布之前做一些手工测试

John 对结果很满意，这意味着他的实现从一开始就成功了。于是他提交了代码，新功能被自动部署给客户。John 回家了，准备过周末，但不到 1 小时，服务台就开始收到愤怒的客户发来的电子邮件。该软件产生了错误的输出!

John 回到工作岗位，查看了日志，很快发现了一个代码失效的用例。大家能找到使程序崩溃的输入吗？

如图 1.2 所示，如果开发者给出的估算值恰好(偶然发生)按升序排列，程序就会抛出一个 NullPointer 异常。

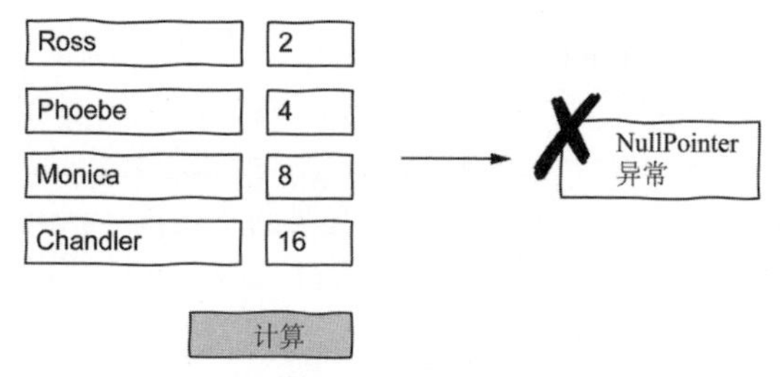

图 1.2　John 在此发现一个导致程序崩溃的缺陷

John 没有花多少时间就找到了代码中的错误，即代码清单 1.1 中的 else if 语句。在估算值升序排列的情况下，这个无辜的 else 导致程序永远不会用列表中最低的估算值替换 lowestEstimate 变量，因为前面的 if 语句总是被判定为真。

John 将 else if 改为 if，如代码清单 1.2 所示。然后他运行这个程序，并使用相同的输入数据进行测试，一切似乎都正常了。软件再次被部署，John 回到家，终于准备好好过周末了。

代码清单 1.2　修改 PlanningPoker 实现的 bug

```
if(highestEstimate == null ||
   estimate.getEstimate() > highestEstimate.getEstimate()) {
  highestEstimate = estimate;
}

if(lowestEstimate == null ||
   estimate.getEstimate() < lowestEstimate.getEstimate()) {
  lowestEstimate = estimate;
}
```

通过用 if 替换 else if 修复了这个 bug

大家可能会想，“这是个很容易发现的错误！我永远不会犯这样的错误！”这可能是真的。但是在实践中，我们很难掌控代码中可能发生的所有事情。当然，如果是复杂的代码，那就更难了。错误的发生并不是因为我们是糟糕的程序员，而是因为我们在对复杂的事务进行编程(也因为计算机比人类要求更精确)。

让我们从 John 的案例中归纳总结一下。John 是一个非常好的、有经验的开发者。但作为一个人，他也会犯错。John 在发布代码之前进行了一些手工测试，但手工测试也只能做到那种程度。如果我们尝试很多种输入情况，就需要花费很多时间。另外，John 没有采用系统的测试方法，他只是尝试了脑海中闪现的几个输入。像“跟随直觉”这样的临时性测试方法可能导致遗漏一些边界情况。如果 John 能做到以下两点，他将受益匪浅：

(1) 采用更系统的方法设计测试，以降低遗漏用例的概率；

(2) 采用自动化测试，这样就不必花时间手工执行测试。

现在，让我们重放同一个故事，但用 Eleanor 代替 John。Eleanor 也是一个非常优秀和有经验的软件开发人员。她在软件测试方面的水平很高，对于自己开发的所有代码，她只有在开发了强大的测试集后才会进行部署。

假设 Eleanor 编写的代码和 John 的一样(代码清单 1.1)。她没有实施测试驱动的开发(Test-Driven Development，TDD)，而是在写完代码后做了适当的测试。

提示：一言蔽之，TDD 是指在代码实现之前编写测试。不使用 TDD 并不是一个问题，关于这一点我们将在第 8 章进行讨论。

Eleanor 思考了 identifyExtremes 方法的作用。假设她的思路与 John 相同，她首先关注的是这个方法的输入：一个估算列表。Eleanor 知道，每当一个方法接收一个列表时，有几种情况值得测试：无效列表(null)、一个空(empty)的列表、只有一个元素的列表和一个有多个元素的列表。她是怎么知道这些的？我们姑且认为她读过本书！

Eleanor 思考了前三种情况(无效、空、单元素)，以及这个方法将如何与系统的其他部分相适应。目前的代码实现在这三种情况下都会崩溃！所以，她决定让这个方法拒绝这类输入。Eleanor 在产品代码中添加了一些用于确认有效性的代码，如代码清单 1.3 所示。

代码清单 1.3　添加确认以避免无效输入

```
public List<String> identifyExtremes(List<Estimate> estimates) {

  if(estimates == null) {        // 估算列表不能为 null
    throw new IllegalArgumentException("estimates cannot be null");
  }
  if(estimates.size() <= 1) {    // 估算列表应该包含两个以上的元素
    throw new IllegalArgumentException("there has to be more than 1
    ➥ estimate in the list");
  }

  // continues here...
}
```

尽管 Eleanor 确信该方法现在可以正确地处理这些无效的输入(在代码中很明显)，但她还是决定写一个自动化测试，将测试用例规范化。这个测试也将防止未来的回归缺陷：如果将来另一个开发者由于不理解为什么代码中会有断言而删除了它们，这个测试将确保我们能发现这样的错误。代码清单 1.4 中包含了三个测试用例(注意，为让这些测试用例便于理解，内容非常详细)。

代码清单 1.4　测试 null、空列表和单元素列表的测试用例

```
public class PlanningPokerTest {
  @Test
  void rejectNullInput() {
    assertThatThrownBy(
     () -> new PlanningPoker().identifyExtremes(null)
    ).isInstanceOf(IllegalArgumentException.class);
  }

  @Test
  void rejectEmptyList() {

    assertThatThrownBy(() -> {
      List<Estimate> emptyList = Collections.emptyList();
      new PlanningPoker().identifyExtremes(emptyList);
    }).isInstanceOf(IllegalArgumentException.class);
  }

  @Test
  void rejectSingleEstimate() {
    assertThatThrownBy(() -> {
      List<Estimate> list = Arrays.asList(new Estimate("Eleanor", 1));
      new PlanningPoker().identifyExtremes(list);
    }).isInstanceOf(IllegalArgumentException.class);
  }
}
```

断言：判断调用该方法时是否发生异常

断言：判断该断言是否会抛出 Illegal-ArgumentException

与前面的测试类似，如果输入一个空的估算列表，确保程序会抛出一个异常

如果输入只有一个估计值的列表，确保程序会抛出一个异常

这三个测试用例具有相同的结构，都通过一个无效的输入调用被测方法，并检查该方法是否抛出 IllegalArgumentException。这是 Java 中常见的断言行为。AssertJ 库(https://assertj.github.io/doc/)提供的 assertThatThrownBy 方法使我们能判断该方法是否会抛出一个异常。还要注意 isInstanceOf 方

法，它允许我们确认一个特定类型的异常被抛出。

对于不熟悉 Java 的读者，这里有必要解释一下，lambda 语法“() ->”基本上就是一个内联代码块。这在第二个测试用例 rejectEmptyList()中看得更清楚，其中 { 和 } 划定了块的边界。测试框架将运行这个代码块，如果有异常发生，将检查异常的类型。如果异常类型匹配，测试将通过。注意，如果没有抛出异常，这个测试就会失败——毕竟，这种情况下，出现异常是我们期望的结果。

提示：对于自动化测试的新手来说，这段代码可能会让他们感到畏惧。测试异常情况涉及一些额外的代码，而且这也是一个“颠倒的(upside-down)”测试。如果有异常被抛出，这个测试就会通过！不必担心，大家看到的测试方法越多，就越能理解他们。

无效的输入情况已经被处理了，现在 Eleanor 可以专注于“好天气”测试：也就是检查程序的有效行为的测试。回顾 Eleanor 之前写的测试用例，这意味着测试中的输入数据是多个元素的估算列表。决定输入列表中包含多少个元素总是富有挑战性的，但是 Eleanor 至少想到两种情况：正好有两个元素的列表和有两个以上元素的列表。为什么是两个？因为有两个元素的列表是最小的，这种情况下 identifyExtremes 方法应该可以工作。单个元素的列表(不工作)和两个元素的列表(工作)之间有一个边界。Eleanor 知道 bug 喜欢隐藏在边界处，所以她决定针对边界设计一个特定的测试，如代码清单 1.5 所示。

代码清单 1.5　为有两个元素的列表写的测试用例

```
@Test
void twoEstimates() {
  List<Estimate> list = Arrays.asList(     ← 声明包含两个估算值的列表
    new Estimate("Mauricio", 10),
    new Estimate("Frank", 5)
  );
  List<String> devs = new PlanningPoker()   ← 调用被测的方法 identifyExtremes
    .identifyExtremes(list);

  assertThat(devs)     ← 断言：方法能否正确返回两位开发者的名字
      .containsExactlyInAnyOrder("Mauricio", "Frank");
}

@Test
void manyEstimates() {
```

```
    List<Estimate> list = Arrays.asList(      ◄── 声明另一个有 3 个估算值的列表
      new Estimate("Mauricio", 10),
      new Estimate("Arie", 5),
      new Estimate("Frank", 7)
    );

    List<String> devs = new PlanningPoker()   ◄── 再次调用测试方法
        .identifyExtremes(list);

    assertThat(devs)                          ◄── 断言：方法能否正确返回两位正确的开发者 Mauricio 和 Arie
        .containsExactlyInAnyOrder("Mauricio", "Arie");
}
```

这类似于一个传统的测试用例。首先，用例中定义了要传递给被测方法的输入值(在本例中，一个有两个估算值的列表)，然后，用该输入值调用被测方法；最后，判断该列表是否返回了所期望的两位开发者的名字。

需要强调的是，Eleanor 已经有 5 个通过的测试，但 else if 的错误仍然存在。Eleanor 还不知道这个问题(或者说，还没有发现它)，但她知道只要将列表作为输入，元素的顺序可能会影响算法。因此，她决定写一个测试，向该方法提供随机顺序的估算元素。对于这个测试，Eleanor 没有使用基于实例的测试(从许多可能的输入中挑选一个特定的输入)。相反，她采用了基于属性的测试，如代码清单 1.6 所示。

代码清单 1.6　多个估算值的基于属性的测试

```
@Property          ◄── 让该方法成为基于属性的测试，而不是传统的 Junit 测试
void inAnyOrder(@ForAll("estimates") List<Estimate> estimates) {
                   ◄── 框架提供的列表包含了随机产生的估算值，列表由该方法生成并且列表名称匹配字符串 estimates(随后声明)

  estimates.add(new Estimate("MrLowEstimate", 1));
  estimates.add(new Estimate("MsHighEstimate", 100));
                   ◄── 确保产生的列表包含最低和最高的估算值

  Collections.shuffle(estimates);   ◄── 打乱列表的顺序，确保列表的顺序没有什么影响

  List<String> dev = new PlanningPoker().identifyExtremes(estimates);

  assertThat(dev)  ◄── 断言：无论输入什么样的列表，其结果会输出 MrLowEstimate 和 MrHighEstimate
     .containsExactlyInAnyOrder("MrLowEstimate", "MsHighEstimate");
```

```
}
                          方法为基于属性的测试提供了
                          估算元素的随机列表
  @Provide
  Arbitrary<List<Estimate>> estimates() {                随机产生只由 5 个小写字母
  Arbitrary<String> names = Arbitraries.strings()        组成的名字
     .withCharRange('a', 'z').ofLength(5);

  Arbitrary<Integer> values = Arbitraries.integers().between(2, 99);

  Arbitrary<Estimate> estimates = Combinators.combine(names, values)
     .as((name, value) -> new Estimate(name, value));
                                                         把二者组合在一起    随机产生
  return estimates.list().ofMinSize(1);                  形成随机估算元素    从 2 到 99
  }                                                                          范围内的
                                                                             估算值
返回最少包含 1 个元素的估算列表
(对列表的最大长度没有限制
```

在基于属性的测试中，我们的目标是断言一个特定的属性。第 5 章将详细讨论基于属性的测试技术，但这里先通过上例给出一个简短的解释。estimates()方法用于返回一组随机的估算元素。一个估算元素中包含一个随机的开发者名字(为简单起见，由 5 个小写字母组成)和一个从 2 到 99 范围内的随机估算值。该方法将估算列表返回给测试方法 inAnyOrder()，每个列表都至少包含一个元素。然后测试方法再向每个列表添加两个估算元素：最低和最高。由于原来的列表只含有 2 到 99 之间的值，我们用 1 和 100 确保加入的是最低和最高的值。再对列表中的元素进行洗牌，让测试不受元素顺序的影响。最后，我们断言，无论估算列表中包含什么元素，MrLowEstimate 和 MsHighEstimate 总是被返回。

基于属性的测试框架会把同样的测试运行 100 次，每次会覆盖不同的估算元素组合。如果其中一个随机输入导致测试失败，框架会停止测试，并报告是哪个输入破坏代码的运行。在本书中，我们使用了 jqwik 库(https://jqwik.net)作为基于属性的测试框架，你也可以很容易地找到支持自己使用的编程语言的框架。

令 Eleanor 惊讶的是，当她运行这个基于属性的测试时，该测试竟然失败了！这是什么原因呢？根据测试中提供的估算列表实例，她发现被测方法中的 else if 语句是错误的，于是用一个简单的 if 替换了它。测试就可以通过了。

Eleanor 决定删除 manyEstimates 测试，因为新的基于属性的测试完全可以替代它。是否删除一个重复的测试由个人决定。也许有人认为，简单的基于实例的测试比基于属性的测试更容易理解。简单的测试能够快速解释产品代码的行为，因此总是有益的，即使这意味着在测试集中有几个重复的测试用例。

Eleanor 发现，列表中如果包含重复的元素也会让代码运行失败。这种情况意味着至少有两个以上的开发者给出的估算是相同的。她在实现代码时没有考虑这种情况。Eleanor 思考了这对被测试方法的影响，与产品负责人进行了协商，决定让程序返回列表中出现的第一个给出重复值的开发者。

尽管 Eleanor 已经注意到程序的这个行为，但她还是决定在代码清单 1.7 所示的测试中把代码规范化。这个测试很简单：首先创建一个估算列表，其中两个开发者给出了相同的最低估算值，而另外两个开发者则给出了相同的最高估算值。然后，该测试调用被测方法并通过断言检查程序是否返回了列表中较早出现的两个开发者。

代码清单 1.7　确保第一个给出重复估算值的开发者被返回

```
@Test
void developersWithSameEstimates() {
  List<Estimate> list = Arrays.asList(      // 声明包含重复估算值的列表
    new Estimate("Mauricio", 10),
    new Estimate("Arie", 5),
    new Estimate("Andy", 10),
    new Estimate("Frank", 7),
    new Estimate("Annibale", 5)
  );
  List<String> devs = new PlanningPoker().identifyExtremes(list);

  assertThat(devs)
     .containsExactlyInAnyOrder("Mauricio", "Arie");
}
```

断言：无论重复的估算值什么时候出现，方法总会返回列表中先出现的开发者

但是，Eleanor 又想到一点，如果列表中只包含具有相同估算的开发者呢？这是当我们系统地思考列表作为输入时出现的另一个边界场景。只要列表被用作输入，有零个元素、一个元素或许多元素，使用不同或相同的值的列表就都是常见的测试用例。

她再次与产品负责人交谈。大家很惊讶，因为没有想到还会出现这些边界情况。产品负责人要求，这种情况下，代码应该返回一个空的列表。

Eleanor 于是修改了实现代码，在 identifyExtremes 方法的结尾处增加了一条 if 语句，以反映新的预期行为，如代码清单 1.8 所示。

代码清单 1.8 如果估算值相同，返回一个空列表

```
public List<String> identifyExtremes(List<Estimate> estimates) {

  if(estimates == null) {
    throw new IllegalArgumentException("Estimates
    ➥  cannot be null");
  }
  if(estimates.size() <= 1) {
    throw new IllegalArgumentException("There has to be
    ➥ more than 1 estimate in the list");
  }

  Estimate lowestEstimate = null;
  Estimate highestEstimate = null;

  for(Estimate estimate: estimates) {
    if(highestEstimate == null ||
        estimate.getEstimate() > highestEstimate.getEstimate()) {
      highestEstimate = estimate;
    }

    if(lowestEstimate == null ||
          estimate.getEstimate() < lowestEstimate.getEstimate()) {
      lowestEstimate = estimate;
    }
  }

  if(lowestEstimate.equals(highestEstimate))
     return Collections.emptyList();

  return Arrays.asList(
     lowestEstimate.getDeveloper(),
     highestEstimate.getDeveloper()
  );
}
```

如果最高估算值和最低估算值相同，所有开发者有相同的估算值，则返回空列表

然后，Eleanor 写了一个测试来确保上述实现是正确的，如代码清单 1.9 所示。

代码清单 1.9　测试估算值相同时返回一个空的列表

```
@Test
void allDevelopersWithTheSameEstimate() {
  List<Estimate> list = Arrays.asList(
    new Estimate("Mauricio", 10),
    new Estimate("Arie", 10),
    new Estimate("Andy", 10),
    new Estimate("Frank", 10),
    new Estimate("Annibale", 10)
  );
  List<String> devs = new PlanningPoker().identifyExtremes(list);

  assertThat(devs).isEmpty();
}
```

声明所有开发者有相同估算的列表

断言：结果列表为空

Eleanor 现在对自己根据需求设计的测试集感到满意了。下一步，她决定关注被测试代码本身，也许还有一些场景没有测试到。为了进一步加以分析，她在 IDE 中运行了代码覆盖率工具(见图 1.3，你可扫描封底二维码下载彩图)。

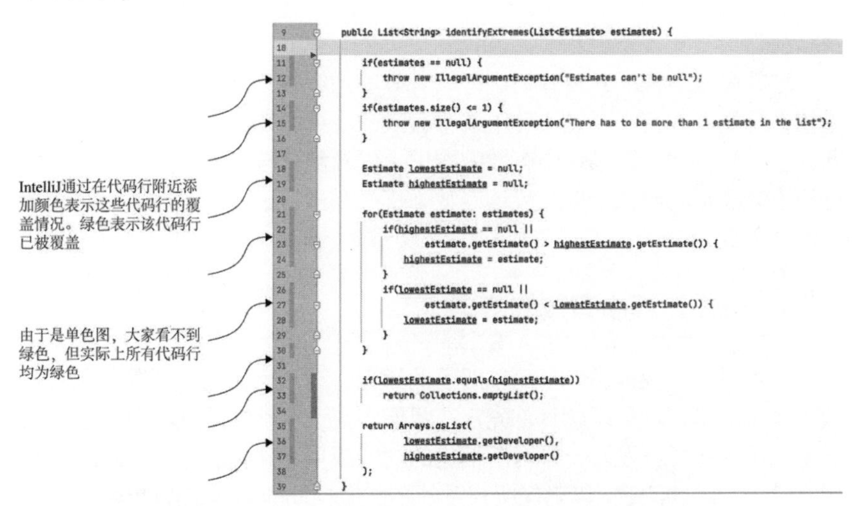

图 1.3　IDE 中的代码覆盖率分析结果，所有代码行均被覆盖

运行结果表明，代码中所有行和分支都被覆盖。不过，Eleanor 知道工具本身并不完美，因此她又测试了其他多种情况。这期间并没有发现任何新问题，所以她认为代码已经被充分测试过了。于是，Eleanor 推送了代码，

然后回家过周末。这段代码被直接交付给客户。星期一早上，Eleanor 很高兴地看到监控系统没有报告任何一个程序崩溃。

1.2 开发者的有效软件测试

希望大家已经非常清楚地了解了上一节中的两个开发者之间的区别。Eleanor 采用了自动化测试，并系统、有效地设计了测试用例。她将需求分解成多个小部分，通过它们推导出测试用例，并应用了一种被称为领域测试(domain testing)的技术。根据产品需求完成测试后，她开始关注被测试代码本身。通过结构化测试(或代码覆盖率分析)，她评估了当前的测试用例是否足够。对于一些测试用例，Eleanor 编写了基于实例的测试(也就是说，她选择某些特定的数据进行测试)。对于一个特殊用例，她使用了基于属性的测试技术，因为这有助于更好地探索代码中可能存在的错误。最后要说的是，Eleanor 会经常反思自己在方法中定义的契约(contract)、前置条件和后置条件(尽管最后只是在代码中添加了一些确认检查，而不是前置条件本身；我们会在第 4 章讨论契约和确认之间的区别)。

这就是我所说的开发者们进行的有效和系统的软件测试。接下来将讨论软件开发者如何在开发活动中进行有效的测试。在深入探讨具体技术之前，首先将描述开发过程中有效的测试，以及测试技术如何相互补充。会讨论不同类型的测试，以及应该专注于哪些测试。最后分析一下为什么软件测试如此困难。

1.2.1 开发过程中有效的测试

在本书中，我提出一个简单明了的流程，该流程会促进开发者实践有效和系统的测试这一理念。首先，在我们实现一个功能的过程中，通过测试来促进和指导开发。一旦对所编码的功能或单元感到满意，就可深入开展有效和系统的测试，以确保所开发的功能像预期的那样工作(也就是为了发现 bug 而进行的测试)。图 1.4 详细地说明了这个开发工作流程，让我们从头到尾看一遍。

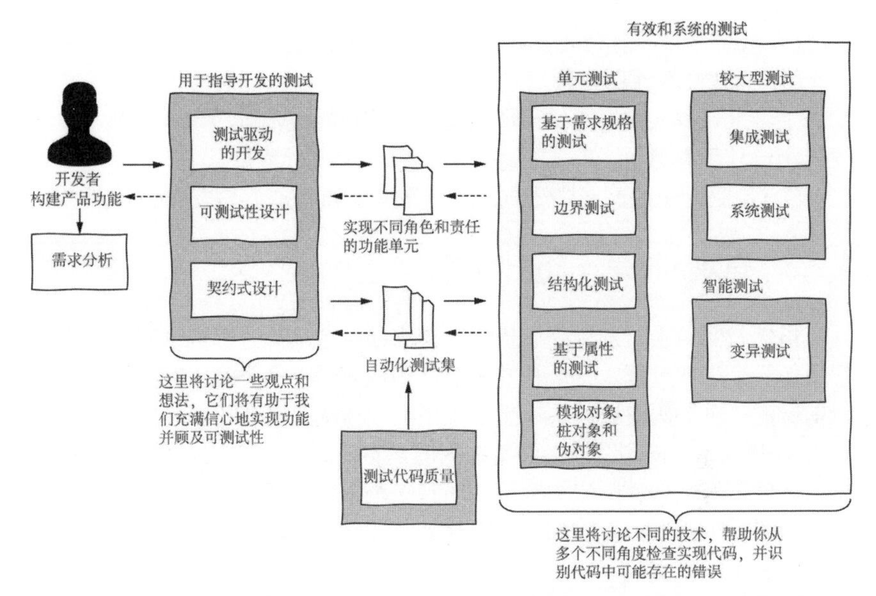

图 1.4　适合开发者进行有效和系统测试的工作流程。箭头表示过程的迭代性；随着开发者对正在开发和测试的程序的了解更加深入，可在不同的技术之间来回切换

(1) 功能开发通常从开发者收到某种需求开始。需求通常以自然语言的形式出现，并可能遵循特定格式，如 UML 用例或敏捷用户故事。在建立了一些理解(即需求分析)后，开发人员开始写代码。

(2) 为指导功能的开发，开发人员执行简短的 TDD 循环。这些循环向开发者提供快速反馈——刚写的代码是否合理、正确。TDD 循环还支持开发人员在实现新功能时进行许多重构工作。

(3) 需求通常是庞大而复杂的，而且很少由单一的类或方法来实现。开发者创建几个具有不同契约的单元(类和方法)，它们相互协作，共同构成所需的功能。编写易于测试的类是具有挑战性的，开发者在设计时必须考虑可测试性。

(4) 一旦开发者对自己所创建的单元感到满意，并认为需求已经实现，就会转向测试。第一步是检查每一个新单元。领域测试、边界测试和结构化测试是常用的技术。

(5) 系统的某些部分可能需要开发者编写较大型的测试(集成测试或系统测试)。为设计较大型的测试用例，开发人员也会使用同样的三种技术，即领域测试、边界测试和结构化测试，但要考虑软件系统中更大的部分。

(6) 当开发者使用各种技术设计出测试用例后，可应用自动化的智能测试工具来寻找人类不擅长发现的测试。流行的技术包括测试用例生成、变异测试和静态分析。在本书中，我们将介绍变异测试。

(7) 最后，在经过严格测试后，开发者觉得可放心地发布新功能了。

1.2.2 有效测试是一个迭代过程

虽然前面对于开发过程的描述听起来像一个序列过程或瀑布过程，但它更像一个迭代过程。一个开发者在严格地测试一个类时，突然发现几小时前做的一个编码决定并不理想，于是回去重新设计代码。开发者在执行 TDD 循环时，意识到需求中的某些内容是不明确的，就会返回进行需求分析，以便更好地理解用户的期望。还有一个很常见的现象，开发者在测试时发现了一个错误，就回到代码中修复它，然后继续测试。或者，某个功能开发者可能只实现了一半，但他觉得现在开始进行严格测试比继续实现代码更高效。

我在本书中提出的开发工作流程并不是要限制开发者。大家可自由地在各种技术之间来回切换，或改变应用这些技术的顺序。在实践中，必须找到最适合自己的方法，使工作效率最高。

1.2.3 专注于开发，然后专注于测试

分别专注于开发和测试会让我们感觉如释重负。为一个功能编码时，我们不想被晦涩的、边边角角的用例所干扰。比如，在编码时想到了一个边角用例，就把它记录下来，避免之后忘记这个测试项。然而，我更愿意把所有精力集中在正在实现的业务规则上，同时确保代码易于被未来的开发者维护。

一旦完成编码，就需要把注意力放在测试上。首先，我们需要遵循不同的技术，就像根据一个系统的检查清单工作一样。正如我们在 Eleanor 的例子中所看到的，当方法接收的是一个列表时，Eleanor 不需要考虑太多关于测试什么的问题：Eleanor 的反应就像有一个检查清单，上面列出“NULL、空列表、一个元素、多个元素”等检查项。在这之后，我们才会用到创造力和领域知识来覆盖其他用例。

1.2.4 “设计正确性”的神话

在大家对有效和系统的软件测试有了更清楚的认识后，让我们来戳穿一个神话。在软件开发者中，有一种观点认为，如果以简单的方式设计代码，它就不会有 bug，似乎无 bug 代码的秘密就是简单性。

软件工程的实证研究一再表明，简单、没有坏味道的代码比复杂的代码更不容易出现缺陷(例如，见 Shatnawi 和 Li 在 2006 年发表的论文)。然而，仅仅简单是远远不够的。认为测试可以被简单性完全取代的观点是天真的。对于“设计的正确性”也是如此：设计良好的代码并不意味着能避免所有可能的错误。

1.2.5 测试的成本

大家可能认为，强迫开发者进行严格的测试可能成本太高。图 1.4 显示，如果开发者按照本书提出的流程进行测试，他们必须应用多种技术。正确地测试软件比不这样做的工作量更大，这是千真万确的。但我希望说服大家认可测试是值得的。

- 在生产中发生错误带来的成本往往超过预防的成本(Boehm 和 Papaccio 在 1988 年得到的研究结果表明了这一点)。例如，一个受欢迎的网店，如果由于一个本可通过测试轻松预防的 bug 而导致支付程序瘫痪 30 分钟，那么该网店将付出多大代价。
- 产生很多 bug 的团队往往把时间浪费在一个无休止的循环中——开发者引入 bug，客户或专职的 QA 发现 bug，开发人员修复 bug，客户再发现不同的 bug 等。
- 节省成本的关键在于实践。一旦开发者习惯了设计和编写测试用例，就可以做得更快。

1.2.6 有效和系统的含义

我们期望开发者如何进行测试呢？可以用这两个词来描述：“有效”和“系统”。“有效”意味着专注于编写正确的测试。软件测试终究要做出权衡取舍——测试者希望尽可能发现所有错误，又要让发现缺陷付出的成本最小。如何实现这一目标？答案是必须清楚要测试的范围。

本书中介绍的所有技术都有一个明确的开始(测试什么)和一个明确的结束(何时停止)。当然，这并不是说只要大家遵循这些技术，被测试系统就不会有错误。作为一个社区，我们仍然不知道如何构建没有错误的系统。但可以肯定的是，bug 的数量会减少，而且希望能减少到可以容忍的水平。

“系统”意味着对于一段给定的代码，任何开发者都应该写出同样的测试集。现实中，测试经常以一种临时方式发生，开发人员设计出的测试用例只是自己能想到的。常见的情况是，两个开发者为同一个程序开发出不同的测试集。我们应该能够使测试过程系统化，以减少对做这项工作的开发者个体的依赖。

我理解并同意这样的说法：软件开发是一个富有创造性的过程，不能由机器人来完成。我相信，在构建软件时，人类将永远参与其中；但为什么不让开发者专注于需要创造力的工作呢？很多软件测试可以被系统化，这就是大家在本书中所看到的。

1.2.7 测试自动化的作用

自动化是有效测试过程的关键。我们所设计的每个测试用例都会通过测试框架(如 JUnit)实现自动化。我们应该对测试用例设计和测试用例执行进行明确区分。一旦写好了测试用例，一个框架就会运行它并显示报告、失败等。这就是这些框架的全部工作。它们的作用非常重要，但软件测试的真正挑战不是编写 JUnit 代码，而是设计可能揭示缺陷的、合适的测试用例。设计测试用例主要是人的活动，也是本书主要关注的内容。

提示：如果有人不熟悉 JUnit，这应该不是问题，因为书中的例子很容易阅读。但正如本书中一直提倡的那样，大家对测试框架越熟悉越好。

在本书讨论测试技术的章节中，我们首先设计测试用例，之后才用 JUnit 代码将其自动化。在实际工作中，大家可能会把这两种活动混在一起；但在本书中，我们还是把它们区分开，以便看到其中的区别。这也意味着本书对工具的讨论不多。JUnit 和其他测试框架是强大的工具，建议大家通过阅读相关的专业手册和书籍来了解它们。

1.3　软件测试的原则(或者，为什么测试如此困难)

对软件测试的一个简单看法是，如果想让被测系统得到很好的测试，我们必须不断增加测试，直到完成足够的测试。确保程序没有 bug 几乎是不可能的，开发者应该理解为什么会这样。

这一节将讨论一些使软件测试人员面临更多困难的情形，以及我们可以做什么来减少困难。这些原则的灵感来自于 Black、Veenendaal 和 Graham(2012)编写的 ISTQB 书籍中提出的原则。

1.3.1　详尽的测试是不可能的

我们没有足够的资源对程序进行完全测试。即使我们有无限的资源，测试一个软件系统中所有可能的情况也是不可能的。想象一下，一个软件系统“只有”300 个不同的标志项或设置项(如 Linux 操作系统)，每个标志项都可以被设置为真或假(布尔值)，并且可以独立于其他标志项进行设置。软件系统根据标志项的不同配置组合有不同的行为。300 个标志项中的每一项都有两个可能的值，因此有 2^{300} 种组合需要测试。作为比较，宇宙中的原子数量估算为 10^{80} 个。换句话说，这个软件系统需要测试的可能组合比宇宙中的原子还要多。

由于知道完全、充分的测试是不可能实现的，我们必须选择(或优先考虑)要覆盖哪些测试。这就是为什么我们强调需要进行有效的测试。本书讨论的一些技术将有助于确定相关的测试用例。

1.3.2　知道何时停止测试

对于工程师来说，确定哪些测试优先执行是件困难的事情。一方面，测试用例太少可能让被测系统表现得不尽如人意(也就是说，系统充满了错误)。另一方面，在没有适当考虑的情况下创建一个又一个的测试，可能导致无效的测试(且花费时间和金钱)。如前所述，我们的目标应该是最大限度地发现 bug，同时最大限度地减少在这上面消耗的资源。为了这个目标，我们将讨论不同的测试充分性标准，以帮助决定何时停止测试。

1.3.3 可变性很重要(杀虫剂悖论)

在软件测试中没有银弹。换句话说，我们不可能用单一的测试技术发现所有可能的错误。不同的测试技术有助于揭示不同的错误。如果只使用单一技术，可能只会发现用这种技术能找到的所有错误，而找不到更多问题。

一个更具体的例子是，一个团队如果只依赖单元测试技术，可能发现在单元测试层面可以捕获的所有错误，但可能错过只发生在集成层面的错误。

这就是所谓的杀虫剂悖论：用来防止或发现 bug 的每一种方法都会留下更细微的 bug 的残留物，这些方法对这些 bug 是无效的。测试人员必须使用不同的测试策略，以尽量减少留在软件中的 bug 数量。当研究本书介绍的各种测试策略时，请记住，将它们结合起来可能是一个明智的决定。

1.3.4 缺陷在某些地方更容易发生

如前所述，详尽的测试是不可能的，因此软件测试人员必须针对测试内容进行优先级排序。在确定测试用例的优先级时，请注意，缺陷并不是均匀分布的。根据经验，我们已经观察到一些组件比其他组件有更多的错误。例如，一个支付模块可能比一个营销模块需要更严格的测试。

有一个真实的案例，Schröter 及其同事在 2006 年研究了一些 Eclipse 项目中的错误。他们观察到，导入编译器包的文件中有 71%因为存在缺陷被修改过。换句话说，这类文件比系统中的其他文件更容易产生缺陷。作为一名软件开发者，我们必须观察和学习软件系统。源代码以外的数据可以帮助我们确定测试工作的优先顺序。

1.3.5 测试永远不可能完美或充分

正如 Dijkstra 所说，“程序测试可以用来显示缺陷的存在，但绝不是用来表明它们不存在”。换句话说，虽然我们可以通过简单的测试找到更多 bug，但是，无论测试集有多大，都无法确保软件系统 100%没有 bug，只能确保测试用例的行为符合预期。

这是一个需要理解的重要原则，因为它将有助于(我们以及客户)设定合理的期望。缺陷仍然会发生，但为测试和缺陷预防所付出的成本将得到回报，只允许影响较小的缺陷通过。“不可能测试一切”是我们必须接受的。

提示：虽然监控不是本书的主要话题，但建议大家投资建设监控系统。缺陷会发生，我们需要确保在生产中一旦出现缺陷就能被发现。这就是ELK (Elasticsearch, Logstash, and Kibana; www.elastic.co)技术栈等工具变得如此流行的原因。这种方法有时被称为在线测试(Wilsenach, 2017)。

1.3.6　上下文信息特别重要

在设计测试用例时，上下文信息起着重要作用。例如，为移动应用程序设计测试用例与为 Web 应用程序或用于火箭的软件设计测试用例是非常不同的。换句话说，测试是依赖于上下文的。

本书大部分内容都试图对上下文不加区分，所讨论的技术(领域测试、结构化测试、基于属性测试等)可应用于任何类型的软件系统。尽管如此，如果大家正在开发的是一个移动应用程序，那最好在读完本书后再读一本专门针对移动应用测试的书。第 9 章将讨论大型测试，其中会给出一些具体提示。

1.3.7　验证不同于确认

最后请注意，一个能完美正常运行但对用户毫无用处的软件系统不是一个好的软件系统。正如本书的一位评审员对我说的：“代码的覆盖率很容易度量，需求的覆盖率是另一回事”。当软件测试人员只关注验证(Verification)而不关注确认(Validation)时，就会陷入这种没有缺陷的误区。

有一句流行的话可以帮助记住其中的区别：“验证是关于正确地创建系统；确认是关于创建正确的系统”。本书主要涉及验证技术。换句话说，本书的重点不是讨论如何与客户合作以了解其真正需求之类的技术，而是讨论确保软件系统能正确地实现特定需求的技术。

验证和确认可以互相结合。在本章关于规划扑克算法的例子中，当Eleanor想象所有的开发者都在估算相同的工作量时，就属于这种情况，因为产品负责人并没有想到这个场景。系统化的测试方法有助于我们找出连产品专家都没有想到的边角场景。

1.4 测试金字塔，以及我们应该关注的地方

每当谈论实际的测试工作时，我们首先需要做出的决定之一就是测试的层次，即单元、集成或系统层次。让我们快速地看一下各个层次。

1.4.1 单元测试

某些情况下，测试人员的目标是测试软件的单一功能，而有意忽略系统的其他单元。这和我们在规划扑克牌的例子中所看到的一样，目标就是仅测试 identifyExtremes()方法。当然，我们也关心这个方法如何与系统的其他部分进行交互，所以测试了该方法的契约。但是，我们并没有把它和系统的其他部分一起测试。

当我们孤立地测试系统单元时，就是在做单元测试。单元测试具有以下优点。

- 单元测试的速度很快。一个单元测试通常只需要几毫秒的时间就能完成，使我们能在很短的时间内测试系统的很大一部分。快速、自动化的测试集给我们提供持续的反馈。在对正在开发的软件系统进行演化改变时，这种快速的安全网会使我们感到更加舒适和自信。
- 单元测试很容易控制。单元测试通过给一个方法提供某些参数，然后将这个方法的返回值与预期结果进行比较来测试软件。这些输入值和预期结果值在测试中很容易调整或修改。再回头看看identifyExtremes()的例子，会发现提供不同的输入并断言其输出是多么容易。
- 单元测试易于编写。它们不需要复杂的设置或额外的工作。单元也通常具有很高的内聚性和很小的规模，使测试人员的工作更容易。当我们把数据库、前端和 Web Service 都放在一起时，测试就会变得更加复杂。

至于单元测试的缺点，应该考虑以下几点。

- 单元测试缺乏真实性。一个软件系统很少是由单一的类组成的。系统中大量的类和它们的相互作用会导致系统在实际应用中的表现与单元测试中的表现不同。因此，单元测试并不完全代表一个软件系统的真实运行状态。
- 有些类型的 bug 不会被发现。有些类型的 bug 不能在单元测试层面上被捕获；它们只出现在不同组件的集成中(在一个纯粹的单元测试中得不到检验)。设想一个有复杂用户界面的 Web 应用程序：我们可能已经对后端和前端进行了彻底的测试，但只有当后端和前端组合在一起时，某个 bug 才会暴露出来。或者设想一下多线程的代码：可能在单元层面上运行很正常，但一旦多线程一起运行，错误就会出现。

有趣的是，单元测试中最难的挑战之一是定义什么是一个单元。一个单元可以是一个方法或多个类。以下是我喜欢的单元测试的定义，由 Roy Osherove 在 2009 年给出："单元测试是一段自动化的代码，调用系统中的一个工作单元。一个工作单元可以跨越单个方法、整个类或多个类，共同实现单个可以验证的业务逻辑"。

对我来说，单元测试意味着测试一组(小的)类，这组类对外部系统(如数据库或 Web Service)或其他不能完全控制的对象没有依赖性。当对一组类进行单元测试时，类的数量往往很少。这主要是因为一起测试许多类太困难了，并非因为这不是一个单元测试。

但是，如果我们想测试的一个类依赖于另一个与之交互的类，例如，一个数据库(图 1.5)，该怎么办呢？这就是单元测试变得更复杂的地方。这里有一个简短的答案：如果想测试一个类，而这个类依赖于另一个依赖于数据库的类，我们可以模拟数据库类。换句话说，创建一个桩程序，它的行为与原始类一样，但在测试时更简单，更容易使用。我们将在第 6 章讨论模拟对象(mock)时深入探讨这个具体问题。

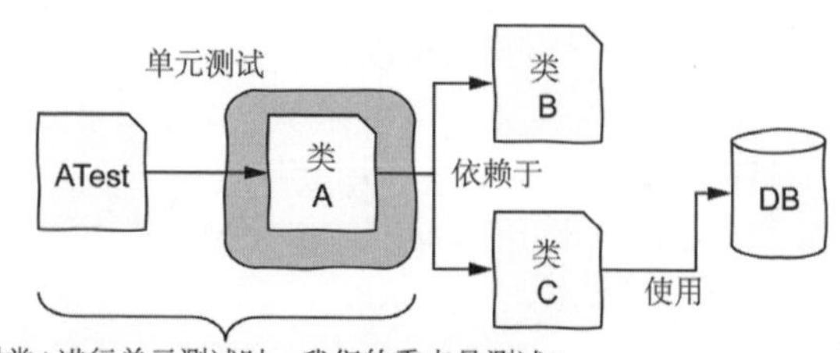
单元测试
ATest
类
A
依赖于
类
B
类
C
使用
DB
对类A进行单元测试时，我们的重点是测试A，
尽可能与其他类隔离！如果A依赖于其他类，
我们必须决定是模拟其他类还是把单元测试的范围扩大

图 1.5 测试系统的一个单元，我们的目标是测试系统中的某个单元，并尽可能与系统的其他部分隔离

1.4.2 集成测试

单元测试关注的是系统中最小的部分。然而，孤立地测试组件有时是不够的。当被测试的代码超出了系统的边界，并调用了其他(通常是外部)组件时，情况尤其如此。集成测试是用于测试代码与外部整合的测试层次。

让我们考虑一个现实世界的例子：软件系统通常依赖于数据库系统。为与数据库进行通信，开发者经常创建一个类，其唯一责任是与这个外部组件进行交互(想想数据访问对象类[DAO])。这些 DAO 可能包含复杂的 SQL 代码。因此，测试人员觉得需要测试 SQL 查询，但不想测试整个系统，只想测试 DAO 类和数据库之间的集成。测试人员也不想在完全隔离的情况下测试 DAO 类。毕竟，知道一个 SQL 查询是否有效的最好方法是把它提交给数据库，看看数据库返回什么。

这是一个集成测试的例子。集成测试的目的是一起测试系统的多个组件，重点是检查它们之间的交互，而不是测试整个系统(见图 1.6)。它们的通信是否正确？如果类 A 向类 B 发送消息 X 会怎样？是否仍然呈现正确的行为？

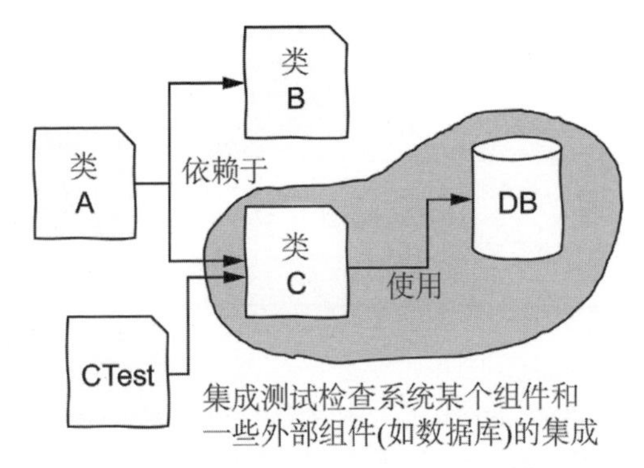

图 1.6　集成测试，其目标是测试某个组件和一些外部组件能否很好地集成

集成测试聚焦于两部分：被测组件和外部组件。编写这样的测试比编写一个贯穿整个系统并包含我们不关心的组件的测试要简单。

与单元测试相比，集成测试更难编写。在这个例子中，为测试设置一个数据库需要投入精力。涉及数据库的测试通常需要使用一个孤立的数据库实例进行测试，并更新数据库模式(schema)、添加或删除数据库记录以达到测试所期望的状态，之后还要清理所有记录。在其他类型的集成测试中也涉及类似的投入：Web Service、文件读写等。我们将在第 9 章讨论如何有效地编写集成测试。

1.4.3　系统测试

为得到对软件更真实的看法，我们需要进行更真实的测试，这时应该运行整个软件系统，包括所有的数据库、前端应用程序和其他组件。当测试整个系统而不是孤立地测试系统的一小部分时，我们做的就是系统测试(如图 1.7)。我们不关心系统内部是如何工作的，不关心它是用 Java 还是 Ruby 语言开发的，也不关心是否使用了关系数据库。我们只关心一件事：给定输入 X，系统将输出 Y。

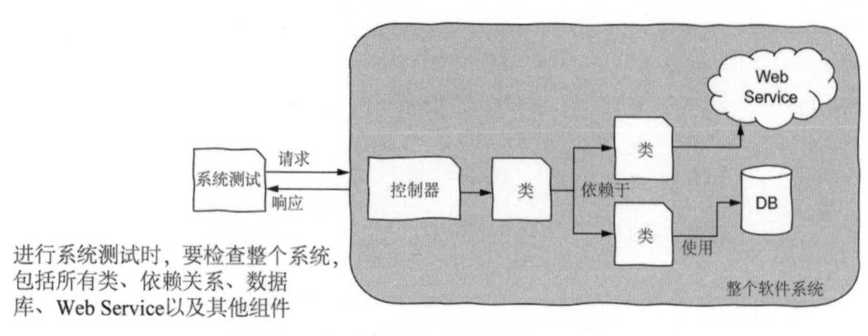
Web
Service
请求
系统测试
响应
控制器
类
依赖于
类
类
使用
DB
进行系统测试时，要检查整个系统，
包括所有类、依赖关系、数据
库、Web Service以及其他组件
整个软件系统

图 1.7 系统测试。目标是测试整个系统及其组件

系统测试的明显优势是测试的真实性。我们的最终客户不会孤立地运行 identifyExtremes()方法。相反，他们会访问一个网页、提交一个表单，此后就能看到结果。系统测试以这种预先确定的方式来考验系统。测试越真实(也就是说，当测试执行与最终用户类似的动作时)，我们对整个系统就越有信心。

然而，系统测试也有其缺点。

- **与单元测试相比，系统测试通常很慢**。想象一个系统测试要做的一切，包括启动和运行整个系统的所有组件。测试还必须与真实的应用程序进行交互，交互动作可能需要几秒钟。想象一下，一个测试启动了一个带有 Web 应用的容器和另一个带有数据库的容器，然后Service向这个Web应用所公开的Web Service提交一个HTTP请求。这个 Web Service 从数据库中检索数据，并给测试返回一个 JSON 响应。这显然比运行一个简单的单元测试要花费更多的时间，因为单元测试几乎没有依赖项。
- **系统测试也更难写**。一些组件(如数据库)可能需要复杂的设置，然后才可以在测试场景中使用。想想看，系统测试中需要连接、认证并确保数据库包含该测试用例需要的所有数据。为了实现这些操作的自动化，我们还必须为此开发额外的代码。
- **系统测试更容易出现失误**。一个不稳定的测试呈现出不稳定的行为：即使对于相同的配置，同样的测试可能通过，也有可能失败。不稳定的测试是软件开发团队面临的一个严重问题，我们将在第 10 章讨论。想象一下，有一个系统测试在测试一个 Web 应用。在测试人员单击一个按钮后，HTTP POST 请求到 Web 应用的时间比平时多了 0.5 秒，原因是在现实生活中，我们经常无法控制微小变化。测试并没有预料到这一点，因此失败了。再次执行测试，Web 应用的响应时间这次是正常的，测试就通过了。系统测试中的许多不确定因素会导致非预期的行为。

1.4.4 何时使用每个测试层次

了解了不同的测试层次及其优势后，我们必须决定是在单元测试还是在系统测试上投入更多，并确定哪些组件应该通过单元测试来测试，哪些组件应该通过系统测试来测试。一个错误决定可能对系统的质量产生相当大的影响：在一个错误层次上消耗的资源太多，而且可能无法发现足够的 bug。正如所猜，这里的最佳答案是，“视上下文而定”。

一些开发者(包括我本人)喜欢单元测试胜过其他测试层次。这并不意味着这些开发者从来不做集成测试或系统测试；但只要有可能，他们就会把测试推向单元测试层次。如图 1.8 所示，一个金字塔模型经常被用来说明这个思想。金字塔中片段的大小代表了在每个测试层次上进行测试的相对数量。

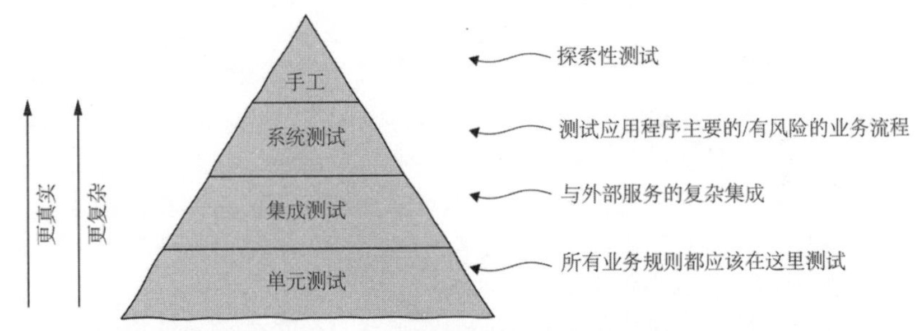

图 1.8 我设计的测试金字塔模型。一个测试越接近顶部，测试变得越真实和复杂。在右边的部分，可以看到每个测试层次上测试的内容

单元测试位于金字塔底部，面积最大，这意味着遵循这个体系的开发者会更倾向于单元测试(也就是说，写更多的单元测试)。下一个层次是集成测试，其面积较小，说明在实践中，这些开发者写的集成测试比单元测试少。鉴于集成测试需要投入额外的精力，开发者只为需要的集成编写测试。从图中可以看出，这些开发者对系统测试的青睐程度低于集成测试，而且手工测试的数量更少。

1.4.5 偏爱单元测试的原因

如前所述，我倾向于单元测试，充分体会到了单元测试带来的好处。它们易于编写，执行速度快，可以把它们与产品代码交织在一起，等等。我也相信单元测试非常适合软件开发者使用。当开发者实现一个新功能时，他们会写一些独立的单元，这些单元最终会一起工作以提供更大的功能。在开发每个单元时，很容易就能确保相应单元按预期工作。严格而有效地测试小单元要比测试更大的功能模块容易得多。

但是单元测试也有缺点，所以我们需要仔细思考正在开发的单元将如何被系统的其他单元调用。设计明确的契约并对其进行系统测试，会让我们更加确信，当单元被组合在一起时也会正常运行。

最后，因为我们已经通过大量简单且低成本的单元测试测试了代码，所以可以只对系统中真正重要的部分进行集成和系统测试。我们不需要在这些层面上重新测试所有功能，而只通过集成或系统测试来测试我们认为在集成过程中可能导致问题的代码的特定部分。

1.4.6 在不同层次上测试什么

我们应该使用单元测试来测试软件系统的一个算法或与单一业务逻辑有关的单元。大多数企业/业务系统都是用来传输数据的。这样的业务逻辑通常通过使用实体类(如发票类和订单类)来交换信息。业务逻辑通常不依赖于外部服务，所以它可以很容易地通过单元测试进行测试并且测试过程是完全可控的。单元测试让我们能够完全控制输入数据，以及在断言行为是否符合预期方面提供了全面的可观察性。

提示：如果一段代码涉及特定的业务逻辑，但不能通过单元测试进行测试(例如，业务逻辑只能在整个系统运行时进行测试)，那么之前的设计或架构决策很可能阻止我们编写单元测试。如何设计一个类会直接影响为其编写单元测试的难易程度。我们将在第 7 章讨论可测试性设计。

当被测试的组件与外部组件(如数据库或 Web Service)有交互时，我们都应该采用集成测试。DAO 的唯一职责是与数据库通信，最好在集成层进行测试，以确保与数据库的通信是有效的、SQL 查询能返回想要的东西，并且事务被提交到数据库。需要再次提醒大家注意的是，集成测试比单元测试代价更大、更难设置，采用集成测试只是因为这是测试系统特定部分的唯一方法。明确分离业务规则和基础设施代码将有助于通过单元测试来测试业务规则、用集成测试来测试集成代码，第 7 章将讨论这一点。

正如所知，系统测试的成本很高(编写困难且运行速度慢)，因此系统测试处于金字塔的顶端。在系统层面上不可能对整个系统进行重新测试。因此，我们必须考虑在这个层次上哪些方面需要优先测试，这可以通过一个简单的风险分析来决定。我们需要知道，被测试的软件系统的关键部分是什么？换句话说，系统的哪些部分会受到某个缺陷的严重影响？这些是我们需要做系统测试的地方。

记住杀虫剂悖论：单一技术通常不足以发现所有 bug。举一个真实的例子，我曾经做过一个开发电子学习平台的项目，该平台最重要的功能之一是支付。最糟糕的一类缺陷是用户无法购买我们的产品。因此，我们对所有与支付有关的代码进行了严格测试。首先，通过单元测试来测试将用户购买的产品转换为正确产品的业务规则、访问和权限等。该系统支持两种支付网关，它们之间的集成是通过集成测试来测试的：集成测试对支付网关提供的沙盒 Web Service 进行真实的 HTTP 调用，测试中覆盖不同类型的用户用各种信用卡购买产品。最后，通过系统测试覆盖用户购买产品的整个过程。测试步骤包括启动 Firefox 浏览器、单击 HTML 元素、提交表单，并在确认付款后检查购买的产品是否正确。

图 1.8 中的测试金字塔模型中还包括了手工测试。每类测试都应该是自动化测试，但是当这些测试集中于探索和验证时，我们会看到手工测试的一些价值。作为一个开发者，时不时地使用和探索正在构建的软件系统是很好的习惯，无论是实际操作还是通过测试脚本。打开浏览器或应用程序，玩一玩；这样你可能会对将要测试的功能特性有更好的洞察力。

1.4.7　如果你不同意测试金字塔，该怎么办

许多人反对测试金字塔的思想，也不赞同我们对于单元测试的偏爱。这些开发者主张的测试金字塔是这样的：底部较薄的是单元测试，中间较大的是集成测试，顶部较薄的是系统测试。很明显，这些开发者认为集成测试是最有价值的。

虽然我不同意，但能够理解他们的观点。在许多软件系统中，大部分复杂性是在集成组件方面。对于一个高度分布式的微服务架构，如果通过

自动化测试对其他微服务进行实际调用，而不是依赖模拟它们的桩对象或模拟对象，开发者可能会感到更舒服。为什么要为那些必须通过集成测试来测试的部分写单元测试呢？

在这种特殊场景下，作为一个偏爱单元测试的人，我更倾向于这样解决微服务的测试问题：首先在每个微服务中编写大量的单元测试，以确保它们的表现都是正确的。然后，在契约设计中投入大量精力，以确保每个微服务都有明确的前置条件和后置条件。接下来，通过大量的集成测试确保微服务之间的通信符合预期，分布式系统中的正常变化不会破坏系统。在大量集成测试的情况下，集成测试带来的好处超过了成本。我们甚至可投资一些智能(也许是 AI 驱动的)测试，以探索看不到的边角场景。

另一个支持集成测试(而不是单元测试)的常见例子是以数据库为中心的信息系统；也就是说，系统的主要职责是存储、检索和显示信息。在这样的系统中，复杂性依赖于确保信息流成功地通过用户界面传递到数据库并返回用户界面。这样的应用程序往往不是由复杂的算法或业务规则组成。这种情况下，确保 SQL 查询(通常是复杂的)按预期工作的集成测试和确保所有应用程序行为符合预期的系统测试可能都是需要的。正如本书前面说过的，之后也会多次提到，上下文是王道。

本节大部分内容都是以第一人称写的，因为它反映了我自己的观点，基于我作为一个开发者的经验。对一种方法的青睐在很大程度上取决于个人偏好、经验和背景。每个人应该采用自己认为对软件有利的测试类型。我不知道有什么科学证据可以确认应当赞成(或反对)测试金字塔。在 2020 年，Trautsch 和同事们分析了 3 万个测试(一些是单元测试，一些是集成测试)的故障检测能力，并没有任何证据表明某些缺陷类型能被任何一个测试层次更有效地检测出来。所有方法都有优点和缺点，大家必须找到最适合自己开发团队的方法。

建议大家通过阅读更多资料来了解其他人的观点，下面这些观点既有赞成单元测试的，也有赞成集成测试的。

- 在 *Software Engineering at Google*(Winters、Manshreck 和 Wright，2020)一书中，作者提到谷歌经常选择单元测试，因为单元测试往往更便宜，执行速度更快。集成测试和系统测试也会发生，但较少。根据作者的说法，他们执行的测试中，大约 80%是单元测试。

- Ham Vocke(2018)在 Martin Fowler 的 wiki 中为测试金字塔进行辩护。
- Fowler 本人(2021)讨论了不同的测试形式(测试金字塔和测试奖杯)。
- André Schaffer(2018)讨论了 Spotify 如何偏爱集成测试而不是单元测试。
- Julia Zarechneva 和 Picnic 阐述了支持测试金字塔的理由。

测试规模而不是其范围

谷歌对测试规模也有一个有趣的定义，工程师在设计测试用例时要考虑这个问题。小型测试是指可以在一个进程中执行的测试。这种类型的测试不需要访问那些导致测试缓慢或不可控的系统资源。换句话说，小型测试执行速度快而且稳定。中型测试可以跨越多个进程，使用线程，并对本地主机进行外部调用(如网络调用)。中型测试往往比小型测试速度更慢、更容易出错。最后，大型测试取消了本地主机的限制，可以请求并调用多台机器。谷歌定义的大型测试是指完整的端到端的测试。

不以测试的边界(单元、集成、系统)而以测试的运行速度来分类的想法在许多开发者中也很流行。重要的是，对于系统的每个部分，我们的目标是使测试的有效性最大化。我们当然希望测试编写的代价越低越好、运行速度越快越好，并且测试结果能向我们提供尽可能多的关于系统质量的反馈。

本书其余部分的大部分代码示例都是关于方法、类和单元测试的，但这些技术可以很容易地被推广到粗粒度的组件。例如，每当代码示例中展示的是一个方法时，大家可以把它看成一个 Web Service。思路是一样的，但对于粗粒度的组建，可能会有更多的测试用例需要考虑，因为组件要做更多的事情。

1.4.8　本书能帮助大家找到所有 bug 吗

这个问题的答案在前面的讨论中已经很清楚了，答案当然是否定的！尽管如此，本书所讨论的技术将帮助大家发现大量缺陷——希望是所有重要的缺陷。

在实践中，许多 bug 是非常复杂的。我们甚至没有合适的工具来搜索某些 bug。但是我们知道很多关于测试的知识，以及如何找到不同类别的 bug，而这些就是我们在本书中所关注的。

1.5　练习题

1. 请根据自己的理解解释什么是系统测试，以及它与非系统测试有何不同。

2. Kelly 是一名非常有经验的软件测试人员，她访问了一个社交网站 Books，该网站专注于根据人们阅读的书籍进行社交匹配。该网站的用户很少报告 bug，因为 Books 的开发者有强大的测试能力。然而，用户认为该软件没有提供所承诺的功能。什么测试原则适用于这种情况？

3. Suzanne 是一名初级软件测试人员，刚加入荷兰的一家非常大的在线支付公司。作为第一个任务，Suzanne 分析了过去两年的缺陷报告。她观察到超过 50%的缺陷发生在国际支付模块。Suzanne 向她的经理承诺，她将设计完全覆盖国际支付模块的测试用例，从而找到所有 bug。

以下哪项测试原则可以解释为什么这是不可能的？

A. 杀虫剂悖论

B. 测试不能穷尽

C. 早期测试

D. 缺陷聚类

4. John 是单元测试的坚定支持者。事实上，这是他在任何项目中所做的、唯一的测试类型。以下哪项测试原则不会有助于说服 John 放弃“只做单元测试”的方式？

A. 杀虫剂悖论

B. 测试是依赖于上下文的

C. 没有缺陷的误区

D. 尽早测试

5. Sally 刚刚开始担任一家公司的顾问，这家公司开发了一个移动应用程序以帮助人们坚持日常锻炼。开发团队的成员是自动化软件测试的爱好者，更具体地说，是单元测试的爱好者。他们有很高的单元测试代码覆盖率(大于 95%的分支覆盖率)，但用户仍然报告了大量的 bug。

精通软件测试的 Sally 向团队解释了一个测试原则。她讲的是以下哪个原则？

A. 杀虫剂悖论

B. 测试不能穷尽

C. 早期测试

D. 缺陷聚类

6. 一家网上商店的系统为了交付所有已付款的订单，需要运行一个批处理作业，每天一次。系统还需要根据订单是否来自国际客户来设置交货日期。订单从一个外部数据库中检索出来，已付款的订单被发送到一个外部 Web Service。

作为一名测试人员，你必须决定采用哪个测试层次(单元、集成或系统)。以下哪项陈述是正确的？

A. 尽管集成测试比单元测试更复杂(在自动化方面)，但有助于发现与 Web Service 通信、与数据库通信中的缺陷

B. 鉴于单元测试很容易编写(通过使用模拟对象)，并且涵盖的内容和集成测试一样多，单元测试在任何情况下都是最佳选择

C. 通过系统测试找到这段代码中的错误是最有效的方式。这种情况下，测试人员应该运行整个系统并检验批处理过程。因为该软件的代码很容易被模拟，所以系统测试代价也会很低

D. 虽然所有的测试层次都可以用来解决这个问题，但如果测试人员选择一个层次，并在那里探索所有的可能性和边角场景，就更有可能发现更多 bug

7. 代尔夫特理工大学开发了一个内部软件来处理雇员的工资。该应用程序使用 Java Web 技术，并在 Postgres 数据库中存储数据。该应用程序经常检索、修改和插入大量数据。所有这些通信都是由向数据库发送复杂 SQL 查询的 Java 类完成的。

作为测试人员，我们知道错误可能出现在任何地方，包括在 SQL 查询中。我们也知道有很多方法可以检测系统。以下哪一项不是检测 SQL 查询中缺陷的好办法？

A. 单元测试

B. 集成测试

C. 系统测试

D. 压力测试

8. 选择测试的层次涉及权衡，因为每个测试层次都有优点和缺点。以下哪一项是系统级测试的主要优点？

A. 与系统的交互更接近现实

B. 在持续集成环境中，系统测试为开发者提供真实的反馈

C. 系统测试从来都是稳定的，因此可以为开发者提供更多稳定的反馈

D. 系统测试是由产品所有者(product owner)编写的，会让其更接近现实

9. 在测试金字塔中建议的系统测试的数量比单元测试的数量少，主要原因是什么？

A. 单元测试和系统测试一样强大。

B. 系统测试往往很慢，而且常常不稳定。

C. 没有好的系统测试工具。

D. 系统测试不能给开发者提供足够的质量反馈。

1.6 本章小结

- 测试和测试代码可以指导我们进行软件开发。但软件测试的目的就是寻找缺陷，这也是本书主要讨论的内容。
- 系统而有效的软件测试思想有助于我们设计测试用例，以检验代码的所有角落，而且不留下任何未被发现的、产生不可预见行为的空间(希望如此)。
- 虽然系统化的测试有帮助，但我们永远无法保证一个程序没有bug。
- 穷尽测试是不可能的。测试人员的工作就包括对要进行多少测试进行权衡。
- 可在不同层次上测试软件，从测试一些小的方法到测试带有数据库和 Web Service 的整个系统。每个测试层次都有优势和劣势。

第 2 章
基于需求规格的测试

本章主要内容：

- 采用基于需求规格的测试技术创建测试用例
- 为程序边界识别并创建测试用例

毫无疑问，在软件测试领域，软件需求是最有价值的制品。这里所说的需求，是指描述一个功能应该做什么的任何文本文档。需求能够准确地告诉我们软件需要做什么、不应该做什么。需求描述了软件必须实现的错综复杂的业务规则，而且我们需要对其进行验证。因此，当涉及测试时，需求应该是我们首先要考虑的制品。

在本章中，我们将探讨基于需求规格的测试(specification-based testing，SBT)。SBT 技术把程序需求，如敏捷用户故事或 UML 用例，作为测试输入。我们将讨论如何利用需求中的所有信息系统地推导出一组测试对该需求进行广泛测试。

SBT 在整个测试过程中的位置如何？想象一下，一名软件开发者收到了一个新的功能需要实现。开发者在测试驱动的开发(TDD)思想的指导下编写实现代码，并始终确保代码是可测试的。当所有的类都开发完成后，开发者切换到“测试模式”。现在是系统地寻找缺陷的时候了。这就是 SBT 所处的位置：一旦进入测试模式，SBT 是大家应该使用的第一个测试技术。

正如之前提到的，SBT 指导我们从需求本身衍生出测试，被测试系统具体的实现代码并不是那么重要。当然，我们也需要针对源代码进行测试，这种结构化的测试技术是工作流程中的下一个测试技术。一旦我们对所有技术有了一个完整的了解，就能反复使用它们，并在它们之间来回切换。

2.1 需求告诉我们一切

下面先看一个示例。假设提出一系列新的需求，需要我们去开发。开始分析需求时，我们发现了一个需要实现的特殊方法：在给定的字符串中搜索并返回所有匹配的子串。受到 Apache Commons Lang 库(http://mng.bz/nYR5)的启发，把这个方法命名为 substringsBetween()。换句话说，我们将要测试的是一个真实的开源方法。

经过思考，我们最终明确了对 substringsBetween()方法的如下要求：

方法：substringsBetween()

在一个字符串中搜索以开始和结束标签为界的子字符串，利用一个数组保存所有匹配的子字符串并返回。

- str：包含子串的字符串，对于 null 返回 null，对于空字符串返回另一个空字符串。
- open：标记子串开始位置的字符串，对于空字符串返回 null。
- close：标记子串结束位置的字符串，对于空字符串返回 null。

该程序返回一个包含子字符串的数组。如果没有匹配的子字符串，则这个数组为 null。

例如：如果 str="axcaycazc"，open="a"，close="c"，输出的结果将是一个包含["x", "y", "z"]的数组。这是因为在原字符串中有三个像 a<something>c 这样的子字符串，第一个子字符串中间包含 "x"，第二个是 "y"，最后是 "z"。

头脑中有了这些需求，我们写出的实现代码如代码清单 2.1 所示。代码实现过程中可以采用 TDD(第 8 章会介绍)模式帮助我们开发这个功能，也可以不采用。现在，我们对这个程序能正常工作有了一些信心，但不是完全有信心。

代码清单 2.1　substringsBetween()方法的实现代码

```
public static String[] substringsBetween(final String str,
  final String open, final String close) {
```

```
    if (str == null || isEmpty(open) || isEmpty(close)) {
        return null;
    }

    int strLen = str.length();
    if (strLen == 0) {
      return EMPTY_STRING_ARRAY;
    }

    int closeLen = close.length();
    int openLen = open.length();
    List<String> list = new ArrayList<>();
    int pos = 0;

    while (pos < strLen - closeLen) {
      int start = str.indexOf(open, pos);

      if (start < 0) {
        break;
      }

      start += openLen;
      int end = str.indexOf(close, start);
      if (end < 0) {
        break;
      }

      list.add(str.substring(start, end));
      pos = end + closeLen;
    }

    if (list.isEmpty()) {
      return null;
    }

  return list.toArray(EMPTY_STRING_ARRAY);
}
```

如果前置条件不成立，则立即返回 null

如果该字符串为空。则立即返回一个空数组

指示我们正在查找的字符串位置的指针

搜索下一个 open 标签的出现

如果 open 标签没有再度出现在字符串中，就中断循环

寻找 close 标签

如果 close 标签没有再度出现在字符串中，就中断循环

获取在 open 和 close 标签之间的子串

将指针移到刚刚搜索到的 close 标签之后

如果搜索不到任何匹配的子串，则返回 null

下面查看一个完整示例。假设输入 str="axcaycazc"、open="a"和 close="c"。搜索到的 3 个字符串没有一个是空字符串，所以该方法会直接执行定义变量 openLen 和 closeLen 的代码行。这两个变量存储了 open 和 close 字符串的长度。在这个例子中，二者的长度都是 1，因为"a"和"c"都只有一个字符。

然后程序进入主循环。这个循环在字符串中可能还有子字符串需要检

查时执行 while 语句。在第一次循环中，变量 pos 等于 0(字符串的开头)。调用 indexOf 寻找可能出现的 open 标签。把 open 标签的参数和标识位置的参数 pos 传递给 indexOf 开始搜索，此时搜索的位置是 0。indexOf 返回值也是 0，这意味着我们找到了一个 open 标签(字符串的第一个元素就是 open 标签)。

之后，程序通过再次调用 indexOf 方法搜索子字符串的结束字符，即查找 close 标签。请注意，我们基于 open 标签的长度来增加起始位置，因为我们想在整个 open 标签结束后开始寻找 close 标签。记住，现在 open 标签的长度是 1，但它可以是任何长度。如果我们找到一个 close 标签，这意味着有一个子字符串要返回给用户。我们通过调用 substring 方法得到这个子字符串，且将开始和结束的位置作为参数传递给 substring 方法。然后，我们重新定位 pos 指针，再一次开始这个循环。图 2.1 展示了该循环的三次迭代，以及主要指针(start、end、pos)所指向的位置。

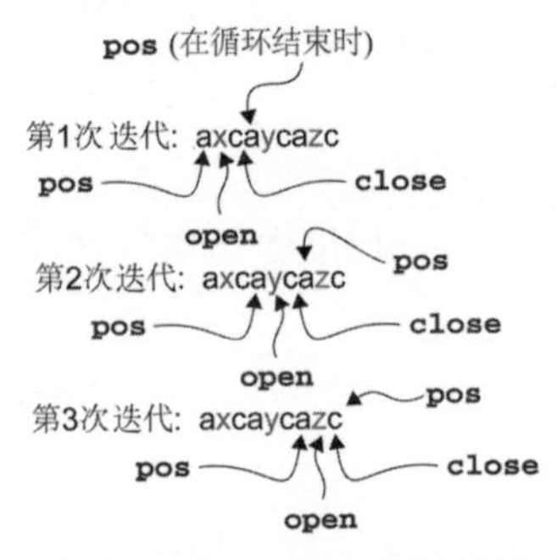

图 2.1　示例中 substringsBetween()方法的三次迭代

现在，我们完成了 substringsBetween()方法的第一个实现代码，让我们把思维切换到测试模式。是时候进行 PBT 和边界测试了。在我们共同完成这个任务之前，请大家先做一个练习，再重新看一下需求，写下大家能想到的所有测试用例。格式无所谓，像“所有参数为空”这样简洁的表达也可以。等大家阅读完这一章后，再把自己完成的初始测试集和我们接下来即将生成的测试集进行比较。

显然，确保这个方法正常工作的最佳方式是测试所有可能的输入和输出的组合。鉴于 substringsBetween()方法接收的是 3 个 string 格式的参数作为输入，这意味着我们需要向这 3 个参数传递所有可能的有效字符串，并以所有可以想象的方式进行组合。但是，正如第 1 章所讨论的，无所不包的测试是几乎不可能的，我们必须采取务实的态度。

2.1.1　步骤 1：理解需求、输入和输出

不管需求是怎么写的(甚至它只是出现在我们的脑海中)，都会包括三个部分。第一，程序/方法必须做的事情，即业务规则；第二，程序接收数据作为输入。输入数据是我们进行推理的基础，因为正是通过输入不同的数据，我们才可以测试不同的情况。第三，对输出的推理将有助于我们更好地理解程序做什么，以及输入是如何“转换”为预期的输出的。

对于 substringsBetween()方法，我的推理过程是这样的：

(1) 这个方法的目标是收集一个字符串中的所有子串，这些子串由用户提供的 open 和 close 标签界定。

a) 该程序接收三个参数：str，表示程序用来提取子串的字符串；

b) open 标签，表示子串开始的标签；

c) close 标签，表示子串结束的标签。

(2) 该程序返回搜索到的所有子串组成的一个数组。

这个过程可以帮助我们思考：我们想从这个方法得到什么。

2.1.2　步骤 2：探索程序在各种输入情况下的行为

对该方法所做的自由探索有助于我们增加对它的理解。在观察专业的软件开发者为从未见过的方法编写测试用例时，我在他们身上也注意到这种行为。事实上，如果程序的代码不是我们自己写的，这一步往往更有意义。否则，也许不需要这个探索阶段。

为说明步骤 2，让我们假设 substringsBetween()方法的代码不是我们自己写的(这种情况下，这完全是事实)，整个探索过程如下(参见 Junit 代码清单 2.2)。

首先，让我们看看这个程序在基本场景下是否正常工作。例如，传递一个字符串"abcd"，open 标签是"a"，close 标签是"d"，期望返回的是一个包含单个元素的数组"bc"。我们用一个单元测试用例试了一下，程序返回了我们所期望的结果。

接着，让我们看看，如果主字符串中包含多个子字符串会发生什么。例如，传递一个字符串"abcdabcdab"，open 标签仍然是"a"，close 标签是"d"，这时期望返回的是一个包含两个字符串的数组：["bc", "bc"]。在这个测试中，程序也返回了我们所期望的结果。

现在，我们希望程序在 open 和 close 标签多于一个字符的情况下也能有同样的表现。重复第 2 个测试，将参数"a"变成"aa"，"d"变成"dd"，并将字符串中的一个"bc"改为"bf"，这样就可以更容易地检查该方法是否返回两个不同的子字符串：["bc", "bf"]。在这个测试中，程序再次返回了我们所期望的结果。

代码清单 2.2　对 substringsBetween()方法的探索性测试

```
@Test
void simpleCase() {    ← 我们根据自己的感觉写这些测试用例，接下来想探索什么？
  assertThat(
    StringUtils.substringsBetween("abcd", "a", "d")
  ).isEqualTo(new String[] { "bc" });
}

@Test
void manySubstrings() {    ← 不必在乎这些测试是否有效，只要它们能让我们更了解被测试代码即可
  assertThat(
    StringUtils.substringsBetween("abcdabcdab", "a", "d")
  ).isEqualTo(new String[] { "bc", "bc" });
}

@Test
void openAndCloseTagsThatAreLongerThan1Char() {    ← 所有测试代码被写成了一行，尽管在印刷的书中看不出是一行代码。大家可以自由选择自己喜欢的方式来写代码
  assertThat(
    StringUtils.substringsBetween("aabcddaabfddaab", "aa", "dd")
  ).isEqualTo(new String[] { "bc", "bf" });
}
```

对程序应该如何工作有了明确的心理模型时，就可以停止这个探索阶段。请注意，并不期望每个人进行的探索和上面介绍的一样，探索过程应该因人而异，以每个人对程序的猜想作为指导。还要注意的是，我们没有探索所有的边角场景，那是以后的事。此时此刻，我们只对更好地理解这个程序感兴趣。

2.1.3　步骤 3：探索可能的输入和输出，并确定分区

我们应该找到一种方法按照优先级选择一个输入和输出的子集，使我们对程序的正确性有足够的把握。虽然一个程序可能的输入和输出的数量几乎是无限的，但一些输入集会使程序的行为相同，不管精确的输入值是什么。

从测试目的看，在上例中，输入 "abcd"，open 标签是"a"，close 标签是"d"，使程序返回"bc"，这与输入 "xyzw"，open 标签是 "x"，close 标签是 "w"是类似的。我们只是改变了输入的字母，但我们希望程序对两个输入所做的事情相同。考虑到资源有限，我们不会同时测试这两个输入，而只是测试其中一个(哪个并不重要)，我们相信这个例子能够代表这类输入。在测试术语中，我们说这两个输入是等价的。

一旦确定了某一类(或某一分区)的输入，我们就重复这个过程，寻找另一类输入；可以让程序以不同的方式运行，并且这种运行方式是我们还没有测试到的。如果不断地划分这样的分区，最终将确定出所有不同的可能输入类(或分区)。

做这种探索的系统性方法可以按下面的思路进行。

(1) 单独思考每个输入：可提供哪些可能的输入类别？

(2) 每个输入与其他输入的组合：open 和 close 标签的组合有哪些？

(3) 期望从这个程序得到的、不同类别的输出：是否返回数组？是否返回空数组？是否返回 null 值？

从单个输入开始总是最容易的方式。请大家跟随下面的思路练习一下。

- **str 参数**。这个参数可以是任何字符串。程序的规格说明书(需求文档)中提到了参数 str 的输入为 null 和空的情况。无论如何我们都会覆盖这两种输入，它们总是很好的特殊场景的测试用例。考虑到这个参数是一个字符串，我们还会测试字符串长度为 1 时会发生什么：

a) null

b) 空字符串

c) 长度为 1 的字符串

d) 长度大于 1 的任意字符串

- **open 参数**。这个参数也可以是任意字符串。我们会测试参数为 null 和空的情况，正如我们从 str 参数中了解到的那样，这两种输入是程序中会出现的特殊场景，我们也会测试字符串长度为 1 和大于 1 的两种情况：

a) null
b) 空字符串
c) 长度为 1 的字符串
d) 长度大于 1 的字符串

- **close 参数**。这个参数和 open 参数很像：

a) null
b) 空字符串
c) 长度为 1 的字符串
d) 长度大于 1 的字符串

一旦完成了对每个输入变量的详细分析，就可以开始探索变量之间的可能组合。一个程序的输入变量之间可能是相互关联的。在这个例子中，很明显，这三个变量之间有一种依赖关系。请大家再次跟随下面的思路：

- (str, open, close)参数：open 和 close 可以在字符串中，但也可以不在。或者 open 在字符串里，但 close 不在，反之亦然。

a) 字符串不包含 open 和 close 标签
b) 字符串包含 open 标签，但不包含 close 标签
c) 字符串包含 close 标签，但不包含 open 标签
d) 字符串同时包含 open 和 close 标签
e) 字符串多次包含 open 和 close 标签

请注意，上面的思考过程取决于测试人员的经验。规格说明文档中并没有明确提到这些情况：open 或 close 标签不在字符串中，或者 open 标签在字符串中但 close 标签不在。我之所以能考虑到这些情况，还要归功于我的测试经验。

最后，我们思考一下可能的输出。该方法返回一个包含子字符串的数组。就数组本身和数组中的字符串而言，我们都可以想到一系列可能的不同输出。

- 字符串数组(输出)：

  - null
  - 空数组
  - 单个元素的数组
  - 多个元素的数组
- 数组中的每一个子字符串(输出)：
  - 空
  - 单个字符
  - 多个字符

你或许认为对可能的输出进行思考是没有必要的。毕竟，如果我们已经对各种输入进行了正确的推理，可能也就检查了所有可能的输出类型。这是有道理的。然而，对于更复杂的程序来说，对输出进行思考可以帮助我们发现之前没有考虑到的输入。

2.1.4　步骤 4：分析边界

在软件系统中，在输入域的边界处出现缺陷是相当常见的。作为开发者，我们都犯过这样的错误，比如，错误使用“大于(>)”运算符，而它本应是一个“大于或等于(>=)”运算符。有趣的是，存在这种错误的程序对于大多数输入都能很好地运行；但当输入“接近边界”时，程序运行就会失败。边界无处不在，本节的学习目标就是如何识别它们。

我们刚刚理解了类/分区的概念。在设计分区时，这些分区与其他分区有“紧密的边界(close boundaries)”。想象一个简单的程序，如果给定的输入是一个小于 10 的数字，则打印 hiphip，如果给定的输入大于或等于 10，则打印 hooray。测试人员可将输入域划分为两个分区：使程序打印 hiphip 的输入集合，以及使程序打印 hooray 的输入集合。图 2.2 说明了这个程序的输入及其分区。请注意，输入值 9 属于 hiphip 分区，但输入值 10 属于 hooray 分区。

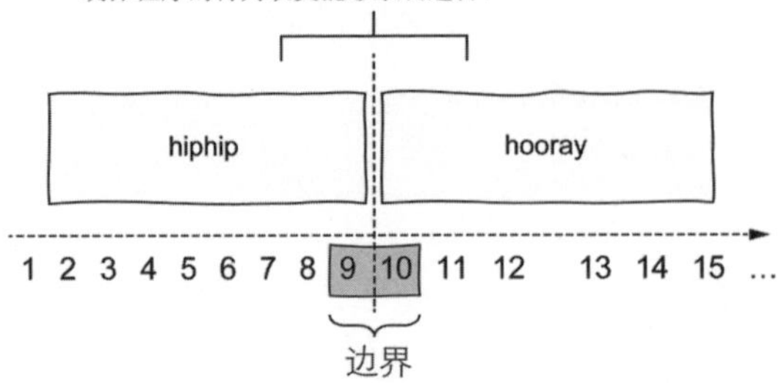

图 2.2　hiphip 和 hooray 两个分区之间的边界。小于等于 9 的数字属于 hiphip 分区，而大于 9 的数字属于 hooray 分区

程序员在边界附近(本例中，边界在输入值 9 和 10 附近)引入缺陷的概率比其他输入值要高。这正是边界值测试的目的：使程序在输入值接近边界时正确地运行。而这正是步骤 4 要讨论的内容：边界值测试。

每当一个边界被确定后，建议大家精确地测试当输入从一个边界跨越到另一个边界时程序会发生什么。在上例中，这意味着一个以 9 为输入的测试和另一个以 10 为输入的测试。这个想法类似于 Jeng 和 Weyuker 于 1994 年在他们的论文中提出的：只要有边界存在，就需要测试两个点。一个是针对**上点(onpoint)**的测试，也就是正好在边界上的点，另一个是针对**离点(offpoint)**的测试，也就是离边界最近的点，属于上点不在的分区(也就是另一个分区)。

在 hiphip-hooray 例子中，上点应该是 10。请注意，10 是出现在程序规格说明文档中的数字(input >= 10)，也可能是开发者在 if 语句中使用的数字。10 这个输入值使程序打印 hooray。现在，离点最接近边界值但属于另一个分区。在这个例子中，离点是数字 9。数字 9 是最接近 10 的数字，但属于 hiphip 分区。

让我们讨论两个更常见的术语：**内点(inpoint)**和**外点(outpoint)**。内点是指让条件为真的点，这样的输入值可能有无数个。在 hiphip-hooray 的例子中，11、12、25 和 42 都是内点的例子。另一方面，外点是指与离点属于同一分区的点。8、7、2 和-42 都是外点的例子。在等式中，内点是条件范围内的那个点，其他的都是外点，例如，在 a==10 中，10 是唯一的内点和上点，12 是外点和离点，而 56 是外点。每当我们找到一个边界时，两个测试(对上点和离点的测试)通常就足够了。不过，正如后面要讨论的那样，我们通常不介意加入一些有意义的内点和外点，以便得到一个完整的测试集。

边界值测试中另一个常见的情况是寻找等式的边界。在上例中，假设不是输入>=10，而是只要输入是 10，程序就会打印 hooray，否则就会打印 hiphip。考虑到这是一个等式，因此有一个上点(10)，但有两个离点，9 和 11。毕竟，边界在 10 的两侧都存在。这种情况下，作为一名测试人员，我们应当写三个测试用例。

我探索边界的诀窍是审视所有分区，想一想分区之间的输入。每当找到一个值得测试的输入值，就对它进行测试。

在之前 substringsBetween()方法的例子中，一个显而易见的边界发生在输入的字符串从空跨越到非空的过程中，因为我们知道程序停止返回空，并可能开始返回一些内容。因为我们考虑了这两种情况的分区，所以已经涵盖了这一边界。当检查每个分区以及是如何与其他分区划分边界的时候，我们分析了(str, open, close)中的分区。这个程序可以没有子串、可以有一个子串，也可以有多个子串。而 open 和 close 标签可能不在字符串中；或者，更重要的是，它们在字符串中，但它们之间没有子串。如图 2.3 所示。

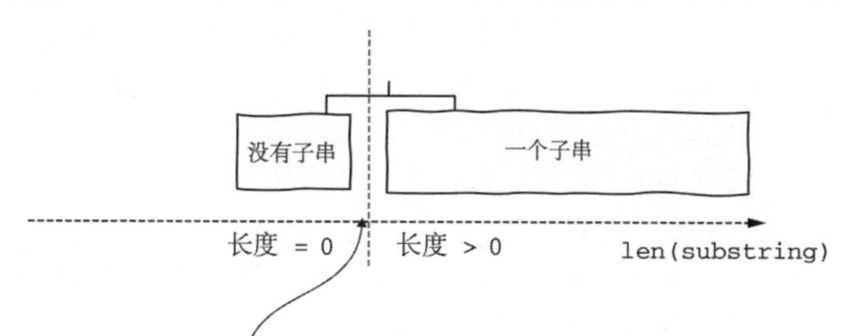
没有子串
一个子串
长度 = 0
长度 > 0
len(substring)
当输入包含open和close标签，并且子字符串的长度从等于0切换到大于0时，程序开始返回子字符串。这是一个边界情况，我们应当予以测试

图 2.3　测试 substringsBetween()方法时的几个边界

每当确定了一个边界，我们就为它设计两个测试。边界的每一边各有一个测试。针对“没有子串”/“一个子串”所处的边界，两项测试设计为：

- 字符串同时包含 open 和 close 标签，中间没有字符
- 字符串同时包含 open 和 close 标签，中间有字符

请注意，对于这种特殊情况，第二个测试是没有必要的，因为其他测试已经覆盖了这种情况。因此可以不去管它。

2.1.5 步骤 5：设计测试用例

经过对输入值、输出值和边界值的正确剖析，我们就可以生成具体的测试用例了。理想情况下，我们现在要做的是简单地把为每个输入设计的所有不同分区组合在一起。substringsBetween()方法的例子中有四个不同的类别，每个类别有四到五个分区。str 类别有四个分区(null、空字符串、长度为 1 的字符串和长度大于 1 的字符串)，open 类别有四个分区(与 str 相同)，close 类别有四个分区(也与 str 相同)，(str, open, close)类别有五个分区(字符串不包含 open 和 close 标签，字符串包含 open 标签但不包含 close 标签，字符串包含 close 标签但不包含 open 标签，字符串同时包含 open 和 close 标签，字符串同时包含多个 open 和 close 标签)。这意味着，我们将从 str 的 null 分区开始，并将其与 open、close 和(str, open, close)类别的分区相结合。我们最终会有 4×4×4×5=320 条测试。但编写 320 条测试可能不会有良好的回报。

这种情况下，我们要做的是通过务实地分析来决定哪些分区应该与其他分区充分组合、哪些组合不需要。减少测试用例数量的第一个想法是，只测试一次特殊情况，而不是和其他情况进行组合。例如，只测试一次 str 为 null 的分区，而不是多次。如果我们真的尝试把 str 为 null 的情况和下面这些情况进行组合：open 为 null、空、长度为 1、长度大于 1，以及 close 为 null、空、长度为 1、长度大于 1，...，能有什么收获呢？这可能并不值得我们为之付出精力。str 为空的情况也是如此，因为一个测试可能就足够了。如果我们对其他两个参数采用同样的逻辑，只测试一次 null 和空，就已经大大减少了测试用例的数量。

可能还有其他不需要完全组合起来的分区。我们找到了两个：

- str 长度为 1 的场景：给定字符串的长度为 1，也许设计两条测试就足够了，一是字符串中的单个字符与 open 和 close 匹配的情况，二是该字符与 open 和 close 不匹配的情形。
- 除非有充分的理由相信程序以完全不同的方式处理不同长度的 open 和 close 标签，否则不需要测试这 4 种组合：“open 长度等于 1，close 长度等于 1”“open 长度大于 1，close 长度等于 1”“open 长度等于 1，close 长度大于 1”和“open 长度大于 1，close 长度大于 1”，而只需要测试这两个组合就足够了：“open 长度等于 1，close 长度等于 1”和“open 长度大于 1，close 长度大于 1”。

换句话说，不要只是盲目地组合分区，因为这可能让我们设计出不太相关的测试用例。关注程序的实现代码也可能帮助我们减少组合的数量，第 3 章将讨论如何利用源代码来设计测试用例。

在下面所列的每一个输入参数的分区中，我们用[x]标注了无需多次测试的分区。

- str：null 字符串[x]，空字符串[x]，长度=1[x]，长度>1
- open：null 字符串[x]，空字符串[x]，长度=1，长度>1
- close：null 字符串[x]，空字符串[x]，长度=1，长度>1
- str：null 字符串[x]，空字符串[x]，长度=1，长度>1
- (str,open,close)：str 字符串既不包含 open 标签也不包含 close 标签、字符串包含 open 标签但不包含 close 标签、字符串包含 close 标签但不包含 open 标签、字符串同时包含 open 和 close 标签、字符串同时包含多个 open 和 close 标签

在清楚地了解了哪些分区需要进行广泛的测试、哪些不需要的情况下，我们现在通过对分区进行组合得出测试用例。首先来看特殊情况(Tn 表示第 n 个测试用例)：

- T1：str 为 null；
- T2：str 为空；
- T3：open 为 null；
- T4：open 为空；
- T5：close 为 null；
- T6：close 为空。

然后，str 长度为 1 时：

- T7：str 中的单个字符只与 open 标签匹配；
- T8：str 中的单个字符只与 close 标签匹配；
- T9：str 中的单个字符与 open 和 close 标签都不匹配；
- T10：str 中的单个字符与 open 和 close 标签都匹配。

现在，当 str 的长度大于 1，open 的长度等于 1，close 的长度也等于 1 时：

- T11：字符串不包含 open 和 close 标签；

- T12：字符串包含 open 标签，但不包含 close 标签；
- T13：字符串包含 close 标签，但不包含 open 标签；
- T14：字符串同时包含 open 和 close 标签；
- T15：字符串包含多个 open 和 close 标签。

接下来，当 str、open、close 的长度都大于 1 时：

- T16: 字符串不包含 open 和 close 标签；
- T17：字符串包含 open 标签，但不包含 close 标签；
- T18：字符串包含 close 标签，但不包含 open 标签；
- T19：字符串同时包含 open 和 close 标签；
- T20：字符串包含多个 open 和 close 标签。

最后，对边界进行测试：

- T21：字符串同时包含 open 和 close 标签，但它们中间没有任何字符。

我们最后得到了 21 条测试用例。请注意，设计出这些测试用例并不需要多少创造力，因为我们遵循的流程是非常系统的。这就是我想介绍的理论!

2.1.6　步骤 6：测试用例的自动化

现在是时候将测试用例转化为自动化的 JUnit 测试脚本。编写这些测试脚本几乎是一项机械性任务，其创造性部分是想出能测试某个特定分区的输入，并理解对于该分区而言程序的正确输出是什么。

自动化测试集如代码清单 2.3～代码清单 2.7 所示。测试脚本虽然比较长，但很容易理解。对 substringsBetween 方法的每次调用都是其中的一个测试用例。请注意，一共有 21 次对它的调用，分布在不同的测试方法中，每一次都与我们之前设计的测试用例相匹配。

首先，与字符串为 null 或空有关的测试如代码清单 2.3 所示。

代码清单 2.3　对 substringsBetween 方法的测试，第 1 部分

```
import org.junit.jupiter.api.Test;
import static ch2.StringUtils.substringsBetween;
import static org.assertj.core.api.Assertions.assertThat;

public class StringUtilsTest {
```

```
  @Test
  void strIsNullOrEmpty() {
    assertThat(substringsBetween(null, "a", "b"))   ◄── 对 substringsBetween 方法的第一次调用是测试 T1
      .isEqualTo(null);
    assertThat(substringsBetween("", "a", "b"))   ◄── 测试 T2
      .isEqualTo(new String[]{});
  }
}
```

open 或 close 为 null 或空有关的测试如代码清单 2.4 所示。

代码清单 2.4　对 substringsBetween 方法的测试，第 2 部分

```
@Test
void openIsNullOrEmpty() {
  assertThat(substringsBetween("abc", null, "b")).isEqualTo(null);
  assertThat(substringsBetween("abc", "", "b")).isEqualTo(null);
}

@Test
void closeIsNullOrEmpty() {
  assertThat(substringsBetween("abc", "a", null)).isEqualTo(null);
  assertThat(substringsBetween("abc", "a", "")).isEqualTo(null);
}
```

str、open 和 close 标签长度为 1 有关的测试如代码清单 2.5 所示。

代码清单 2.5　对 substringsBetween 方法的测试，第 3 部分

```
@Test
void strOfLength1() {
  assertThat(substringsBetween("a", "a", "b")).isEqualTo(null);
  assertThat(substringsBetween("a", "b", "a")).isEqualTo(null);
  assertThat(substringsBetween("a", "b", "b")).isEqualTo(null);
  assertThat(substringsBetween("a", "a", "a")).isEqualTo(null);
}

@Test
void openAndCloseOfLength1() {
  assertThat(substringsBetween("abc", "x", "y")).isEqualTo(null);
  assertThat(substringsBetween("abc", "a", "y")).isEqualTo(null);
  assertThat(substringsBetween("abc", "x", "c")).isEqualTo(null);
  assertThat(substringsBetween("abc", "a", "c"))
    .isEqualTo(new String[] {"b"});
  assertThat(substringsBetween("abcabc", "a", "c"))
```

```
        .isEqualTo(new String[] {"b", "b"});
}
```

然后，我们针对不同长度的 open 和 close 标签进行测试，如代码清单 2.6 所示。

代码清单 2.6　对 substringsBetween 方法的测试，第 4 部分

```
@Test
void openAndCloseTagsOfDifferentSizes() {
  assertThat(substringsBetween("aabcc", "xx", "yy")).isEqualTo(null);
  assertThat(substringsBetween("aabcc", "aa", "yy")).isEqualTo(null);
  assertThat(substringsBetween("aabcc", "xx", "cc")).isEqualTo(null);
  assertThat(substringsBetween("aabbcc", "aa", "cc"))
      .isEqualTo(new String[] {"bb"});
  assertThat(substringsBetween("aabbccaaeecc", "aa", "cc"))
      .isEqualTo(new String[] {"bb", "ee"});
}
```

最后测试 open 和 close 标签之间没有子字符串的情况，如代码清单 2.7 所示。

代码清单 2.7　对 substringsBetween 方法的测试，第 5 部分

```
@Test
void noSubstringBetweenOpenAndCloseTags() {
  assertThat(substringsBetween("aabb", "aa", "bb"))
      .isEqualTo(new String[] {""});
  }
}
```

我们将断言分在五个不同的方法中，这和步骤 5 设计测试用例时的分区基本吻合；唯一的区别是，针对特殊情况的测试被分成三个测试方法：strIsNullOrEmpty、openIsNullOrEmpty 和 closeIsNullOrEmpty。

一些开发者支持为每个测试用例都编写一个方法，这就意味着我们需要编写 21 个测试方法，每个方法包含一个方法调用和一个断言。这样做的好处是，测试方法的命名可以清楚地描述测试用例。JUnit 还提供了 ParameterizedTest 功能(http://mng.bz/voKp)，在这个例子中可以使用它。

我喜欢只包含一个测试用例的简单测试方法，特别是需要在企业级系统中实现复杂的业务规则时。但这种情况下，有很多输入要测试，而且其中很多是一个更大分区的变体，所以对我来说，用代码清单中的方式进行编码更合适。

把所有测试用例放在一个方法中还是多个方法中，这属于非常主观的决定。我们将在第 10 章讨论测试代码的质量以及如何编写易于理解和调试的测试。

还要注意，在有些测试中，我们并不关心某些输入值。例如，对于测试用例 1 “str 是 null”，我们不关心此处传递给 open 和 close 标签的值。通常的做法是为那些我们不关心的输入选择合理的值，也就是说，不让这些输入值对测试产生干扰。

2.1.7 步骤 7：用创造力和经验增补测试集

采用系统化的方法是值得提倡的，但也不应该抛弃自己的经验。在最后一步，让我们看看所设计的分区是否可以开发出有价值的变化。在测试中，变化始终是一件好事。

在我们的例子中，当重新审视我们所设计的测试用例时，我注意到还从未尝试过带有空格的字符串，所以决定在 T15 和 T20 的基础上设计两个额外的测试。T12 和 T20 都是针对“str 包含多个 open 和 close 标签”的测试：一个用例测试长度为 1 的 open 和 close 标签，另一个用例测试较长的 open 和 close 标签。我们添加的测试是在 str 字符串中有空白的情况下检查实现代码是否可以正常工作，如代码清单 2.8 所示。

提示：我们可能不需要测试这种额外的情况。也许程序的实现代码是以通用的方式处理字符串。但现在，我们只看需求，测试特殊字符总是一个好主意。如果我们能访问实现代码(正如下一章所讨论的那样)，就可以确定一个测试是否相关。

代码清单 2.8 使用参数化方法对 subtringsBetween 方法的测试，第 6 部分

```
@Test
void openAndCloseOfLength1() {
  // ... previous assertions here
  assertThat(substringsBetween("abcabyt byrc", "a", "c"))
      .isEqualTo(new String[] {"b", "byt byr"});
}

@Test
```

```
void openAndCloseTagsOfDifferentSizes() {
  // ... previous assertions here
  assertThat(substringsBetween("a abb ddc ca abbcc", "a a", "c c")).
  ➥ isEqualTo(new String[] {"bb dd"});
}
```

最终我们得到了 23 个测试用例。让我们再花点时间重新审视前面的所有步骤，然后思考一下：我们完成测试了吗？

我们已经完成了基于需求规格的测试。然而，还没有完成测试。在基于需求规格的测试之后，下一步是通过实现代码来完善测试集。这是第 3 章的主题。

四只眼睛比两只眼睛好

本书的一位评审人员提出了一个有趣的问题：如果一个测试用例的输入是 aabcddaabeddaab，open 是 aa，close 是 d，怎么办？"bc "和 "be "是提供的 open 和 close 标签之间的子串(aa<bc>ddaa<be>ddaab)，但是“bcddaabed”也可以看作一个子串(aa<bcddaabed>daab)。

起初，我以为错过了这个测试用例。但事实上，它与 T15 和 T20 是一样的。

不同的人以不同的方式处理问题。我的思考过程是：“让我们看看，如果字符串中有多个 open 和 close 标签，程序是否会中断”。评审人员的想法可能是：“让我们看看，程序是否会错误地选择更长的子串”。

我们想让测试尽可能系统化，但很多时候取决于开发者如何对问题进行建模。有时我们不会想到所有的测试用例。当想出一个新的测试时，就把它添加到测试集中去吧。

2.2 基于需求规格的测试简述

我提出了 SBT 测试设计方法有 7 大步骤，结合了 Ostrand 和 Balcer 在 1988 年的开创性工作中提出的类别-分区方法、Kaner 等人所著的《领域测试工作手册》(*Domain Testing Workbook*，2013)以及我本人的观点，详见图 2.4。

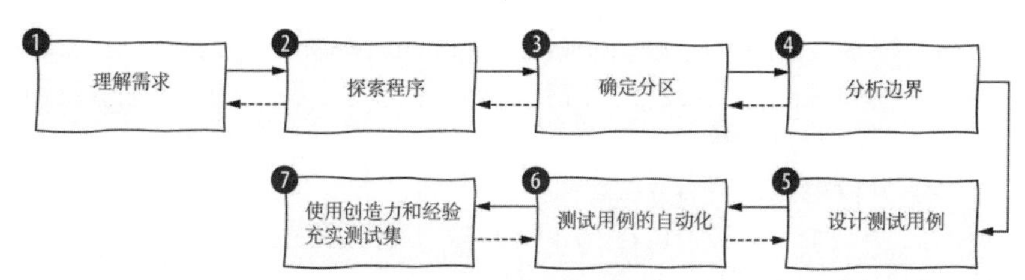

图 2.4　我提出的 7 个步骤，基于需求规格文档设计测试用例。实线箭头表示要遵循的“正常路径”。虚线箭头表示，像通常那样，这个过程是可以迭代的。在实践中，我们可以循环往复，直到对所创建的测试集有信心

具体步骤如下所述：

(1) 理解需求、输入和输出。我们需要对待测试的程序有一个整体的思路。通过仔细阅读需求了解：程序应该做什么？不应该做什么？是否有需要处理的边角场景？确定起作用的输入和输出变量、变量的类型(例如，是整数，还是字符串？)，以及它们的输入域(例如，只能是 5~10 之间的数字？)。这些特征中的一些可以直接在程序的规格说明文档中找到。其他的可能无法找到，例如，如果输入是空会怎样？我们需要尽可能多地了解需求的细节。

(2) 探索程序。如果程序不是我们自己开发的，为了确定程序的功能，除了阅读文档外，一个非常好的方法是使用它。用不同的输入调用被测试的程序，看看程序会输出什么。不断地调用程序，直到确信我们在阅读文档后建立的心理模型与程序的实际行为相符。这种探索不是(也不应该是)系统性的，而是为了增加我们对程序的理解。请记住，这时我们仍然不是在测试程序。

(3) 谨慎地探索可能的输入和输出，并确定分区。确定正确的分区是测试中最难的部分。如果错过了一个，就可能会漏掉缺陷。对此我提出 3 个步骤来确定分区：

- **单独查看每个输入变量。**探索变量的类型(是整数吗？是字符串吗？)以及可以接受的数值范围(可以是空吗？是 0 到 100 的数字吗？允许负数吗？)。
- **查看每个变量如何与另一个变量互动。**变量之间经常相互依赖，或者相互之间有约束。这些肯定应该被测试。

- **探索可能的不同类型的输出，并确保这些输出被测试**。在探索输入和输出时，要注意任何没有明确说明的业务规则、逻辑或预期行为。

(4) 分析边界。缺陷喜欢隐藏在边界中，因此，这里的测试要做得特别彻底。审视上一步骤中设计的所有分区，分析其边界。识别相关的边界，并将其添加到列表中。

(5) 在分区和边界的基础上设计测试用例。基本想法是结合不同类别的所有分区来测试所有可能的输入组合。然而将它们全部组合起来，测试成本可能太高，所以有必要减少组合的数量。常见的策略是对特殊的行为只测试一次，不与其他分区进行组合。

(6) 测试用例的自动化。只有当测试被自动化后，它才是一个测试。因此，这一步的目标是为我们刚设计的所有测试编写自动化测试代码(JUnit)。这意味着我们要为这些测试确定具体的输入值，并对程序应该做什么(即输出)有明确的期望。记住，测试代码也是代码，因此，我们要减少重复代码，确保代码易于阅读并且不同的测试用例易于区分；一旦某个测试用例执行失败，也易于定位问题。

(7) 用创造力和经验充实测试集。进行最后的检查。利用我们的经验和创造力，重新审视所创建的所有测试。我们是否错过了什么？我们的直觉是否告诉我们：程序在某个特定情况下可能会失败？如果是这样，就增加一个新的测试用例。

2.3 通过 SBT 发现缺陷

Apache Commons Lang 框架(substringsBetween 方法的实现是从这个框架提取的)的开发者们实在是太优秀了，我没有发现任何关于这个框架的缺陷。现在分析另一个例子，代码是由我这个不时犯错的普通开发者实现的。这个例子将向大家展示 SBT 的价值。作为一个练习，在本书揭示代码中的缺陷之前，大家可以试着找到它。

我和一些朋友曾经参与过许多编码挑战，主要是为了好玩。几年前，我们在 LeetCode(https://leetcode.com/problems/add-two-numbers/)的启发下研究了以下问题。

某个方法接收两个数据："left"和"right"(每一个都表示为一个数字集

合)，将它们相加，并将结果也作为一个数字集合返回。

数字集合 left 和 right 中的每个元素都应该是[0-9]中的一个数字。如果这个前置条件不成立，方法会抛出一个异常 IllegalArgumentException。

- left：一个包含加法的左边数字的集合。Null 返回 null，空意味着 0。
- right：一个包含加法的右边数字的集合。Null 返回 null，空意味着 0。

该程序将 left 和 right 的总和作为一个数字集合返回。

例如，将数字 23 和 42 相加意味着一个有两个元素[2,3]的集合(left)与另一个有两个元素[4,2]的集合(right)相加，输出一个有两个元素的集合[6,5]，因为 23 + 42 = 65。

该方法最初的实现代码如代码清单 2.9 所示。

代码清单 2.9　add()方法的最初实现代码

```
public List<Integer> add(List<Integer> left, List<Integer> right) {
  if (left == null || right == null)          // 如果左边或右边为 null，则返回 null
    return null;

  Collections.reverse(left);                  // 将集合中的数字排序进行反转，使最
  Collections.reverse(right);                 // 低位有效数字位于左侧

  LinkedList<Integer> result = new LinkedList<>();

  int carry = 0;

  for (int i = 0; i < max(left.size(), right.size()); i++) {   // 若有一个数字，则继续求和，并考虑到数字的进位

    int leftDigit = left.size() > i ? left.get(i) : 0;
    int rightDigit = right.size() > i ? right.get(i) : 0;

    if (leftDigit < 0 || leftDigit > 9 ||
      rightDigit < 0 || rightDigit > 9)       // 如果前置条件不成立，则抛出一个异常
        throw new IllegalArgumentException();

    int sum = leftDigit + rightDigit + carry;  // 将左边的数字与右边的数字相加，并考虑到可能的进位

    result.addFirst(sum % 10);                 // 这个数字应该是 0 到 9 之间的一个数字。我们通过对 sum 除以 10(%运算符)取余数来计算它

    carry = sum / 10;                          // 如果 sum 大于 10，则将 sum 除以 10 的结果带到下一个数字
  }
```

```
  return result;
}
```

该算法的工作原理如下。首先，将两个数字集合中的数字排序进行反转，把原来的最低有效数字放在左边；这会让我们更容易对集合进行遍历。然后，对于 left 和 right 两个集合中的每个数字，该算法都会得到下一对关联的数字，并将它们相加。如果得到的总和大于 10，这意味着需要对下一个最高位的数字加 1。最后，返回列表。

因为我只是在享受编码的乐趣，所以并没有为这个方法编写系统的测试，只是尝试了几个输入并观察到输出是正确的。如果大家已经理解了代码覆盖率的概念，并放弃与 if 条件语句相关的 null 和预设条件的检查，下面这 4 个测试将实现 100%的分支覆盖率(如果不明白什么是代码覆盖率，不要担心，我们会在下一章讨论)。

- T1 = [1] + [1] = [2]
- T2 = [1,5] + [1,0] = [2,5]
- T3 = [1,5] + [1,5] = [3,0]
- T4 = [5,0,0] + [2,5,0] = [7,5,0]

对所有这些输入，该程序都能正常工作。然后，我决定将程序提交给编码挑战平台，令人惊讶的是，实现代码被拒绝了！因为这段代码中有一个 bug。在展示这个 bug 在哪里之前，让我们先了解它是如何被 SBT 所发现的。

首先，我们单独分析每个参数。

- **参数 left**。它是一个集合，我们首先测试基本输入，比如 null、空、单数、多数。考虑到这个集合代表了一个数字，我们也会试一下左侧有很多零的数字。这些零是无用的，但我们需要看看实现代码能否很好地处理它们。下列是我们给出的分区。
  - 空
  - Null
  - 单个数字
  - 多个数字
  - 左侧有多个零
- **参数 right**。基本上与参数 left 的分区列表相同。
  - 空
  - Null

- ♦ 单个数字
- ♦ 多个数字
- ♦ 左侧有多个零

参数 left 和 right 之间有关联，让我们对此进行探索。

- **(left，right)参数**。它们可以有不同的长度，并且程序应该能够处理：
  - ♦ left 集合的长度>right 集合的长度
  - ♦ left 集合的长度<right 集合的长度
  - ♦ left 集合的长度 =right 集合的长度

虽然需求文档中没有明确说明，但我们知道两个数字的和应该是相同的，无论最高的数字在等式左边还是右边。我们还知道，有些数字的和可能需要进位操作。例如，对 18+15 进行求和时，存在 8+5=13，这意味着得到一个 3，然后进位+1 给下一个数字；再执行 1+1+1，第一个 1 来自 left 的数字，第二个 1 来自 right 的数字，第三个 1 就是上一求和进位的 1。最终结果是 33，图 2.5 说明了这个计算过程。

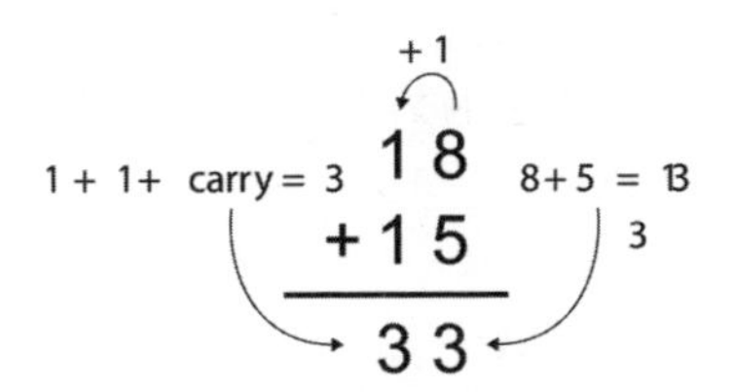

图 2.5　18+15 求和时的进位示意图

这个程序中，进位是一个非常重要的概念，因此值得对它进行测试。前面说过，我们应该格外注意特定业务规则和逻辑。

- **进位**。让我们试着总结一下有多少种不同进位方式。下面列举一些好的例子：
  - ♦ 不带进位的和
  - ♦ 带进位的和，在开始处有一个进位
  - ♦ 带进位的和，中间有一个进位
  - ♦ 带进位的和，许多进位
  - ♦ 带进位的和，许多进位，不是连续的
  - ♦ 带进位的和，进位被传递给一个新的(最高位的)数字

领域知识仍然是设计良好测试用例的基础

到此为止，本章给大家的可能印象是：如果我们分析了方法的每一个参数，就可以得出所有需要的测试用例。如果是这样的话，生活就会变得简单得多！

通过分析参数，即使没有太多的领域知识，也会帮助我们发现许多bug。然而，对需求的深刻理解仍然是设计出好的测试用例的关键。在上例中，程序的需求中并没有提到进位。因为我们对要解决的问题有深刻的了解，所以围绕进位问题设计了许多测试用例。我们需要不断积累领域知识，尽管我们所讨论的系统性方法将有助于发现许多常见的错误，但了解正在开发的软件系统的业务领域是我们的本职工作(如果是自己写的代码，就有明显的优势：对它有深刻的了解)。

在这个例子中，唯一值得测试的边界是：确保像99+1这样的情况被测试到，最后的数字被进位到一个新的最高位数字。这来自于我们在分析进位时得出的最后一个分区："有进位的和，进位到一个新的(最高位的)数字"。

分析了所有输入和输出后，现在是时候设计出具体的测试用例了。我们将采用以下策略。

(1) null值和空值只测试一次；

(2) 单个数字的数据只测试一次；

(3) 测试包含多个数字的数据，并且覆盖left和right长度相同和长度不同的情况。这里将对相同和不同长度的数字进行彻底的而且同样多的测试。让测试集中包含重复的用例，以确保left比right长的情况下程序能正常工作，反之亦然。

(4) 对左边有多个零的数据进行测试，但是有几个测试用例就足够了。

(5) 测试边界。

让我们看一些特殊的测试用例。

- null和空数据
  - T1：left为null
  - T2：left为空
  - T3：right为null
  - T4：right为空

- 单个数字的数据
  - T5：个位数，无进位
  - T6：个位数，有进位
- 多个数字的数据
  - T7：没有进位
  - T8：最低位数字的进位
  - T9：中间进位
  - T10：多次进位
  - T11：多次进位，不是连续的
  - T12：进位到一个新的(现在是最高位的)数字
- 多个数字的不同长度的数据(一种情况是 left 比 right 长，另一种情况是 right 比 left 长)。
  - T13：没有进位
  - T14：最低位数字的进位
  - T15：中间进位
  - T16：多次进位
  - T17：多次进位，不是连续的
  - T18：进位到一个新的(现在是最高位的)数字
- 左边有多个零的数据
  - T19：不进位
  - T20：进位
- 边界数据
  - T21：进位到一个新的(最高位的)数字，增加 1(例如，99+1)。

现在，我们只需要将它们转化为自动化测试用例。见代码清单 2.10。下面是关于这个示例的一些解释。

- 测试代码中使用了 JUnit 的 ParameterizedTest 功能。其中的思想是：写单个通用测试方法，让它像一个“骨架(skeleton)”一样工作。方法中没有使用硬编码的值，而是使用了变量。具体值随后被传递给该测试方法。testCases()方法为 shouldReturnCorrectResult 测试方法提供输入。测试方法和方法源之间通过@MethodSource 注解来联系。JUnit 提供了其他方法向方法传递输入，如内联(inline)逗号分隔的数据(请参考 JUnit 文档中的@CsvSource 注解)。

- numbers()辅助方法接收一个整数集合并将其转换为 List<Integer>，这就是被测试的方法所接收的输入数据。这个辅助方法的存在主要是为了增加测试方法的可读性。对于 Java 专家来说，可以使用 Arrays.asList()本地方法，结果也是一样的。

代码清单 2.10 add 方法的测试代码

```
import org.junit.jupiter.params.ParameterizedTest;
import org.junit.jupiter.params.provider.Arguments;
import org.junit.jupiter.params.provider.MethodSource;

import java.util.ArrayList;
import java.util.List;
import java.util.stream.Stream;

import static org.assertj.core.api.Assertions.assertThat;
import static org.assertj.core.api.Assertions.assertThatThrownBy;
import static org.junit.jupiter.params.provider.Arguments.of;

public class NumberUtilsTest {

  @ParameterizedTest                       // 参数化测试是这类测试的最佳选择!
  @MethodSource("testCases")               // 声明将提供输入数据的方法的名称
  void shouldReturnCorrectResult(List<Integer> left,
    List<Integer> right, List<Integer> expected) {
      assertThat(new NumberUtils().add(left, right))   // 使用参数化的数据调用被测试的方法
              .isEqualTo(expected);
  }

  static Stream<Arguments> testCases() {   // 每个测试用例对应一个参数

    return Stream.of(
      of(null, numbers(7,2), null), // T1
      of(numbers(), numbers(7,2), numbers(7,2)), // T2
      of(numbers(9,8), null, null), // T3
      of(numbers(9,8), numbers(), numbers(9,8 )), // T4
      // null 值和空值的测试

      of(numbers(1), numbers(2), numbers(3)), // T5
      of(numbers(9), numbers(2), numbers(1,1)), // T6
      // 个位数的测试
```

```
    of(numbers(2,2), numbers(3,3), numbers(5,5)), // T7
    of(numbers(2,9), numbers(2,3), numbers(5,2)), // T8
    of(numbers(2,9,3), numbers(1,8,3), numbers(4,7,6)), // T9
    of(numbers(1,7,9), numbers(2,6,8), numbers(4,4,7)), // T10
    of(numbers(1,9,1,7,1), numbers(1,8,1,6,1),
      numbers(3,7,3,3,2)), // T11
    of(numbers(9,9,8), numbers(1,7,2), numbers(1,1,7,0)), // T12
```

多位数的测试

```
    of(numbers(2,2), numbers(3), numbers(2,5)), // T13.1
    of(numbers(3), numbers(2,2), numbers(2,5)), // T13.2
    of(numbers(2,2), numbers(9), numbers(3,1)), // T14.1
    of(numbers(9), numbers(2,2), numbers(3,1)), // T14.2
    of(numbers(1,7,3), numbers(9,2), numbers(2,6,5)), // T15.1
    of(numbers(9,2), numbers(1,7,3), numbers(2,6,5)), // T15.2
    of(numbers(3,1,7,9), numbers(2,6,8), numbers(3,4,4,7)), // T16.1
    of(numbers(2,6,8), numbers(3,1,7,9), numbers(3,4,4,7)), // T16.2
    of(numbers(1,9,1,7,1), numbers(2,1,8,1,6,1),
      numbers(2,3,7,3,3,2)), // T17.1
    of(numbers(2,1,8,1,6,1), numbers(1,9,1,7,1),
      numbers(2,3,7,3,3,2)), // T17.2
    of(numbers(9,9,8), numbers(9,1,7,2), numbers(1,0,1,7,0)), // T18.1
    of(numbers(9,1,7,2), numbers(9,9,8), numbers(1,0,1,7,0)), // T18.2
```

多位数的测试，长度不同，带有或不带进位(从两边)

```
    of(numbers(0,0,0,1,2), numbers(0,2,3), numbers(3,5)), // T19
    of(numbers(0,0,0,1,2), numbers(0,2,9), numbers(4,1)), // T20
```

左边有零的测试

```
    of(numbers(9,9), numbers(1), numbers(1,0,0)) // T21
  );
}

private static List<Integer> numbers(int... nums) {
  List<Integer> list = new ArrayList<>();
  for(int n : nums)
      list.add(n);
  return list;
}
}
```

边界测试

生成一个整数集合的辅助方法。辅助方法在测试集中很常见，帮助开发者编写更多可维护的测试代码

有趣的是，这些测试用例中有很多用例运行会失败！见图 2.6 中的 JUnit 报告。以第一个失败的用例 T6(“带进位的个位数”)为例。在左数=[9]和右数=[2]情况下，我们期望的输出为[1,1]；然而程序输出为[1]！我们再来看看 T12——“进位到一个新的(最高位的)数字”也失败了：在左数=[9,9,8]和右数=[1,7,2]的情况下，我们期望输出为[1,1,7,0]，但实际上是[1,7,0]。当

需要进位到一个新的最左边的数字时，程序无法处理进位。

真是个棘手的 bug！大家在实现这个方法时是否发现了这个 bug？

有一个简单的方案来修复这个缺陷：我们只需要在最后增加一个进位。实现代码如代码清单 2.11 所示。

代码清单 2.11　在 add 程序中修复第 1 个 bug

```
// ... all the code here ...
if (carry > 0)
   result.addFirst(carry);
return result;
```

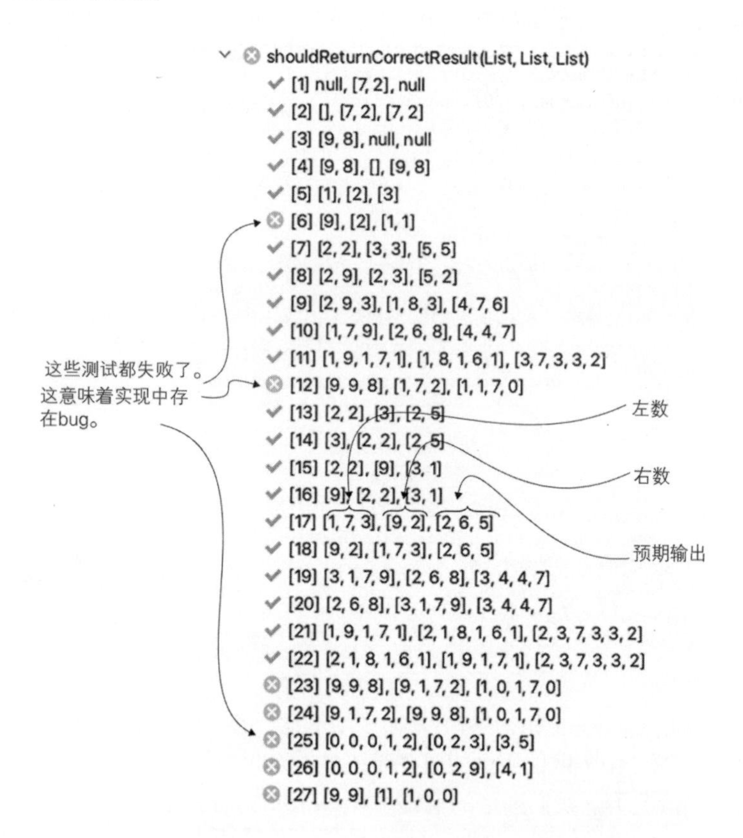

图 2.6　测试用例执行的结果。很多用例都没通过，说明程序有缺陷

现在这些测试都通过了，但我们又看到程序并没有处理左边的零。当

left=[0,0,0,1,2]，right=[0,2,3]时，我们期望输出为[3,5]，但程序实际返回[0,0,0,3,5]。这个 bug 的修复也很简单，只需要在返回结果之前删除左边的零。见代码清单 2.12。

代码清单 2.12　在 add 程序修复第 2 个 bug

```
// ...... 以前的代码在这里......


if(carry >0)
   result.addFirst(carry);


// 从结果中删除前面的 0
while(result.size() >1 \&\& result.get(0) == 0)
  result.remove(0);

return result;
```

最后，我们只缺少一些测试用例来确保每个数字都是 0 到 9 之间的数字这一前置条件成立。我们需要做的就是传递不同的无效数字。让我们在 JUnit 测试代码中直接实现，见代码清单 2.13。

代码清单 2.13　对 add 程序前置条件的测试

```
                                          特别适合参数化测试

@ParameterizedTest   ◄── 
@MethodSource("digitsOutOfRange")
void shouldThrowExceptionWhenDigitsAreOutOfRange(List<Integer> left,
  ➥ List<Integer> right) {
  assertThatThrownBy(() -> new NumberUtils().add(left, right))
        .isInstanceOf(IllegalArgumentException.class); ◄──
}                                              通过断言检查是否发生异常

static Stream<Arguments> digitsOutOfRange() { ◄──
  return Stream.of(                              传递无效参数
       of(numbers(1,-1,1), numbers(1)),
       of(numbers(1), numbers(1,-1,1)),
       of(numbers(1,10,1), numbers(1)),
       of(numbers(1), numbers(1,11,1))
  );
}
```

现在所有的测试都通过了。鉴于我们的测试集对测试的覆盖很彻底，我们现在有足够的信心继续前进。

提示：有趣的是，这个例子中我们发现的 bug 不是因为有 bug 的代码造成的，而是因为代码的缺失造成的。这也是一种常见的 bug 类型，并且可以通过 SBT 来捕获！只要有疑问，就写一个测试用例。编写自动化(单元)测试用例非常简单，让我们很容易就可以看到测试的执行结果。无用的测试用例太多算是一个问题，但多出几个测试用例也没有关系。

2.4 实际工作中的 SBT

大家对如何基于需求规格系统地设计测试用例已经有了清晰的了解，接下来我分享一些自己多年来学到的实用技巧。

2.4.1 测试过程是迭代的，而不是顺序的

用文字描述迭代过程是很有挑战性的。也许前面对于 SBT 的讲解带给大家这样的印象：整个测试过程是完全顺序进行的，只有在完成前一个步骤后，才可能进入下一个步骤。例如，只有当彻底确定了分区之后，才能开始分析边界。事实上，整个过程是迭代的。在实践中，我们可以在不同的步骤之间来回切换。在设计测试用例时，突然发现漏掉了一个分区或边界，这是常见的情况，这时可马上对测试集进行改善，然后继续设计测试用例。

2.4.2 SBT 的测试深度

关于这个问题，务实的答案是理解软件失效的风险。在程序的某个部分出现故障的代价是什么？如果代价很高，那么明智的策略就是：在这部分测试上进行很大的投入，探索更多的边角用例，尝试不同的技术以确保其质量。然而，如果代价比较低，那么进行一些必要的测试就足够了。个人看法是，在多次重复这些测试步骤后，如果已经找不到尚未测试的用例，就可以停止测试了。

2.4.3　分区还是边界？这并不重要

当大家探索输入和输出、确定分区、设计测试用例时，也许最终会认为“边界是一个排他性分区，而不是两个分区之间的边界”。一个特殊用例应该出现在“确定分区”步骤还是“识别边界”步骤其实并不重要。每个开发者对软件规格说明的理解可能有所不同，因此可能带来微小差别。重要的是，这个测试用例被创建了，而且缺陷不会溜进程序中。

2.4.4　上点和离点就足够了，但可以加入一些内点和外点

鉴于上点和离点都属于特定的分区，它们也是分区内具体的测试用例。这意味着，测试输入域的所有边界就足够了。然而，我经常不介意在测试中尝试一些内点和外点。我明白它们是多余的，因为上点、离点与内点、外点验证的是同样的分区。但这些额外的点往往能让我们对程序有更好的理解，也往往能更好地代表软件系统的真实输入。争取让测试集达到最精简的状态总是一个好主意，但测试一些额外的点也没问题。

2.4.5　通过相同输入的变化来促进理解

我和 Treude、Zaidman 在 2021 年联合发表的论文中介绍了我们对专业开发者的观察和研究。我们注意到，对所有的测试用例使用相同的“输入种子”可以简化对不同测试用例的理解。对于每个分区的“输入种子”进行小的修改，只需要满足该分区的标准就可以了。在本章的 substringsBetween()方法例子中，所有测试用例中的输入字符串都基于 abc 演化而来。一旦某个测试用例失败了，我们很容易和其他通过的、输入字符串相似的测试用例进行对比，从而理解为什么这个输入会失败。

需要注意，这个技巧违背了尽可能多地改变输入的常见测试理念。不同的输入是必要的，从而可更好地探索输入空间，识别出我们以前没有看到的边角用例。然而，当进行基于需求规格的测试时，我更愿意把重点放在严格地确定分区并测试它们。第 5 章中将通过基于属性的测试方法编写测试用例，以自动化方式对输入域进行探索。

2.4.6 当组合数量激增时，务实一点

如果把 substringsBetween 程序中找出的所有分区组合起来，我们最终会得到 320 条测试用例。对于更复杂的程序，这个数字甚至会更大。组合测试是软件测试中的一个完整的研究领域。我不会深入研究各种不同的技术，但可以提供两条务实的建议。

首先，尽可能减少组合的数量。把异常行为从其他行为中分离出来单独进行测试(正如我们在本章的例子中所做的那样)是一种可行的方法。另外，也许还可利用领域知识来进一步减少组合数量。

其次，如果在方法层面面临大量的组合，应该考虑将这个方法分解成两个。较小的方法需要测试的内容自然较少，因此，需要测试的组合也较少。如果我们花一些时间精心设计两个方法的契约以及两者之间传递信息的方式，这样的解决方案往往会很有效。当两个简单的方法被组合成一个更大、更复杂的组件时，也能减少缺陷发生的机会。

2.4.7 有疑问时，选择最简单的输入值

为测试用例挑选具体的输入值是一项棘手的任务。我们希望选择更加真实且足够简单的输入值。在测试不通过的情况下，这将有利于对代码进行调试。

我的建议是，除非我们有很好的理由，否则应该避免复杂的输入值。如果能选择一个小的整数值，就不要选择一个大的整数值；如果可以选择一个 5 个字符的字符串，就不要选择 100 个字符的字符串。保持简洁很重要。

2.4.8 为无关紧要的输入选取合理的值

有时，我们的目标是测试功能的某个特定部分，而该部分没有用到程序中的某个输入变量。我们可以给那个“无用”的输入变量传递任何数值。这种情况下，我的建议是为这些输入变量选取真实的数据。

2.4.9　测试 null 值和异常情况，但只在有意义的时候

测试 null 值和异常情况总是很重要的，因为开发者们经常忘记在代码中处理这些情况。然而，请记住，不要写那些永远捕获不到缺陷的测试用例。在编写这样的测试之前，我们应该首先了解软件系统的整体情况(和它的架构)。也许可以从架构上确保一个方法的前置条件在该方法被调用之前得到满足。

如果被测试的这段代码离用户界面很近，就需要测试更多奇怪的边角情况，如 null、空字符串、不常见的整型值等。如果这段代码离用户界面很远，而且我们确信数据在到达被测组件之前已经被处理过了，就可以跳过这些测试。上下文是关键。我们应该只编写那些最终能够捕获到缺陷的测试。

2.4.10　当测试用例的骨架相同时，采用参数化测试方法

少量不必要的重复不是问题，大量不必要的重复才是。我们为 substringsBetween 程序创建了 21 个不同的测试用例。测试代码相当精简，因为我们决定将一些测试用例合并到一个测试方法中。想象一下，如果所写的 21 个测试用例几乎都是相同的，会怎么样呢？如果每个方法需要 5 行代码，我们将得到一个有 21 个方法和 105 行的测试类。虽然不是很长，但仍然比我们写的采用了参数化测试的测试集要长得多。

有的开发者认为参数化测试令人困惑。采用普通的 JUnit 测试用例还是参数化测试，其本质是个人偏好的问题。当测试集中的测试用例重复的数量过多时，我倾向于采用参数化测试。在本章中，我更倾向于采用普通的 JUnit 测试用例：将一批测试用例合理地分配到一组小的测试方法中。第 10 章中将进一步讨论关于测试代码质量的问题。

2.4.11　适用于任何层次的需求或单元测试以外的测试

我在本章中提出的七步工作法应该适用于任何层次的需求。在本章，我们把它应用在可由单一方法实现的规格说明中，但没有什么能阻止我们在更高层次的需求中使用它，这些需求涉及很多类。从传统的观点看，基于需求规格的测试技术适用于黑盒测试，即测试整个程序或功能，而不是

测试特定组件。但我认为，该技术在单元层次上也是有价值的。

当我们讨论较大型的测试(集成测试)时，也将讨论如何为类或组件的集成设计测试用例。方法是相同的：思考有哪些输入和它们的预期输出，划分领域空间并创建测试用例。因此，可将这里所讨论的技术推广到任何层次的测试。

2.4.12 如何测试有状态的类

我们在本章中测试的两个方法是没有状态的，因此，需要做的就是考虑输入和输出。在面向对象的系统中，类是有状态的。设想一个 ShoppingCart 类以及该类的 totalPrice()行为方法，该方法运行之前需要在购物车中添加一些商品，即 CartItem。这种情况下，我们如何应用基于规格的测试技术？请看代码清单 2.14。

代码清单 2.14 ShoppingCart 类和 CartItem 类

```
public class ShoppingCart {

  private List<CartItem> items = new ArrayList<CartItem>();

  public void add(CartItem item) {          // 向购物车中添加商品
    this.items.add(item);
  }

  public double totalPrice() {              // 遍历所有商品并计算商品的总价
    double totalPrice = 0;
    for (CartItem item : items) {
    totalPrice += item.getUnitPrice() * item.getQuantity();
  }
  return totalPrice;
  }
}

public class CartItem {                     // 描述购物车中的商品的一个简单类

  private final String product;
  private final int quantity;
  private final double unitPrice;

  public CartItem(String product, int quantity,
  double unitPrice) {
```

```
    this.product = product;
    this.quantity = quantity;
    this.unitPrice = unitPrice;
  }

  // getters
}
```

这里使用基于需求规格的测试方式没有什么真正的变化。唯一不同的是，当思考如何测试方法时，开发者不仅要考虑这个方法可能的输入参数，还要考虑类应该处于的状态。对于这个具体例子，通过思考 totalPrice 方法的预期行为，就可想出一些测试来检验该方法的行为，例如，购物车里有 0 件商品、有 1 件商品、有多件商品，以及每件商品有不同数量(可能还有一些边角用例，如 null)。与以前不同的是，在调用待测试的方法之前，我们需要设置类的状态(即向购物车添加多件商品)。见代码清单 2.15。

代码清单 2.15　ShoppingCart 类的测试用例

```
import org.junit.jupiter.api.Test;
import static org.assertj.core.api.Assertions.assertThat;

public class ShoppingCartTest {

  private final ShoppingCart cart = new ShoppingCart();

  @Test
  void noItems() {
    assertThat(cart.totalPrice())
        .isEqualTo(0);
  }

  @Test
  void itemsInTheCart() {
    cart.add(new CartItem("TV", 1, 120));
    assertThat(cart.totalPrice())
      .isEqualTo(120);
    cart.add(new CartItem("Chocolate", 2, 2.5));
    assertThat(cart.totalPrice())
      .isEqualTo(120 + 2.5*2);
  }
}
```

将 cart 定义为一个字段，意味着我们不必对每个测试进行实例化。这是一种提高代码可读性的常见技术

当购物车为空时断言检查方法是否返回 0

当购物车中只有一件商品时断言检查方法是否工作

当购物车中有多件商品时断言检查方法是否工作

再强调一次，SBT 方法的应用机制是相同的，只是我们在设计测试用例时，必须考虑更多。

2.4.13 经验和创造力的影响

如果两个测试人员在同一个程序中运用前面所讲的 SBT 方法，他们会开发出相同的测试集吗？理想情况下是这样，但实际上也许不是。拿 substringsBetween()这个例子来说，我希望大多数开发者能设计出类似的测试用例，但也不乏会有一些开发者从完全不同但同样正确的角度来处理这个问题。

虽然我在尽量减少经验和创造力的影响，提出了每位开发者都可以遵循的步骤，但在实践中，经验和创造力确实会在测试中起作用。我们在一个小型对照实验中观察到了这一点(Yu, Treude, Aniche)。

继续用 substringsBetween()作为例子。一些有经验的测试人员可能马上发现更复杂的测试用例，而一个新手就很难马上发现它。一个更有经验的测试人员可能会意识到字符串中的“空格”根本不起作用，于是跳过这个测试。而新手可能会有疑问，于是写了一个额外的“无用”测试。这就是为什么给大家介绍系统化的 SBT 方法：它可以帮助我们记住要思考的问题。

2.5 练习题

1. 关于在以下 Java 方法中应用基于需求规格的测试方法，哪个说法是错误的？

```
/**
 * Puts the supplied value into the Map,
 * mapped by the supplied key.
 * If the key is already in the map, its
 * value will be replaced by the new value.
 *
 * NOTE: Nulls are not accepted as keys;
 * a RuntimeException is thrown when key is null.
 *
 * @param key the key used to locate the value
 * @param value the value to be stored in the HashMap
```

```
 * @return the prior mapping of the key,
 * or null if there was none.
*/
public V put(K key, V value) {
  // implementation here
}
```

A. 方法的规格说明中没有说明关于 value 输入参数的任何细节，因此，我们应该根据自己的经验确定 value 的分区(例如，value 为 null 或不为 null)。

B. 类别/分区方法产生的测试数量会迅速增长，因为为每个类别所选择的分区随后都会被逐一组合起来，这对 put()方法来说不是一个实际问题，因为该方法的类别和分区的数量很少。

C. 在面向对象的语言中，除了使用方法的输入参数来探索分区，还应该考虑对象的内部状态(类的属性)，因为它也能影响方法的行为。

D. 基于现有的信息，不可能执行类别/分区方法，因为最后一步(添加约束)需要了解源代码。

2. 考虑一个 find 程序：在文件中查找一个模式(pattern)的出现次数。该程序的语法如下：

```
find <pattern ><file >
```

在阅读了该程序的规格说明并进行了基于需求规格的测试后，一个测试人员设计了以下分区。

A. 模式大小：空、单字符、多字符、长于文件中的任何一行。

B. 引语：模式有引语、模式没有引语、模式引语不当。

C. 文件名：好的文件名、没带此名称的文件名、省略。

D. 文件中的出现次数：0 次、1 次、多于 1 次。

E. 单行中的出现次数，假设该行包含该模式：1 次、多于 1 次

现在，这些分区组合后得到的测试数量太高了。我们可以采取什么措施来减少组合的数量？

3. 假设某个国家的邮政编码总是由 4 个数字和 2 个字母组成，如 2628CD。数字范围是[1000, 4000]。字母范围是[C, M]。

考虑一个程序，它接收 2 个输入：1 个整数(代表 4 个数字)和 1 个字符串(代表 4 个字母)，并返回真(当邮政编码有效时)或假(当邮政编码无效时)。这个程序的边界似乎很简单。

A. 低于 1000 的任意数字：无效

B. [1000, 4000]：有效

C. 超过 4000 的任意数字：无效

D. [A, B]: 无效

E. [C, M]: 有效

F. [N, Z]: 无效

基于你对程序的假设，还能想出哪些边角或边界用例？请列出这些无效的用例，以及它们如何根据你的假设来验证程序。

4. 一个名为 FizzBuzz 的程序具有以下功能：给定一个整数 n，返回由该数字以及"！"组成的字符串。如果这个数字能被 3 整除，用 "Fizz "代替这个数字；如果这个数字能被 5 整除，用 "Buzz"代替这个数字；如果这个数字既能被 3 又能被 5 整除，用 "FizzBuzz "代替这个数字。

示例：

A. 整数 3 的结果是"Fizz！"

B. 整数 4 的结果是"4！"

C. 整数 5 的结果是"Buzz!"

D. 整数 15 的结果是"FizzBuzz!"

一名没有经验的测试者试图为 FizzBuzz 方法设计尽可能多的测试，他想出了以下测试：

A. T1=15

B. T2=30

C. T3=8

D. T4=6

E. T5=25

在这些测试中，哪些可以删除，同时保持一个好的测试集？可用哪个概念来确定可删除的测试？

5. 一个游戏有以下条件：numberOfPoints≤570。对该条件进行边界分析：上点是什么值？离点是什么值？

A. 上点=570，离点=571

B. 上点=571，离点=570

C. 上点=570，离点=569

D. 上点=569，离点=570

6. 对等式 x==10 进行边界分析：x==10：上点是什么值？离点是什么值？

2.6　本章小结

- 需求是可用来生成测试的最重要制品。
- SBT 技术帮助我们以系统化方式探索需求。例如，SBT 有助于检查不同输入变量的领域空间，以及它们如何相互作用。
- 我提出了基于需求规格的测试的七步法：①理解需求；②如果对程序了解不多，就去探索它；③仔细分析输入和输出的属性并确定分区；④分析边界；⑤设计具体的测试用例；⑥测试用例的自动化；⑦用创造力和经验来增补测试集。
- 缺陷喜欢隐藏在边界。然而，确定边界可能是 SBT 中最具挑战性的部分。
- 测试用例的数量有时可能太多，即使在较简单的程序中也是如此。这意味着我们必须决定什么应该测试，什么不应该测试。

第 3 章

结构化测试与代码覆盖

本章主要内容：

- 根据代码结构创建测试用例
- 综合运用结构化测试和基于需求规格的测试技术
- 正确使用代码覆盖
- 有些开发者(错误地)痛恨代码覆盖率的原因

在第 2 章中，我们讨论了如何把软件需求作为主要元素来指导测试。一旦完成了基于需求规格的测试，下一步就要在源代码的帮助下增强测试集。这样做的原因有以下两点。

首先，在分析需求时，我们可能遗漏一两个分区，而通过查看源代码会让我们注意到这些分区。其次，在实现代码时，我们会用到不同的语言结构、算法和数据结构，而这些在需求文档中不一定明确体现。为了尽可能保障程序的正确性，还应该对特定的代码实现细节进行验证。

在本章，我们将学习如何系统地分析源代码，了解基于需求规格创建的测试集验证了哪些代码，还有哪些代码没有覆盖到但也需要被测试。利用源代码的结构指导测试的技术也被称为结构化测试(structural testing)。理解结构化测试技术意味着我们需要了解不同类型的代码覆盖率指标。接下来将探讨如何利用代码覆盖率帮助我们在“程序工作符合预期”方面获得更多信心。

3.1 代码覆盖的正确使用方式

假设有一个小程序用来计算字符串中以"r"或"s"结尾的单词数量(灵感来自 CodingBat 网站上的一个问题，https://codingbat.com/prob/p199171)。该程序需要实现的需求如下：

给定一个句子，程序应该计算出以"s"或"r"结尾的单词的数量。当一个非字母出现时，意味着一个单词结束。最后程序返回计算出的单词数量。

开发者用来实现这个需求的代码如代码清单 3.1 所示。

代码清单 3.1 CountWords 程序的实现代码

```
public class CountWords {
  public int count(String str) {
    int words = 0;
    char last = ' ';

    for (int i = 0; i < str.length(); i++) {      // 遍历字符串中的每个字符

    if (!isLetter(str.charAt(i)) &&               // 如果当前字符是一个非字母，
      (last == 's' || last == 'r')) {             // 并且前一个字符是 "s"或 "r"，
        words++;                                  // 我们就找到一个单词
    }

      last = str.charAt(i);                       // 将当前字符存入变量 last 中
    }

    if (last == 'r' || last == 's') {             // 如果字符串以"r"或"s"结尾，则
        words++;                                  // 增加一个单词的计数
    }

    return words;
  }
}
```

现在，假设有一名开发者对基于需求规格的测试技术不够了解。他为上述代码编写了两个 JUnit 测试用例，如代码清单 3.2 所示。

代码清单 3.2 CountWords 的初始(不完整的)测试集

```
@Test
void twoWordsEndingWithS() {                      // 两个单词都以 "s"结尾(dogs 和 cats)：预期程序返回 2
  int words = new CountLetters().count("dogs cats");
```

```
    assertThat(words).isEqualTo(2);
  }

  @Test
  void noWordsAtAll() {
    int words = new CountLetters().count("dog cat");
    assertThat(words).isEqualTo(0);
  }
```

字符串中没有以"s"或"r"结尾的单词：程序返回 0

这个测试集还远远谈不上完整，例如，没有针对以"r"结尾的单词进行测试。这种情况下就彰显出结构化测试的价值，它可以帮助我们发现没有被测试集覆盖到的代码，确定出现这种情况的原因，并补充新的测试用例。

确定测试集覆盖了哪些代码在今天是小菜一碟，因为市场上有很多适用于各种编程语言和编译环境的产品化的代码覆盖率统计工具。例如，图 3.1 显示的是 JaCoCo 在上述两条测试用例被执行之后生成的报告(www.jacoco.org/jacoco)。JaCoCo 支持 Java 语言，是一款非常流行的代码覆盖率统计工具。

菱形符号表明这里是一个分支指令，可能有许多情况需要被测试覆盖
public class CountWords {
public int count(String str) {
int words = 0;
char last = ' ';
for (int i = 0; i < str.length(); i++) {
if (!Character.isLetter(str.charAt(i)) && (last == 's' || last == 'r')) {
words++;
}
last = str.charAt(i);
}
if (last == 'r' || last == 's')
words++;
return words;
}
}
颜色表示这一行代码是否被覆盖

图 3.1　CountWords 实现代码中的两个测试用例的代码覆盖率。两个 if 语句中的代码行只被部分覆盖

报告中每一行代码的背景颜色表明测试覆盖情况(颜色在纸质印刷书中显示为灰色；你可扫封底二维码下载彩图)：

- 绿色背景表示该代码行被测试集完全覆盖。在图 3.1 中，除了两个 if 语句，其他代码行都显示为绿色。
- 黄色背景表示该代码行被测试集部分覆盖。例如，在图 3.1 中，两个 if 语句包含的代码行只被部分覆盖。

- 红色背景意味着该代码行没有被测试集覆盖。在图 3.1 中，没有代码行显示为红色，表明所有的代码行都被至少一个测试用例运行了。
- 没有背景颜色的代码行(如图 3.1 中的}代码行)是覆盖率统计工具不会查看的行。代码覆盖率统计工具在后台对程序的编译字节码进行检测，像大括号和方法声明这样的代码行不会被统计进来。

JaCoCo 同样使用菱形来标识可能使程序产生分支的代码行，包括图 3.1 中的 for 和 if 语句，以及 while、for、do-while、if 三元表达式、lambda 表达式，等等。当我们把鼠标悬停在菱形符号上还会看到更多信息。

如前所述，第一个 if 语句的背景是黄色，表明虽然该代码行已经被覆盖，但不是所有分支都被覆盖到。如果仔细查看报告，工具就会告诉我们，该语句包含的 6 个分支中的 1 个(if 语句中的 3 个条件乘以两个选项 true 和 false)未被覆盖，见图 3.2。

```
1.  package book;
2.
3.  public class CountWords {
4.      public int count(String str) {
5.          int words = 0;
6.          char last = ' ';
7.  ◆       for (int i = 0; i < str.length(); i++) {
8.  ◆           if (!Character.isLetter(str.charAt(i)) && (last == 's' || last == 'r')) {
9.                  words++;
10.             }
11.             last = str.charAt(i);
12.         }
13. ◆       if (last == 'r' || last == 's')
14.             words++;
15.         return words;
16.     }
17. }
```

图 3.2　JaCoCo 显示有多少分支未被覆盖

目前的测试集没有完全运行 last=='r'条件，这是很有用的信息。借助结构化测试技术，测试者现在可以弄清楚为什么之前没有创建这条测试用例。

遗漏了一条测试用例的原因

下面列出开发者可能遗漏测试用例的一些真实原因。

- 开发者出错导致遗漏。需求规格说明书对这个需求描述得很清楚。
- 需求规格说明书中没有提到这个用例，开发者不清楚代码的行为是否符合预期。这种情况下，开发者必须决定是否应该和需求分析工程师沟通这个问题，澄清是否在实现代码时引入了错误。

- 需求规格说明书没有提到这个用例，但相应的代码有存在的理由。例如，代码实现的细节(像性能或持久性)经常迫使开发者编写一些没有体现在功能需求中的代码。这种情况下，开发者应该在测试集中补充一条新的测试用例，用来测试这些可能产生缺陷的特定代码的行为。

接下来，编写一条测试用例，执行“以 r 结尾的单词”分区，见代码清单 3.3。

代码清单 3.3　测试以 r 结尾的单词

以 r 结尾的单词应该被统计

```
@Test
void wordsThatEndInR() {
  int words = new CountWords().count("car bar");
  assertThat(words).isEqualTo(2);
}
```

现在测试集中新增了一个测试用例。我们重新运行代码覆盖率工具，新的 JaCoCo 报告如图 3.3 所示。现在程序中的每一行代码和每一个菱形符号都已经被覆盖。这表示测试集覆盖了所有的代码行和被测代码的所有条件分支。只要还有代码没有被覆盖，就重复这个过程：识别出未被覆盖的代码，了解未被覆盖的原因，并编写一个测试用例运行这部分代码。

所有行都是绿色的(可扫封底二维码下载彩图)，表明该方法所有的代码行和代码分支都被至少1个测试用例所覆盖

```
public class CountWords {
    public int count(String str) {
        int words = 0;
        char last = ' ';
        for (int i = 0; i < str.length(); i++) {
            if (!Character.isLetter(str.charAt(i)) && (last == 's' || last == 'r')) {
                words++;
            }
            last = str.charAt(i);
        }
        if (last == 'r' || last == 's')
            words++;
        return words;
    }
}
```

图 3.3　3 个测试用例对 CountWords 实现代码的覆盖率。该测试集实现了分支+条件的全覆盖

3.2　结构化测试概述

在上一节内容的基础上，我为结构化测试方法定义了一个简单的、任

何开发者都可以遵循的操作步骤：

(1) 执行第 2 章所讨论的基于需求规格的测试。

(2) 阅读实现代码并理解开发者所做的主要编码决定。

(3) 使用代码覆盖率工具执行设计好的测试集。

(4) 对于每一部分没有被覆盖的代码：

a. 了解为什么该代码没有被测试到。为什么在执行基于需求规格的测试时没有想到这条测试用例？如果需要对需求进行澄清，请咨询需求分析工程师。

b. 决定该代码是否值得测试。是否测试需要开发者自己来决定。

c. 在需要测试该代码的情况下，编写一条自动化的测试用例，覆盖所遗漏的代码部分。

(5) 回到源代码中寻找其他有意义的测试用例。对于每一段被识别出未覆盖的代码，执行第(4)步中的 3 个小步骤。

图 3.4 简要说明各个步骤。

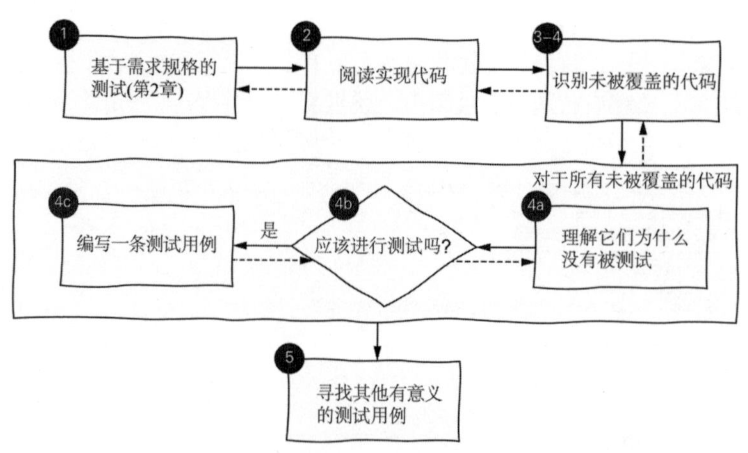

图 3.4　应用结构化测试简要说明。箭头表示该过程的迭代属性。菱形代表开发者需要决定是否编写测试用例

该方法最重要的一点是，结构化测试补充了之前通过基于需求规格的测试所设计的测试集。代码覆盖率工具能够自动识别未被覆盖的代码。

就像我在第 2 章中提出的方法一样，可循环使用结构化测试和基于需求规格的测试方法，而不是局限在单个方法中。一个常见情况是，在进行结构化测试时，我们有时需要再次回到规格说明的测试中去补充更多有意义的测试用例。

在讨论下一个结构化测试示例以及在日常工作中如何运用结构化测试之前，我们先了解一下这种测试方式中的代码覆盖标准。

3.3　代码覆盖标准

每当发现有一行代码没有被覆盖，就必须决定要“多彻底”(或多严格)地覆盖这行代码。再来看 CountWords 程序中的 if 语句。见代码清单 3.4。

代码清单 3.4　测试以 r 结尾的单词

```
if (!Character.isLetter(str.charAt(i)) &&
  (last == 's' || last == 'r'))
```

假设一位开发者决定“只覆盖这一行代码”。换句话说，只要有一个测试执行了 if 那一行，就认为这行语句被覆盖了。只用 1 个测试用例就可以做到这一点。另一位考虑问题更周密一些的开发者会想到覆盖 if 被评估为 true 和 false 两种情况。这就需要两个测试用例，一个给程序提供一组输入，最终使 if 被评估为 true，另一个提供的输入最终使 if 被评估为 false。第三位开发者可能想到探索 if 语句中的每一个条件。这个特定的 if 语句有 3 个条件，每个条件至少需要两个测试用例来覆盖，因此共需要 6 个测试用例。最后，第四位思维缜密的测试者决定覆盖该语句的每条可能的执行路径。鉴于它包含 3 个不同的条件，这将需要 2×2×2 = 8 个测试用例。

现在让我们对刚才讨论的内容进行规范描述。注意，其中一些术语已在前面讨论过。

3.3.1　行覆盖

把实现行覆盖作为目标的开发者关心的是至少有一个测试用例覆盖被测试的代码行。哪怕这行代码是一条复杂的、有很多条件的 if 语句，也没关系。只要有一个测试用例以任何方式触及该代码行，都可以认为该代码行已被覆盖。

3.3.2 分支覆盖

分支覆盖会考虑分支指令(如 if、for、while 等语句)让程序以不同的方式运行，具体如何运行取决于指令的判定结果。对于简单的 if(a && b)语句，设计一条测试用例 T1 让 if 语句为 true，再设计一条测试用例 T2 让该语句为 false，就足以让该分支被覆盖。

图 3.5 描述了 CountWords 程序的控制流图(Control-Flow Graph，CFG)。我们可以看到，针对每条 if 指令，有两条线从该节点出来，一条代表语句被判定为 true 时的程序走向，另一条代表语句被判定为 false 时的程序走向。图中所有的走向被覆盖到就意味着实现了 100%的分支覆盖。

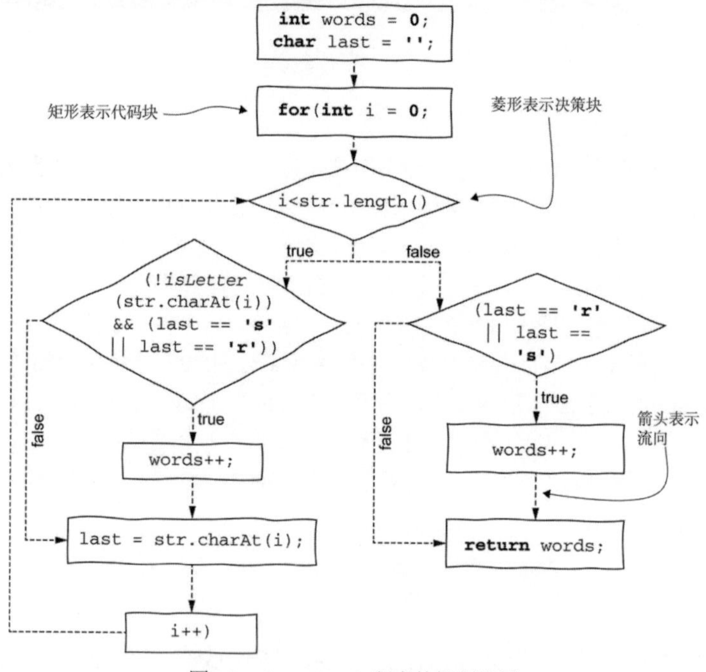

int words = 0;
char last = '';
矩形表示代码块
for(int i = 0;
菱形表示决策块
i<str.length()
true
false
(!isLetter
(str.charAt(i))
&& (last == 's'
|| last == 'r'))
(last == 'r'
|| last ==
's')
false
true
words++;
last = str.charAt(i);
i++)
false
true
箭头表示
流向
words++;
return words;

图 3.5 CountWords 程序的控制流图

3.3.3 条件+分支覆盖

条件+分支覆盖不仅考虑了程序的可能分支，还考虑了分支语句中包含的每个条件。例如，CountWords 程序中的 if 语句包含 3 个条件，分别是：!Character.isLetter(str.charAt(i))、last == 's'以及 last == 'r'。因此，以实现条件+分支覆盖为目标的开发者应该创建一个测试集，将每个单独的条件判断为 true 和 false 至少各 1 次，并且整个分支语句判断为 true 和 false 至少各 1 次。

注意，如果只是盲目地关注条件(忽略了所有条件是如何组合在一起的)，可能导致测试集不能覆盖所有部分。想象一下简单的 if(A || B)语句。由两个测试用例组成的测试集(T1 使 A 为 true、B 为 false，T2 使 A 为 false、B 为 true)完美覆盖了两个条件，因为每个条件为 true 和 false 的情况都被检验了。然而并没有完全覆盖分支，因为在这两个测试中，整个 if 语句总是判断为 true。这就是为什么我们说条件+分支覆盖，而不仅仅是(基本的)条件覆盖。

在图 3.6 中的扩展 CFG 中，每个分支节点现在只包含 1 个条件。这个复杂的 if 语句现在被分解成 3 个节点。

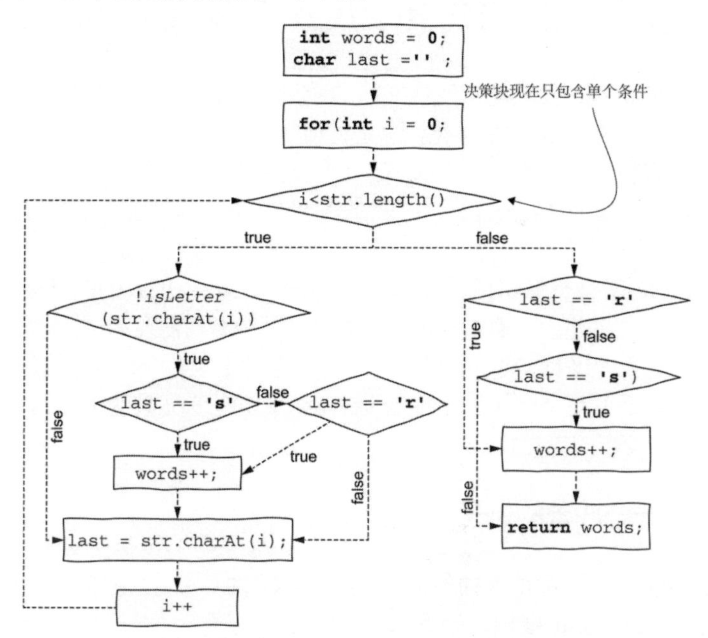

图 3.6　CountWords 程序的扩展控制流图。每个条件都在自己的节点中。覆盖图中的每条边意味着实现 100%的分支+条件覆盖

3.3.4 路径覆盖

以实现路径覆盖为目标的开发者会测试程序所有可能的执行路径。虽然在理想情况下这是最强的覆盖率指标，但往往不太可能实现，或者实现成本太高。在含有 3 个条件的程序中，每个条件都可以被独立判断为 true 或 false，因此它将有 $2^3 = 8$ 条路径需要覆盖。如果一个程序中含有 10 个不同条件，其组合的总数将是 $2^{10}=1024$。换句话说，我们需要设计 1000 多条测试用例!

对于包含循环语句的程序，路径覆盖也会变得更加复杂。如果一个程序包含一个无界循环，这个循环可能迭代数百次。以实现路径覆盖为目标的严格的测试者将不得不在循环执行 1 次、2 次、3 次……等情况下尝试覆盖执行该程序。

3.4 复杂条件语句和 MC/DC 覆盖标准

设计测试集，使其能够发现缺陷的数量最大化，同时让构建这样一个测试集花费的精力/成本最小化，这是任何一名测试者的工作的一部分。现在的问题是：如何应对那些复杂、冗长的 if 语句？MC/DC(Modified Condition/Decision Coverage 修订的条件/判断覆盖)提供了一个很好的解决方案。

MC/DC 看起来像路径覆盖一样关注条件的组合。但我们的目标不是要测试所有可能的组合，而是确定有哪些“重要组合”需要测试。MC/DC 的理念是执行每个条件，使其能够独立于其他条件影响整个判定的结果。这意味着每个参数的每个可能的条件必须影响结果至少 1 次(详见 Kelly Hayhurst 在 2001 年发表的论文)。

3.4.1 一个抽象的例子

让我们举一个简单的抽象例子：if(A &&(B || C))，这里 A、B、C 都是布尔值。MC/DC 标准规定如下。

(1) 对于条件 A：

- 必须有 1 个 A=true 的测试用例(例如 T1)。

- 必须有 1 个 A=false 的测试用例(例如 T2)。
- T1 和 T2(我们称之为独立对)的结果必须不同(例如，T1 使整个决策判定为 true，而 T2 使整个决策判定为 false)。
- T1 中的变量 B 和 C 与 T2 中的 B 和 C 必须是等效的(要么都为 true、要么都为 false)。换句话说，在 T1 和 T2 中，B 和 C 必须有相同的真值。

(2) 对于条件 B：

- 必须有 1 条 B=true 的测试用例(例如 T3)。
- 必须有 1 条 B=false 的测试用例(例如 T4)。
- T3 和 T4 的结果必须不同。
- T3 中的变量 A 和 C 与 T4 中的 A 和 C 必须是等效的。

(3) 对于条件 C：

- 必须有一条 C=true 的测试用例(例如 T5)。
- 必须有一条 C=false 的测试用例(例如 T6)。
- T5 和 T6 的结果必须不同。
- T5 中的变量 A 和 B 与 T6 中的 A 和 B 必须是等效的。

假设每个条件都只有双重结果(即 true 或 false)，实现 100% MC/DC 覆盖率所需的测试数量是 N+1，其中 N 是判定中的条件数量(参见 Chilenski 在 2001 年发表的论文)。请注意，N+1 比所有可能组合的总数(2N)要小。同样，为了让测试集能达到 100%的 MC/DC 覆盖率，我们应该创建 N+1 个测试用例，这些测试用例组合在一起后，可以独立地执行每一个条件组合。

3.4.2　创建一个实现 MC/DC 的测试集

问题是怎么做到基于一套标准来选择测试用例。让我们继续使用 CountWords 程序中的 if 语句(代码清单 3.4)作为例子。该语句将三个布尔值作为输入：当前字符是不是一个字母，以及这个字母是不是 s(2)或 r(3)。概括起来，这与上一节讨论的 A &&(B || C)例子是相同的。

为了测试这个程序，我们首先使用真值表来查看所有的组合和它们的结果。这种情况下，我们有 3 个判定，共有 2^3=8 个组合。因此，我们得到测试用例 T1 到 T8，如表 3.1 所示。

表 3.1 CountWords 程序中 if 表达式的真值表

测试用例	isLetter	last==s	last==r	decision
T1	true	true	true	true
T2	true	true	false	true
T3	true	false	true	true
T4	true	false	false	false
T5	false	true	true	false
T6	false	true	false	false
T7	false	false	true	false
T8	false	false	false	false

我们的目标是应用 MC/DC 准则从这些测试用例中选择 N+1 个。在这个例子中，我们需要选出的测试用例数量为 3+1=4。为了确定哪 4 条用例满足 MC/DC 准则，我们需要逐个条件去查找，首先为条件中的 isLetter 部分选择组合(或测试用例)：

(1) 对于 T1 而言，isLetter、last==s 和 last==r 都为 true，decision(即整个布尔表达式的结果)也是 true。在这个表中寻找另一条测试用例，其中只有 isLetter 的值与 T1 中的值相反，但其他值(last==s 和 last==r)是相同的。这意味着我们必须找到一个测试用例，其中 isLetter 为 false，last==s 为 true，last==r 为 true，decision 为 false。符合条件的组合出现在 T5 中。

到这里我们已经找到一对测试用例：T1 和 T5(独立对)，其中 isLetter 是唯一改变的参数，而结果(判定)也改变了。换句话说，在这对测试用例中，isLetter 独立地影响了测试结果(判定)。让我们在测试用例列表中保留 {T1, T5}。

(2) 也可以停在这里，然后转到下一个变量。但正如即将所见，为 isLetter 找到所有的独立对有助于减少测试用例的最终数量。所以让我们继续寻找下一个测试用例。在 T2 中，isLetter 为 true，last==s 为 true，last==r 为 false，decision 为 true。让我们重复上面的过程，找到一个测试用例，其中 isLetter 与 T2 中的值相反，但 last==s 和 last==r 保持不变。最后在 T6 中发现了符合条件的组合。

因此，我们又发现了一对测试用例：T2 和 T6，其中 isLetter 是唯一改变的参数，结果(判定)也改变了。于是，我们将这对用例加入测试用例列表中。

(3) 同样，为 T3(isLetter 为 true，last==s 为 false，last==r 为 true)重复这个过程，会发现 T7(isLetter 为 false，last==s 为 false，last==r 为 true)中的 isLetter 参数与 T3 中的值相反，并改变了结果(判定)。

(4) 和 T4(isLetter 为 true，last==s 为 false，last==r 为 false)配对的测试用例是 T8(isLetter=false，last==s 为 false，last==r 为 false)，但这两条测试用例的结果是一样的(判定都是 false)。{T4, T8}这对测试用例并没有显示 isLette 能够独立地影响整个测试结果。

为 T5、T6、T7 和 T8 重复这个过程时，并没有找到另一个新的或合适的配对，所以我们从 isLetter 参数转向 last==s 参数。过程是相同的，只是现在需要寻找参数 last==s 的相反值，而 isLetter 和 last==r 保持不变。

- 对于 T1(isLetter 为 true，last==s 为 true，last==r 为 true)，我们寻找一个测试用例，其中的 isLetter 为 true，last==s 为 false，last==r 为 true。T3 似乎符合条件。然而，这两个测试用例的结果是相同的。因此，{T1, T3}并没有显示 last==s 参数能够独立地影响测试结果。
- 为其他测试用例重复所有步骤后，我们发现只有{T2, T4}中的 last==s 有不同的值，且测试结果也是不同的。

最后转到参数 last==r。与 last==s 一样，只有一对组合符合条件，那就是{T3，T4}。强烈建议大家自己执行一遍整个过程，以感受这个过程是如何运作的。

现在我们为每个参数找到了所有配对：

- isLetter：{1, 5}, {2, 6}, {3, 7}
- last==s：{2, 4}
- last==r：{3, 4}

只要每个变量有一个独立的用例对(isLetter，last==s 和 last==r)就足够了。毕竟，我们想尽量减少测试用例的数量，并且知道可以通过 N+1 个测试用例来实现这个目标。对于 last==s 和 last==r 的条件，我们没有任何选择，因为我们只为每个参数找到一对测试用例。这意味着需要测试 T2、T3 和 T4。最后，需要为 isLetter 找到合适的一对测试用例；(T1-T5、T2-T6、T3-T7)中的任何一对用例都适合。然而，我们想减少测试集中的测试用例数量(再说，我们知道在这个例子中只需要 4 个测试用例)。

如果选择 T1 或 T5，将不得不包括 T5 或 T1，因为它们互为对立面，这样会不必要地增加测试数量。为了确保测试集最多包含 4 条测试用例，我们可以添加 T6 或 T7，因为它们的对立面(T2 或 T3)已经包含在测试用例中。这里随机选择了 T6(可通过不同的测试集来实现 100%的 MC/DC 覆盖率，而且所有方案都可同等接受)。

因此，达到 100%的 MC/DC 覆盖率目标的测试集是{T2, T3, T4, T6}。这里只需要 4 个测试用例。与达到 100%路径覆盖所需的 8 个测试用例相比，成本确实更低。现在，我们知道了有哪些测试用例需要被实现，可以将它们自动化。

提示：我在 YouTube 上有一个视频直观地讲解了 MC/DC: www.youtube.com/watch?v=HzmnCVaICQ4。

3.5 处理循环语句及类似结构

大家可能想知道，在面对像 for 或 while 这样的循环语句时应该怎么做？毕竟，循环内的代码块可能会被执行不同的次数，使测试变得更加复杂。

试想一个 while(true)循环，它可以是不终止的。如果想严格地测试它，我们就不得不测试循环块被执行 1 次、2 次、3 次……。再想象一个 for(i = 0; i < 10; i++)循环，在循环体内有一个 break。我们不得不测试如果循环体执行到 10 次时会发生什么。该如何处理长效循环(运行许多次的循环)或无界循环(不知道将被执行多少次的循环)呢？

鉴于穷尽测试是不太可能的，测试者经常根据循环边界充分性准则来决定在测试循环时何时终止。对于每个循环，一个满足该准则的测试集应该包含以下内容。

- 1 条测试用例用于检验：零次循环(循环被简单地“跳过”时)
- 1 条测试用例用于检验：只执行了 1 次循环
- 1 条测试用例用于检验：执行了多次循环

实事求是地讲，我的经验表明，主要挑战来自于为多次执行的循环设计测试用例。测试用例应当让循环执行 2 次、5 次还是 10 次？这需要对程序/需求本身有很好的理解。只有彻底理解了需求，才能为循环语句设计出好的测试。另外，即使需要为循环“多次”的情况创建 2 个或更多的测试用例，也不要有顾虑。我们要做的是任何需要做的事情，以确保该循环按照预期工作。

3.6　标准之间的包含关系及标准的选择

大家也许已经注意到，在我们所讨论的代码覆盖标准中，有一些标准比其他标准更加严格。例如，达到 100%的行覆盖只需要 1 个测试用例，但要达到 100%的分支覆盖则需要两个测试用例。有些代码覆盖的策略包含了另一些策略。严格来说，如果策略 Y 覆盖的所有元素也被策略 X 所覆盖，那么策略 X 就包含了策略 Y。图 3.7 描述了这些代码覆盖标准之间的关系。

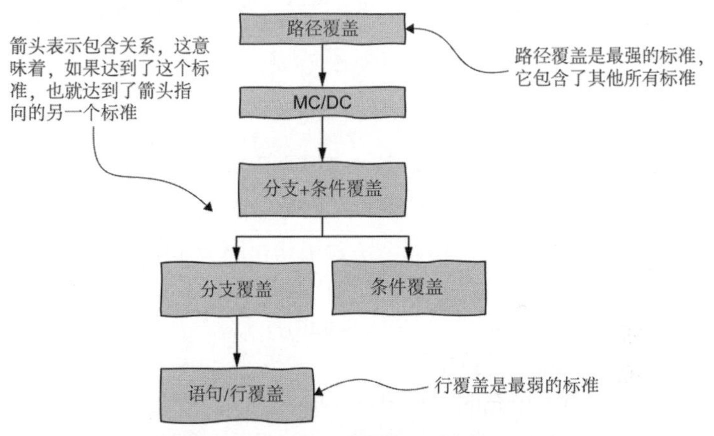

图 3.7　不同的代码覆盖标准及其包含关系

在图中我们可以看到，分支覆盖包含了行覆盖。这意味着，达到 100%的分支覆盖的代码必然满足 100%的行覆盖。然而，满足 100%行覆盖的代码并不一定满足 100%的分支覆盖。此外，100%的分支+条件覆盖必然满足 100%的分支覆盖和 100%的行覆盖。按照这个思路，我们可以看到路径覆盖标准包含了其他所有标准。这是符合逻辑的，因为路径覆盖涵盖了程序的所有可能路径。接下来，我们看到 MC/DC 比分支+条件覆盖更强，因为 MC/DC 确保了每个条件的独立性。我们还可以看出，分支+条件覆盖同时涵盖了独立的分支覆盖和条件覆盖。最后，除了基本条件覆盖，其他所有覆盖标准都包含了行覆盖。在图 3.7 中，行覆盖是最弱的标准。

我们现在明白了在选择代码覆盖标准时需要权衡的利弊。如果选择一个较弱的标准，那么测试成本更低、执行更快速，但会留下许多不被覆盖的代码。另一方面，如果选择一个较强的标准，虽然可更严格地覆盖代码，但测试成本更高。这需要开发者自己决定到底选择哪种标准。

提示：基本条件覆盖不一定包含行覆盖，因此我们总是使用条件+分支覆盖。对于一个简单的 if(a || B)语句，通过两个测试用例，T1={true, false}和 T2={false, true}，就可以实现 100%的基本条件覆盖。但这两个测试用例都会让 if 语句判定为 true，因此 false 分支及该分支所包含的代码行不会被执行。

3.7 基于需求规格的测试结合结构化测试：一个实例

下面在一个真实的例子中将基于需求规格的测试和结构化测试这两种技术结合起来使用。leftPad() 函数来自 Apache Commons Lang (http://mng.bz/zQ2g)，用一个指定的字符串在左侧填充(left-pad)另一个字符串，填充后的长度为 size。

- str：待填充的字符串，可以为 null。
- size：填充后的字符串长度。
- padStr：用于填充的字符串，null 或空值被处理成 1 个空格。

该方法将返回一个左侧填充的字符串。如果不需要填充，则返回原始字符串；如果输入字符串为 null，则返回 null。

例如，如果将"abc"作为输入的待填充字符串，用简单的短线"-"作为用于填充的字符串，用 5 作为填充后的字符串长度，程序将输出"--abc"。

假设团队中的一位开发者编写的实现代码如代码清单 3.5 所示。如果我们正在测试由其他人编写的代码，那么首先需要对代码有一个了解，然后才能对其进行适当测试。无论代码是不是我们自己编写的，都可通过同样的方式使用基于需求规格的测试和结构化测试。在后续章节中，将讨论测试驱动的开发以及如何用测试来指导代码实现。

代码清单 3.5 leftPad 方法的实现代码，来自 Apache Commons

```
public static String leftPad(final String str, final int size,
  String padStr) {

  if (str == null) {          // 如果待填充的字符串为 null，则立即返回 null
   return null;
  }

  if (padStr==null || padStr.isEmpty()) {   // 如果用于填充的字符串为 null 或空值，则将其设为空格
   padStr = SPACE;
  }

  final int padLen = padStr.length();
  final int strLen = str.length();
  final int pads = size - strLen;

  if (pads <= 0) {            // 不需要填充这个字符串
    // returns original String when possible
    return str;
  }

  if (pads == padLen) {       // 如果待填充的字符数与用于填充的字符串长度匹配，则把这两个字符串连接起来
   return padStr.concat(str);
  } else if (pads < padLen) {  // 如果不能填充字符串中的所有字符，则只添加能装入的字符
   return padStr.substring(0, pads).concat(str);
  } else {                     // 必须多次添加用于填充的字符串。一个字符一个字符地添加，直到待填充的字符串被填充完毕
    final char[] padding = new char[pads];
    final char[] padChars = padStr.toCharArray();

    for (int i = 0; i < pads; i++) {
     padding[i] = padChars[i % padLen];
    }

    return new String(padding).concat(str);
  }
}
```

现在，是时候对这个方法进行系统测试了。正如我们所知，第一步是使用基于需求规格的测试方法进行测试。让我们按照第 2 章中讨论的过程来执行(建议大家先试着自己做一下，然后与本书给出的方案进行对比)：

(1) 阅读需求。我们了解到，该程序要在字符串的开头(左边)增加一个给定的字符/字符串，直到指定的长度。该程序有 3 个输入参数：str 代表待填充的原始字符串，size 代表返回字符串的期望长度，padStr 代表用来填

充的字符串。该程序返回一个字符串。如果 3 个输入参数中的任何一个为 null，会导致该程序的某个特定行为(如果这个特性是我们自己实现的，就可以跳过这一步，因为我们完全了解需求)。

(2) 在步骤(1)的基础上，设计出以下分区列表：

- 参数 str
  - null
  - 空字符串
  - 非空字符串
- 参数 size
  - 负数
  - 正数
- 参数 padStr
  - null
  - 空字符串
  - 非空字符串
- 参数关系 str, size
  - size < len(str)
  - size > len(str)

(3) 几个边界值：

- size 正好为 0
- str 的长度为 1
- padStr 的长度为 1
- size 正好是 str 的长度

(4) 可为每个特殊情况(如 null、空，size 为负数)都设计一个测试用例。另外，有一个与 padStr 有关的边界情况：在一个测试用例中为 padStr 输入单个字符，并且在其他所有测试用例中 padStr 也为单个字符(否则，组合数量会太多)。

- T1：str 为 null
- T2：str 为空字符串
- T3：长度为负值
- T4：padStr 为 null
- T5：padStr 为空字符串

- T6：padStr 为单个字符
- T7：size 等于 str 的长度
- T8：size 为 0
- T9：size 小于 str 的长度

现在，利用 Junit 中的参数化测试方法@ParameterizedTest 将它们自动化。如果愿意，编写 9 个传统的 JUnit 测试用例也完全可以。

代码清单 3.6　LeftPad 基于需求规格的测试

```
public class LeftPadTest {

  @ParameterizedTest                              // 参数化测试，类似于我们之前写的测试
  @MethodSource("generator")
  void test(String originalStr, int size, String padString,
    String expectedStr) {
      assertThat(leftPad(originalStr, size, padString))
         .isEqualTo(expectedStr);
  }

  static Stream<Arguments> generator() {          // 利用 Junit 中的@MethodSource 生成了 9 个测试用例
    return Stream.of(
      of(null, 10, "-", null),                    // T1
      of("", 5, "-", "-----"),                    // T2
      of("abc", -1, "-", "abc"),                  // T3
      of("abc", 5, null, "  abc"),                // T4
      of("abc", 5, "", "  abc"),                  // T5
      of("abc", 5, "-", "--abc"),                 // T6
      of("abc", 3, "-", "abc"),                   // T7
      of("abc", 0, "-", "abc"),                   // T8
      of("abc", 2, "-", "abc")                    // T9
    );
  }
}
```

接下来通过结构化测试方法来增强这个测试集。用代码覆盖率工具来了解这个测试集已经覆盖了哪些代码(见图 3.8)。图中展示的报告表明有些分支没有被覆盖：if(pads==padLen)和 else if(pads < padLen)表达式。

```
public static String leftPad(final String str, final int size, String padStr) {
    if (str == null) {
        return null;
    }
    if (isEmpty(padStr)) {
        padStr = SPACE;
    }
    final int padLen = padStr.length();
    final int strLen = str.length();
    final int pads = size - strLen;
    if (pads <= 0) {
        return str; // returns original String when possible
    }

    if (pads == padLen) {
        return padStr.concat(str);
    } else if (pads < padLen) {
        return padStr.substring(0, pads).concat(str);
    } else {
        final char[] padding = new char[pads];
        final char[] padChars = padStr.toCharArray();
        for (int i = 0; i < pads; i++) {
            padding[i] = padChars[i % padLen];
        }
        return new String(padding).concat(str);
    }
}
```

标红的那些代码行表示代码中尚未被覆盖的部分

图 3.8 为 leftPad 方法设计的基于需求规格的测试集的代码覆盖率。
箭头附近的两条 return 语句没有被覆盖；同样位于箭头附近的 if 和 else if 也只被部分覆盖。
其余代码行完全被覆盖了

这提供了很有用的信息。为什么测试集没有覆盖这些代码行？我们遗漏了什么？作为开发者，我们应该将源代码、需求规格说明，还有心智模型(mental model)结合起来进行分析。针对这个例子我们得出的结论是：测试集没有覆盖 padStr 输入长度小于 str 中的剩余空间、大于 str 中的剩余空间、等于 str 中的剩余空间的情形。多么棘手的边界！这就是进行结构化测试的必要性：它有助于发现可能遗漏的分区和边界。

基于这些信息，我们又设计了以下 3 个测试用例。

- T10：padStr 的长度正好等于 str 中的剩余空间
- T11：padStr 的长度大于 str 中的剩余空间
- T12：padStr 的长度小于 str 中的剩余空间(这个测试可能和测试 T6 类似)

在代码中，我们将这 3 个新的测试用例添加到参数化测试脚本中，如代码清单 3.7 所示。再次运行覆盖率工具，会得到一个类似于图 3.9 的报告。报告显示现在所有的分支都已被覆盖。

代码清单 3.7　leftPad 方法的 3 个新增测试用例

```
static Stream<Arguments> generator() {
  return Stream.of(
    // ... others here

    of("abc", 5, "--", "--abc"), // T10
    of("abc", 5, "---", "--abc"), // T11
    of("abc", 5, "-", "--abc") // T12
  );
}
```

所有代码行都是绿色的，
所有代码都被覆盖了

```
public static String leftPad(final String str, final int size, String padStr) {
    if (str == null) {
        return null;
    }
    if (isEmpty(padStr)) {
        padStr = SPACE;
    }
    final int padLen = padStr.length();
    final int strLen = str.length();
    final int pads = size - strLen;
    if (pads <= 0) {
        return str; // returns original String when possible
    }

    if (pads == padLen) {
        return padStr.concat(str);
    } else if (pads < padLen) {
        return padStr.substring(0, pads).concat(str);
    } else {
        final char[] padding = new char[pads];
        final char[] padChars = padStr.toCharArray();
        for (int i = 0; i < pads; i++) {
            padding[i] = padChars[i % padLen];
        }
        return new String(padding).concat(str);
    }
}
```

图 3.9　基于需求规格的测试和结构化测试之后，leftPad 方法的代码覆盖率。
现在实现了 100%的分支覆盖率

提示：需要关注的一点是，如果对 leftPad 方法所在的类进行代码覆盖率分析，JaCoCo 统计的代码覆盖率并不是 100%，而只有 96%。报告会突出显示代码文件的第 1 行：类的声明，public class LeftPadUtils{。leftPad 是一个静态方法，所以测试集中的所有测试用例都没有实例化这个类。假如我们知道这些信息，就可忽略没有被覆盖的这行代码。这是一个很好的例子，告诉我们为什么只看数字是毫无意义的。后续章节将进一步讨论这个问题。

覆盖了所有分支后，现在可找一下还有没有需要测试覆盖的情况。该方法的实现代码所包含的一些有趣的条件判定也许是我们认为应该测试的。特别是，我们观察到一个 if(pads<=0)块，其代码注释是“尽可能返回原始的字符串”。作为测试者，我们可决定对这个特定行为进行测试：“如果字符串没有被填充，那么程序应该返回与输入的待填充字符串相同的字符串实例”。这可写成一个 JUnit 测试用例，如代码清单 3.8 所示。

代码清单 3.8　leftPad 方法的 1 个额外测试用例

```
@Test
void sameInstance() {
  String str = "sometext";
  assertThat(leftPad(str, 5, "-")).isSameAs(str);
}
```

现在，我们更加确信，新的测试集覆盖了程序的所有关键行为。结构化测试和代码覆盖率能够帮助我们发现基于需求规格的测试中未被覆盖的代码(或我们遗漏的分区)。这就是结构化测试的意义所在。

3.8　边界测试和结构化测试

基于需求规格的测试中最具挑战性的部分是确定边界值。按照我们编写需求规格的方式，要在需求规格说明书中找到它们是相当困难的。幸运的是，代码是非常精确的，在源代码中更容易找到边界值。我们在上一章中讨论的所有边界测试的思想在结构化测试中也是适用的。

识别和测试上点和离点的想法适用于结构化测试。例如，我们来分析一下 leftPad 程序中的 if 语句。

- if(pad<=0)：上点为 0，并使表达式被判定为 true。离点是距离上点最近且让表达式被判定为 false 的点。在这个例子中，鉴于 pads 是一个整数，最近的点是 1。
- if(pads==padLen)：上点是 padLen。鉴于这是一个等式并且 padLen 是一个整数，这意味着它有 2 个离点。一个出现在 pads = padLen-1，另一个出现在 pads = padLen + 1。
- if(pads<padLen)：上点是 padLen-1，上点让表达式被判定为 true。因此，离点是 pads=padLen。

从测试者的角度看，我们希望通过这些信息确定是否需要增强原来的测试集。

在 3.5 节中我们讨论了循环边界准则，它帮助我们识别出不同的潜在边界值。但如果待测试的循环语句是一个非常规的、更复杂的表达式，我们应该考虑采用这里的上点、离点分析方法。

3.9　单靠结构化测试往往不够

如果代码是所有真理的来源，那为什么我们不能只做结构化测试呢？这是一个非常有趣的问题。单独用结构化测试生成的测试集是相当有效的，但可能还不够充分。让我们举个例子来说明一下(参见“块计数”问题，灵感来自一个 CodingBat 任务：https://codingbat.com/prob/p193817)。

程序应该计算数组中“块(clump)”的数量。一个块是指长度至少为 2 的相同元素的序列。

- nums：用于块计数的输入数组。该数组必须为非 null 且 length> 0；如果任何一条前置条件不满足，程序将返回 0。

该程序返回数组中的块数。

该程序的实现代码如代码清单 3.9 所示。

代码清单 3.9　块计数需求的实现代码

```
public static int countClumps(int[] nums) {
  if (nums == null || nums.length == 0) {     ← 如果输入数组为 null 或空
    return 0;                                    (前置条件)，立即返回 0
  }
  int count = 0;
  int prev = nums[0];
  boolean inClump = false;
  for (int i = 1; i < nums.length; i++) {     如果当前数字与前一个数
    if (nums[i] == prev && !inClump) {     ← 字相同，则确定了一个块
      inClump = true;
      count += 1;
    }                                  如果当前数字与前一个不
    if (nums[i] != prev) {          ← 同，就不在块中
      prev = nums[i];
      inClump = false;
    }
  }
```

```
    return count;
  }
```

这里假设我们不去查看需求文档。我们希望实现 100%的分支覆盖，3 个测试用例就足以做到这一点(T1-T3)。也许我们还想做一些额外的边界测试，并且只对循环执行一次测试(T4)。

- T1：1 个空数组
- T2：1 个 null 数组
- T3：数组中间有一个包含 3 个元素的块(例如，[1,2,2,2,1])
- T4：只有 1 个元素的数组

如果大家想自己检验一下这个测试集，只需要将上面的测试用例编写成 JUnit 自动测试用例(见代码清单 3.10)，并运行自己喜欢的代码覆盖率工具。

代码清单 3.10　块计数程序实现 100%分支覆盖率

```
@ParameterizedTest
@MethodSource("generator")
void testClumps(int[] nums, int expectedNoOfClumps) {
  assertThat(Clumps.countClumps(nums))
    .isEqualTo(expectedNoOfClumps);
}

static Stream<Arguments> generator() {    // 我们定义的 4 个测试用例
  return Stream.of(
     of(new int[]{}, 0), // empty
     of(null, 0), // null
     of(new int[]{1,2,2,2,1}, 1), // one clump
     of(new int[]{1}, 0) // one element
  );
}
```

这个测试集从设计上看是合理的，能够覆盖程序的主要行为。但我们应该注意到，这个测试集是比较薄弱的。它虽然实现了 100%的分支覆盖，但漏掉了许多有价值的测试用例。即使不进行系统的基于需求规格的测试，对于一个块计数的程序来说，用多个数块(而不是一个数块)进行测试也是常规做法。例如，让最后一个数块出现在数组的结尾，或者让一个数块出现在数组的开头。纯粹的结构化测试无法在代码覆盖率的指导下捕捉到这些特殊的测试用例。因此，我们不能盲目依赖代码覆盖率。结构化测试只有结合了对业务需求的理解才会发挥更大的价值。

3.10　实际工作中的结构化测试

现在我们对结构化测试应该有了一个清晰的认识。首先，结构化测试是在代码覆盖率的指导下进行的；其次，结构化测试需要和基于需求规格的测试相结合。下面我们来讨论一些有趣的话题。

3.10.1　为什么有些人痛恨代码覆盖率

我发现很有趣的是，有些人强烈反对代码覆盖率。一个普遍的观点是"假如我写了一个没有断言的测试用例，即使达到 100%的覆盖率，实际上也没有测试任何东西！"的确如此，假设测试用例中没有断言，虽然产品代码会被执行，但没有测试任何东西。然而，我认为这是一个有缺陷的论点。它假设了一种可能发生(但实际上不会发生)的最坏情况。如果真的编写了没有断言的测试集，那么在享受结构化测试带来的好处之前，我们会面临更大的麻烦。

人们用这样一个论点来解释为什么我们不应该盲目相信覆盖率数字，因为它会误导我们。这一点我完全同意。在这里，这个观点的误区在于如何看待代码覆盖率。如果代码覆盖率只是一个应该达成的数字，那么无论如何，我们最终设计出的测试用例也许不是那么有用，而且会陷入和这个指标的博弈(Bouwers、Visser 和 Van Deursen 在 2012 提出的观点)。

希望这一章已经阐明了如何应用结构化测试和代码覆盖率：增强基于需求规格的测试，快速识别还没有被测试集覆盖的代码，以及发现基于需求规格的测试中所遗漏的分区。达到高水平的代码覆盖率只是这样做带来的结果，而非目的。即使有一行代码没有被覆盖，那也是我们认真思考之后的决定。

支持代码覆盖的实验性证据

一直以来，许多软件工程研究人员致力于研究结构化的代码覆盖是否有帮助，以及高覆盖率能否造就经过充分测试的软件。有趣的是，虽然研究人员还没有找到代码覆盖率的理想值，但一些证据证实了结构化测试的好处。下面引用了其中的 4 项研究。

(1) Hutchins 等人(1994)：“在我们进行实验的有限范围内，覆盖率水平超过 90%的测试集通常比随机选择的相同大小的测试集表现出更优秀的缺陷检测能力。此外，当覆盖率从 90%提升到 100%时，基于代码覆盖率的测试集在有效性方面通常会有显著改进。然而，结果也表明，100%的代码覆盖率不是一个用来衡量测试集有效性的可靠指标。”

(2) Namin 和 Andrews(2009)：“我们的实验表明，当测试集的大小被控制时，代码覆盖率在某些时候与有效性相关。相比单独使用测试集的大小这一指标，测试集的大小和代码覆盖率一起使用可以更准确地预测测试集的有效性。反过来，这表明测试集的规模和代码覆盖率对测试集的有效性都起到重要作用。”

(3) Inozemtseva 和 Holmes(2014)：“我们发现，当测试集中测试用例的数量被控制时，代码覆盖率和测试集的有效性之间具有低到中等水平的相关性。此外，我们发现较强的代码覆盖形式并不能提供对测试集有效性的更深入的洞察。研究结果表明，覆盖率虽然对识别程序中未被测试的部分很有用，但不应该被用作质量目标，因为它不是一个用来衡量测试集有效性的良好指标。”

(4) Gopinath 等人(2020)：“本论文发现了轻量级的并可以广泛使用的代码覆盖标准(语句、块、分支和路径覆盖)和数百个 Java 程序的变异杀死(mutation kills)之间的相关性(…)。无论是原始测试集还是生成的测试集，语句覆盖率都是最好的变异杀死预测器。事实上，语句覆盖率在预测测试集质量方面的表现更好。”

尽管设计一个有说服力的实验来验证代码覆盖率是否有帮助是有难度的，我们目前还没有做到这一点(请参阅 Chen 等人 2020 年的论文，该论文对其中的难度提供了良好的统计学解释)，但在我看来，目前的研究结果是有意义的。即使从本书中探讨的只有少量代码的示例中，我们也可以看出覆盖基于需求规格的测试得到的所有分区和覆盖整个源代码之间的关系。反之亦然：如果我们覆盖了大部分源代码，那么也覆盖了大部分分区。因此，高水平的代码覆盖率必然意味着覆盖了更多分区。

实验结果还表明，覆盖率本身并不总是衡量测试集好坏的强力指标。在本章开头为 CountWords 问题设计的测试用例中，我们也注意到这一点。我们故意把基于需求规格的测试做得很糟糕，然后用结构化测试来完善测试集。最终，我们用 3 个测试用例实现了 100%的条件+分支覆盖率。但是这样的测试集就足够强大了吗？我不这么认为。我们还可以想到许多其他的测试用例，尽管它们会触及相同的代码行和分支，但能让测试集在发现潜在缺陷方面变得更加有效。

另一方面，尽管 100%的代码覆盖率并不一定意味着系统得到了正确的测试，但是覆盖率很低一定表示系统没有得到正确的测试。一个覆盖率只有 10%的系统意味着就测试而言还有很多工作要做。

我建议大家阅读谷歌的“代码覆盖最佳实践”这篇文章(Arguelles、Ivankovic 和 Bender，2020)。他们的看法和这里讨论的一切都是一致的。

3.10.2　100%的覆盖率意味着什么

我有意跳过了关于实现 100%行覆盖、分支覆盖或其他覆盖标准的讨论。我们不应该把达成一个数字作为目标。然而，考虑到这些数字的应用在实践中是多么普遍，我们就有必要理解它们。首先，让我们谈谈这些指标本身。

提示：不同的工具提供的代码覆盖率计算公式会有所不同。请查阅自己所用工具的手册。

如果整个测试集覆盖了程序(或被测试类、方法)中的所有代码行，那么该测试集就实现了 100%的行覆盖率。计算给定程序或方法的行覆盖率的一个简单公式是用已覆盖的代码行数除以总行数：

$$\text{行覆盖率} = \frac{\text{已覆盖的代码行数}}{\text{总行数}} \times 100\%$$

可在方法、类、包、系统或任何感兴趣的级别上计算行覆盖率。

类似地，计算程序或方法实现的分支覆盖率的公式是已覆盖的分支数除以总分支数：

$$\text{分支覆盖率} = \frac{\text{已覆盖的分支数}}{\text{总分支数}} \times 100\%$$

在一个简单的程序中，例如 if(x){doA}else{doB}，分支的总数是 2(单一的 if 语句产生程序的两条分支)。因此，如果测试集中有 1 个测试用例覆盖了 x=true，那么测试集实现了 1/2×100%=50%的分支覆盖率。请注意，根据之前讨论过的各种覆盖标准之间的包含关系，我们知道，如果测试集覆盖了程序的所有分支，也就覆盖了所有代码行。

最后，计算给定程序或方法的条件+分支覆盖率的公式是所有已被覆盖的分支数和条件数的和，除以所有分支数和条件数的总和：

$$条件+分支覆盖率=\frac{已覆盖的分支数+已覆盖的条件数}{分支数+条件数}\times 100\%$$

在一个简单的程序中，例如 if(x || y) {do A} else {do B}，分支的总数是 2(一个 if 语句产生程序的 2 条分支)，并且条件的总数是 4(x 有 2 个条件，y 有 2 个条件)。因此，如果测试集中有 2 个测试用例——T1：(true, true)和 T2：(false, true)，则测试集达到(1 + 3)/(2 + 4)× 100% = 66.6%的条件+分支覆盖率。测试集只覆盖该程序的 1 个分支(true 分支，因为 T1 和 T2 中的 if 表达式都判定为 true)，以及 4 个条件中的 3 个(x 执行了 true 和 false，但 y 只执行了 true)。

图 3.10 展示了对行覆盖、分支覆盖和条件+分支覆盖的简单描述。当有人说：“我的测试集实现了 80%的条件+分支覆盖率”时，大家现在应该明白，这表示程序中 80%的分支和条件被至少 1 个测试用例所覆盖。当有人说，“我的测试集实现了 100%的行覆盖率”，这表示 100%的代码行被至少 1 个测试用例所覆盖。

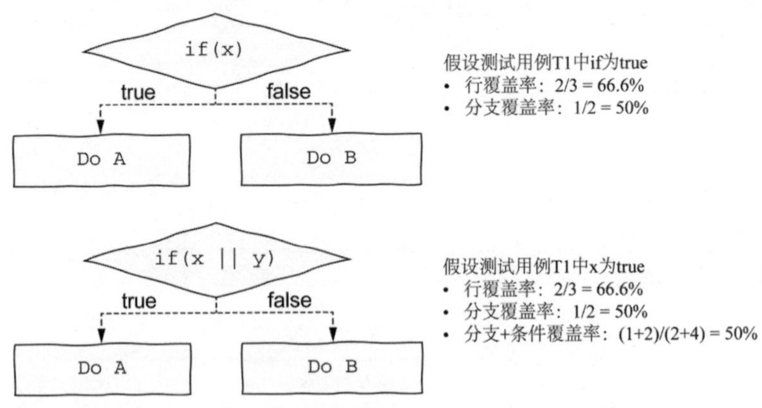

图 3.10 两个简单程序的控制流程图，以及不同覆盖率指标的计算方法

3.10.3　应该选择哪种覆盖率标准

这是软件开发从业者和研究人员普遍关心的一个问题。如果我们满足于不那么严格的标准，例如，行覆盖而不是分支覆盖，有一些代码就可能没有测试到。另外，这个问题把关注点带回到度量指标上，这是我们不想看到的。

使用哪一种覆盖率标准取决于上下文：此时正在测试的对象，以及我们希望测试有多严格。结构化测试是对基于需求规格的测试的补充。当我们深入到源代码并寻找未覆盖的部分时，也许会决定对一个特定的 if 表达式使用分支覆盖的标准，而对另一个 if 表达式使用 MC/DC 的标准。这让选择覆盖率标准的方法不那么系统化(因此，更容易出现错误，并且不同的开发者使用不同的标准)，但这是我所知道的最实用的方法。可能需要进行一些风险评估，来确定全面的代码覆盖是否有必要。

我的经验法则是首先使用分支覆盖：尝试至少覆盖程序的所有分支。如果碰到复杂一些的表达式，我会评估是否应该使用条件+分支覆盖。如果碰到更复杂的表达式，我会考虑使用 MC/DC。

3.10.4　MD/DC：非常复杂且不能简化的表达式

当表达式变得越来越复杂，MC/DC 就会越来越有价值。代码清单 3.11 中的复杂表达式是我从 Chilenskiz 在 2001 年发表的论文中提取出来的。这是在 A 级飞行模拟程序中发现的一个条件的匿名版本，其中包含了令人印象深刻的 76 个条件。在这样一个复杂的表达式中实现路径覆盖是不可能的($2^{76} \approx 7.5 \times 10^{22}$ 个测试用例)，因此，像 MC/DC 这样比较聪明的覆盖方式就派上了用场。

代码清单 3.11　一个飞行模拟软件中的复杂表达式

```
Bv or(Ev != El)or Bv2 or Bv3 or Bv4 or Bv5 or Bv6 or Bv7 or Bv8 or Bv9 or
Bv10 or Bv11 or Bv12 or Bv13 or Bv14 or Bv15 or Bv16 or Bv17 or Bv18 or
Bv19 or Bv20 or Bv21 or Bv22 or Bv23 or Bv24 or Bv25 or Bv26 or Bv27 or
Bv28 or Bv29 or Bv30 or Bv31 or Bv32 or Bv33 or Bv34 or Bv35 or Bv36 or
Bv37 or Bv38 or Bv39 or Bv40 or Bv41 or Bv42 or Bv43 or Bv44 or Bv45 or
Bv46 or Bv47 or Bv48 or Bv49 or Bv50 or Bv51 or (Ev2 = El2) or
((Ev3 = El2) and (Sav != Sac)) or Bv52 or Bv53 or Bv54 or Bv55 or Bv56
or Bv57 or Bv58 or Bv59 or Bv60 or Bv61 or Bv62 or Bv63 or Bv64 or Bv65
```

```
or Ev4 != E13 or Ev5 = E14 or Ev6 = E14 or Ev7 = E14 or Ev8 = E14 or
Ev9 = E14 or Ev10 = E14
```

实事求是地讲，无论是否用MC/DC，测试这样一个复杂的表达式都是一个挑战，我们应该尽量避免这样的挑战。有时可将一个表达式分解成多个较小的表达式，然后进行测试。但在表达式难以分解的情况下，MC/DC会大放异彩。

SQLite 中的 MC/DC

SQLite 是当今最受欢迎的嵌入式数据库，它的创造者和主要开发者 Richard Hipp 分享过一个好故事，描述了 MC/DC 能带来的收益。在 Corecursive #066 播客中，Richard 说："之前我有了一个想法，打算编写测试将 SQLite 的质量提升到 100% MC/DC，这花费了我们一年的时间，每周工作 60 个小时。那是非常辛苦的工作，每天我都要在这项工作上花费 12 个小时。我曾经对这项工作产生了厌倦。有一个古老的笑话：你可以用第一笔 95%的预算实现 95%的功能，然后用第 2 笔 95%的预算才能完成剩余的 5%功能。测试覆盖率也是如此，要达到 90%或 95%的测试覆盖率是很容易的，但获得最后 5%的覆盖率是非常困难的，我花了大约一年的时间才做到这一点，但当我们实现了这一目标时，就不再收到来自 Android 系统的缺陷报告了。"这个关于 MC/DC 的故事很有说服力。

作为补充，接下来就MC/DC进行最后的讨论。首先，在3.1节的例子中，应用了唯一原因MC/DC标准(unique-cause MC/DC criteria)：确定了一个独立对(T1, T2)，其中T1和T2中只有1个条件和最终结果发生变化。在所有情况下都符合这个准则是不可能的，譬如(A&&B) || (A&&C)这样的表达式。理想情况下，我们应该让第1个条件中的A和B以及第2个条件中的A和C展示出各自的独立性。但是，改变第1个A的同时让第2个A保持不变是不可能的。因此，我们无法显示出表达式中每个A的独立性。这种情况下，可允许A发生变化，但其他变量都保持不变(这被称为masked MC/DC)。

其次，在一些表达式中可能无法实现MC/DC覆盖标准，例如(A and B)或(A and not B)。虽然独立对(TT, FT)会显示A的独立性，但不存在显示B的独立性的独立对。这种情况下，我们需要重新审视这个表达式，也许是因为它设计得很糟糕。在这个例子中，该表达式可以简化为A。

最后，在应用 MC/DC 时，理论上可能需要创建的测试用例的数量下限是 N+1。换句话说，我们可能需要超过 N+1 个测试用例才能对表达式实现 MC/DC。然而，Chilenski 在 2001 年的实证研究表明，实践中大多数表达式都需要 N+1 个测试用例。这也是我的观察结果：大部分情况下我们需要 N+1 个测试用例来实现 MC/DC。

3.10.5　其他覆盖标准

在本章中，我们把程序的控制流作为设计不同测试的一种方法。开展结构化测试的另一种方法是查看数据流：检查数据如何流向程序的不同部分。

例如，在程序中定义了 1 个变量，然后在程序的其他部分修改了 1 次、2 次或者 3 次，随后使用它。我们想确保测试覆盖了用到这个变量的所有可能的方法。很难用一句话来概括数据流覆盖，毕竟我们花费了大量精力来制定标准。不过这里的讨论应该能让大家对它有一个直观的认识。

本书中没有讨论关于数据流的内容，但我建议大家多读一些相关内容。Pezzè 和 Young 的著作 *Software Testing And Analysis*(2008)中对此进行了很好的讲解。

3.10.6　哪些代码不应被覆盖

我们谈了很多关于哪些代码需要测试和覆盖的问题。让我们再快速讨论一下哪些代码可以不被覆盖。我们将看到，实现 100%的覆盖率一般是不可能的，甚至是不可取的。例如，代码清单 3.12 中的代码片段用于返回一个特定目录的完整路径。代码可能会抛出一个 URISyntaxException，我们捕获该异常并将它封装为 RuntimeException(对于 Java 专家来说，我们正在将一个受查的异常转换成非受查的异常)。

代码清单 3.12　一个不值得 100%覆盖的方法

```
public static String resourceFolder(String path) {
  try {
    return Paths.get(ResourceUtils.class
        .getResource("/").toURI()).toString() + path;
  } catch (URISyntaxException e) {
```

```
      throw new RuntimeException(e);
    }
  }
```

为达到 100%的行覆盖，我们需要测试 catch 代码块。要实现这一点，我们不得不以某种方式强制 toURI 方法抛出异常。虽然可以使用模拟对象(将在本书后面讨论)，但我看不出这样做有任何好处。在 resourceFolder 抛出 RuntimeException 时，更重要的是测试系统的其他部分会发生什么。测试也变得更容易，因为我们对 resourceFolder 方法的控制力比对 JavatoURI()方法更强。因此，catch 代码块不值得被测试覆盖。这也说明为什么盲目地追求 100%的代码覆盖率是没有意义的。

特别是在 Java 语言中，我一般不为 equals 和 hashCode 方法，以及简单明了的 getter 和 setter 方法编写专门的测试。在测试用到这些方法的其他方法时，它们会被隐式地覆盖到。

在结束本节的讨论时，我想强调的是，首先我们应该考虑覆盖所有代码，除非能证明不必如此。也就是说，在开始时我们的目标应该是达到 100%的覆盖率。然后，如果看到一段代码不需要被覆盖，就按照特殊情况处理。但要注意——经验表明，Bug 往往出现在代码没有被很好覆盖的区域。

3.11 变异测试

本章讨论的所有覆盖标准都从一个测试执行了多少产品代码的角度来考虑。但这些标准都忽视了一点：测试用例中的断言在捕获 Bug 方面是否足够好、足够强大。如果在代码中引入了一个 Bug，即使这行代码已经被测试覆盖到，测试在执行时会由于这个 Bug 而中断吗？

正如之前讨论的，仅凭覆盖率不足以确定测试集的好坏。到目前为止，我们一直考虑的是测试集对产品代码的覆盖程度，以及如何据此来评估测试集是否强大。现在让我们考虑一下测试集的缺陷检测能力。换句话说，测试集可以发现多少 Bug？

这就是变异测试(mutation testing)背后的理念。简言之，在变异测试中所做的是：我们有意在现有代码中插入一个 Bug，并检查测试集在执行时是否会因此而中断。如果测试集中断，那就是测试集起到应有的作用。如果没有中断(即所有测试都是绿色的，即使代码中存在这个 Bug)，那意味着我们在测试集中找到了需要改进的地方。重复这个过程：更改代码中的其他内容，生成有 Bug 的程序版本，然后检查测试集能否捕获到这个 Bug。

这些有缺陷的程序是初始正确的程序的变异体。如果测试集在针对变异体执行时出现中断，就认为测试集杀死了这个变异体。否则，就认为该变异体存活了。如果一个测试集杀死了所有可能的变异体，就代表该测试集实现了 100%的变异覆盖率。

变异测试有两个有趣的假设。第一个是称职程序员假设(competent programmer hypothesis)，假定程序是由称职的程序员编写的，他们实现的程序版本要么是正确的，要么由于一些简单错误的组合而与正确的程序不同。第二个是耦合效应，一个复杂的 Bug 由许多个小 Bug 组合而成。因此，如果一个测试集可以捕获简单的 Bug，那么它也可以捕获更复杂的 Bug。

Pitest 是目前最流行的 Java 变异测试开源工具(https://pitest.org/quickstart/mutators/)，下面几个变异体(mutator)的例子来自 Pitest 使用手册。

- 条件边界：将一个关系运算符，如<和<=，替换成其他关系运算符。
- 增量：将 i++替换为 i--，反之亦然。
- 负数反转：把变量置负，例如，i 变成-i。
- 算术运算符：替换算术运算符，例如，+变成-。
- true 返回：将全部布尔变量替换为 true。
- 删除条件：将全部 if 语句替换为简单的 if(true){...}。

运行 Pitest 很简单，因为 Pitest 为 Maven 和 Gradle 提供了插件。作为一个例子，我们对之前编写的 LeftPad 实现代码和测试用例运行 Pitest，其结果报告见图 3.11(可扫封底二维码下载彩图)。与代码覆盖率报告一样，该报告中代码行的背景颜色表示是否所有变异体都被测试集杀死了。

```
22        public static String leftPad(final String str, final int size, String padStr) {
23 4          if (str == null) {
24 2              return null;
25            }
26 9          if (isEmpty(padStr)) {
27                padStr = SPACE;
28            }
29 1          final int padLen = padStr.length();
30 1          final int strLen = str.length();
31 17         final int pads = size - strLen;
32 14         if (pads <= 0) {
33 2              return str; // returns original String when possible
34            }
35
36 18         if (pads == padLen) {
37 5              return padStr.concat(str);
38 19         } else if (pads < padLen) {
39 17             return padStr.substring(0, pads).concat(str);
40            } else {
41 5              final char[] padding = new char[pads];
42 1              final char[] padChars = padStr.toCharArray();
43 25             for (int i = 0; i < pads; i++) {
44 22                 padding[i] = padChars[i % padLen];
45                }
46 6              return new String(padding).concat(str);
47            }
48        }
49
50    }
```

图 3.11　由 Pitest 生成的部分报告。26、31、32、36、38、39、43、44 有存活的变异体

下一步是评估存活下来的变异体。对每个存活的变异体进行分析是非常重要的，因为其中一些可能没有用处。

记住，变异测试的工具并不真正理解代码，只是对代码进行变异。这意味着有时工具会产生没用的变异体。例如，在包含 int pads = size – strLen 的代码行中，Pitest 将 size 变量变异为 size++。测试集也没有发现这个 Bug，然而这并不是一个有用的变异体，在这行代码之后程序并没有使用 size 变量，因此这个变量增大对程序没有任何影响。

变异测试和代码覆盖率工具一样，都用来增强基于产品需求设计的测试集。

变异测试在实践中面临许多挑战，包括成本。为进行变异测试，我们必须生成许多变异体，并对每个变异体执行整个测试集。这使得变异测试的成本相当高。很多研究致力于降低变异测试的成本，比如减少变异体的数量、检测等效变异体(对原始程序在行为上的影响是相同的)，并减少测试用例的数量或测试用例执行的次数(见 Ferrari、Pizzoleto 和 Offutt 于 2018 年发表的论文)。我所在的技术社区正在设法寻求解决方案，但目前尚未找

到可行的方案。

不考虑成本的话，变异测试是非常有价值的。在 Parsai 和 Demeyer 最近发表的一篇论文(2020)中，作者证明了：与分支覆盖相比，变异覆盖揭示了测试集中的其他弱点，并能在软件构建时以可接受的性能开销来运行从而做到这一点。根据 Petrović 和 Ivanković 的报告(2018)，一些像谷歌这样的大公司也在系统中开展变异测试。

研究人员也在 Java 后端代码之外的一些领域探索变异测试。Yandrapally 和 Mesbah 在 2021 年提出在 HTML 页面中对 DOM 进行变异，以评估 Web 测试集(将在第 9 章中讨论)是否足够强大。Tuya 和同事于 2006 年提出了在 SQL 查询中使用变异。

我建议大家尝试应用变异测试，特别是针对系统中较敏感的部分。虽然为整个系统运行变异测试可能很昂贵，但为比较少的一组类运行它绝对是可行的，并且可能对需要做的其他测试提供有价值的洞察。

3.12　练习题

1. 考虑下列用来玩 Blackjack 游戏的代码片段：

```
01. public int play(int left, int right) {
02.   int ln = left;
03.   int rn = right;
04.   if (ln > 21)
05.       ln = 0;
06.   if (rn > 21)
07.       rn = 0;
08.   if (ln > rn)
09.       return ln;
10.   else
11.     return rn;
12. }
```

执行了 left=22、right=21 的测试用例的行覆盖率是多少？在计算中，请忽略带有函数签名和最后一个花括号的行(即第 1 行和第 12 行)。

A. 60%

B. 80%

C. 70%

D. 100%

2. 考虑如下的 remove 方法：

```
public boolean remove(Object o) {
   if (o == null) {
     for (Node<E> x = first; x != null; x = x.next) {
        if (x.item == null) {
           unlink(x);
           return true;
        }
     }
   } else {
     for (Node<E> x = first; x != null; x = x.next) {
        if (o.equals(x.item)) {
           unlink(x);
           return true;
        }
     }
   }
   return false;
}
```

这是 JDK 8 的 LinkedList 中 remove 方法的实现代码。

创建一个达到 100%行覆盖率的测试集(一组测试用例)。尽量减少测试数量。可将它们编写成 JUnit 测试用例，或包含一组输入和预期输出的测试用例。

3.下面是 LinkedList 中 computeIfPresent()方法的 Java 实现代码:

```
public V computeIfPresent(K key,
➥  BiFunction<? super K, ? super V, ? extends V> rf) {
  if (rf == null) {
     throw new NullPointerException();
  }

  Node<K,V> e;
  V oldValue;
  int hash = hash(key);
  e = getNode(hash, key);
  oldValue = e.value;

  if (e != null && oldValue != null) {

    V v = rf.apply(key, oldValue);

    if (v != null) {
      e.value = v;
```

```
      afterNodeAccess(e);
      return v;
    } else {
      removeNode(hash, key, null, false, true);
    }
  }
  return null;
}
```

达到 100%分支覆盖需要的最小测试用例数量是多少?

A. 2

B. 3

C. 4

D. 6

4. 考虑表达式(A & B) | C 和下列真值表。

测试用例	A	B	C	(A&B) | C
1	T	T	T	T
2	T	T	F	T
3	T	F	T	T
4	T	F	F	F
5	F	T	T	T
6	F	T	F	F
7	F	F	T	T
8	F	F	F	F

哪个测试集可以实现 100%的 MC/DC？这些数字对应于真值表中的测试用例列。请选出所有符合要求的选项。

A. {2, 3, 4, 6}

B. {2, 4, 5, 6}

C. {1, 3, 4, 6}

D. {3, 4, 5, 8}

5. 请绘制出表达式 A&&(A||B)的真值表。

是否可能为这个表达式实现 MC/DC 覆盖？为什么可以或为什么不可以？你应该对编写这个表达式的开发者说些什么？

6. 考虑以下方法：

```
public String sameEnds(String string) {
  int length = string.length();
  int half = length / 2;

  String left = "";
  String right = "";

  int size = 0;
  for (int i = 0; i < half; i++) {
    left = left + string.charAt(i);
    right = string.charAt(length - 1 - i) + right;

    if (left.equals(right)) {
       size = left.length();
    }
  }

  return string.substring(0, size);
}
```

下列哪个陈述是不正确的?

A. 设计 1 个测试用例就能达到 100%行覆盖和 100%判定覆盖是可能的。

B. 设计 1 个测试用例就能达到 100%行覆盖和 100%(基本)条件覆盖是可能的。

C. 设计 1 个测试用例就能达到 100%行覆盖和 100%决策+条件覆盖是可能的。

D. 设计 1 个测试用例就能达到 100%行覆盖和 100%路径覆盖是可能的。

7. 关于代码覆盖标准包含关系的陈述，下列哪一项是正确的?

A. MC/DC 包含语句覆盖。

B. 语句覆盖包含分支覆盖率。

C. 分支覆盖包含路径覆盖。

D. 基本条件覆盖包含分支覆盖。

8. 对于每个循环 L，要使测试集满足循环边界充分性准则，那么：

A. 测试集应该将 L 循环执行 0 次、1 次以及超过 1 次。

B. 测试集应该将 L 循环执行 1 次以及超过 1 次。

C. 测试集应该将 L 循环执行 0 次和 1 次。

D. 测试集应该将 L 循环执行 0 次、1 次、超过 1 次以及 N 次，其中 N

是最大循环次数。

9. 关于基于需求规格的测试和结构化测试之间的关系，下列哪项陈述是正确的?

A. 测试过程中应该优先进行结构化测试，因为它的成本更低但更有效(可能比基于需求规格的测试更有效)。

B. 只有当我们拥有被测试程序的适当模型时，基于需求规格的测试才能被有效执行。只有用户故事是不够的。

C. 边界分析只能在测试者能够访问源代码的情况下才能进行，因此它应该被认为是一种结构化测试技术。

D. 以上答案都不正确。

3.13　本章小结

- 结构化测试根据源代码改善通过基于需求规格的测试方法生成的测试集。
- 结构化测试的总体思想是分析代码中哪些部分还没有被覆盖，并考虑它们是否应该被覆盖。
- 有些覆盖标准不那么严格，因此成本不高(如行覆盖)。有些覆盖标准更严格但成本更高(如 MC/DC 覆盖)。作为一名开发者，我们必须自己决定使用哪些标准。
- 代码覆盖率不应该被当作必须达成的数字。相反，覆盖率工具应该用于支持开发者进行结构化测试(也就是说，了解哪些代码没有被覆盖，以及为什么)。
- 变异测试确保测试集足够强大。换句话说，变异测试确保测试集可以捕捉到尽可能多的 Bug。

第 4 章

契约式设计

本章主要内容：

- 掌握契约式设计中前置条件、后置条件和不变式的设计
- 理解契约和(有效性)确认之间的区别

假设我们有一个用来处理复杂财务流程的软件系统。为了实现整个业务流程，该系统需要调用一连串的子程序(或类)来处理复杂的信息流。也就是说，一个类的输出结果会作为输入传递给下一个类，以此类推。与通常情况一样，该系统的数据来自不同的数据源，如数据库、外部的 Web Service 和最终用户等。在业务流程的某一个节点，TaxCalculator 类(负责计算某一类税收)会被调用到。从这个类对应的业务需求看，税收的计算只有在输入值是正数的情况下才有意义。

我们需要考虑如何针对这个限制条件进行建模，一般有以下 3 种方式：

- 确保一个类在调用其他类时不会输入无效值。在这个计算税收的例子中，要确保任何类在调用 TaxCalculator 类时不会传递一个负数。这样，TaxCalculator 类不需要考虑如何处理输入为负数的情况，其代码实现就相对简单了。但是，调用 TaxCalculator 类的其他类在代码实现上就会更复杂，因为每个类需要确保自己在调用时不会出错。
- 以更具防御性的方式进行编程，如果输入一个无效值，系统就会停止运行并向用户返回错误信息。这种方式下，每个类都需要处理无

效的输入，因此会增加每个类的复杂度。但同时，系统会变得更有弹性。然而，以这种特殊方式进行的防御式编程产生的效果并不好，最终可能增加不必要的代码，比如针对已经检查过的限制条件以这种方式进行编码。

- 为每个类定义明确的契约。这种方式是我最喜欢的，也是本章要介绍的主要内容。契约明确定义了一个类的前置条件(pre-condition)、后置条件(post-condition)以及不变式(invariant)。不变式是指一个类的输入和输出都需要满足的条件。在这项重要的建模活动中，契约式设计(Design by Contract)的思想给我们带来一些启发(契约式设计最初由 Bertrand Meyer 提出)。

开发者在实现一个功能时就要把相应的契约定义出来。这就解释了为什么“契约式设计”被放在开发流程中(见图 1.4)。

4.1 前置条件和后置条件

回到税收计算的例子，我们需要思考的是，确保 TaxCalculator 类中的方法正常运行所需的前置条件是什么？所需的后置条件(即方法的返回结果需要满足的条件)又是什么？上一节中提到了该方法的一个前置条件：不接收负数作为输入值。一个可能的后置条件是：输出结果也不能是负数。

一旦确定了前置条件和后置条件，接下来要做的是把它们添加到源代码中；通过 if 语句就可以实现，如代码清单 4.1 所示。

代码清单 4.1 包含前置条件和后置条件的 TaxCalculator 类

```
public class TaxCalculator {
  public double calculateTax(double value) {

    if(value < 0) {
      throw new RuntimeException("Value cannot be negative.");
    }

    double taxValue = 0;

    // some complex business rule here...
    // final value goes to 'taxValue'
```

前置条件：通过简单的 if 语句确保没有无效的数据传递进来

```
    if(taxValue < 0) {
      throw new RuntimeException("Calculated tax value
        ➥ cannot be negative.");
    }
    return taxValue;
  }
}
```

后置条件也通过简单的 if 语句实现。如果后置条件不成立，方法就抛出一个异常，提醒调用该方法的类

注意：大家可能对这段代码存有疑问，譬如，calculateTax 方法的输入参数 value 代表什么？税率是如何设定的？在现实世界中，一个税收计算器的业务需求及其实现代码更加复杂。有一点请大家理解，本书给出的代码清单之所以比较简单，是希望大家把注意力放在我们讨论的技术上。

前置条件和后置条件的作用是不同的。前置条件(本例中只定义了一个前置条件)用于确认一个方法接收的输入满足一定的条件，后置条件用于确认一个方法的返回值(作为其他方法的输入值)满足该方法向其他方法承诺的条件。

也许大家会这样想："我编写的代码怎么可能返回违反后置条件的值呢？"在税收计算的例子中，我们当然不希望 calculateTax 方法返回一个负数，但在开发一个复杂程序的过程中，难免会不小心引入缺陷。如果软件系统中不存在缺陷，本书也就没有编写的必要了。方法中后置条件的检查可以确保，一旦出现相关缺陷，方法就会抛出一个异常，而不是返回一个无效值。程序在有异常抛出时会停止运行，一般情况下，这比带着错误数值继续运行要好得多。

另外，强烈建议大家在代码中通过文档注释对前置条件和后置条件进行清晰的描述，这是一项基本的代码编写规范。包含文档注释的代码如代码清单 4.2 所示。

代码清单 4.2　calculateTax 方法中的 JavaDoc 用于对契约进行描述

```
/**
 * Calculates the tax according to(some
 * explanation here...)
 *
 * @param value the base value for tax calculation. Value has
 *             to be a positive number.
 * @return the calculated tax. The tax is always a positive number.
 */
public double calculateTax(double value) { ... }
```

4.1.1 断言关键字

Java 语言提供了编写断言语句的关键字 assert。在代码清单 4.1 中，当前置条件或后置条件不成立时，方法会抛出异常。异常抛出的代码可以用断言语句 assert value >= 0: "Value cannot be negative";来替换，当方法的输入值没有大于或等于 0，Java 虚拟机(JVM)将抛出一个 AssertionError 错误。使用断言语句的 TaxCalculator 类的实现代码如代码清单 4.3 所示。

代码清单 4.3 TaxCalculator 类通过断言定义前置条件和后置条件

```
public class TaxCalculator {
public double calculateTax(double value) {

   assert value>= 0 : "Value cannot be negative";

double taxValue = 0;

// some complex business rule here...
// final value goes to 'taxValue'

   assert taxValue >= 0 : "Calculated tax value
      ➥ cannot be negative.";

   return taxValue;
  }
}
```

通过断言语句定义同样的前置条件

通过断言语句定义同样的后置条件

开发团队的成员们最好一起讨论在代码中是采用 assert 指令还是 if 语句抛出异常的方式来定义契约，然后做出决定。对此，我将在 4.5.3 节中谈谈自己的观点。

在 Java 语言中，可以通过向 JVM 传递一个参数来禁用断言，因此，并不是每次运行程序时断言都被执行。举个例子，如果定义前置条件的断言在生产环境中被禁用，系统运行时就不会对前置条件进行检查。在生产环境不是完全受控的情况下，为了避免此类问题发生，大家可以采用 if 语句抛出异常的方式来定义契约，以确保程序运行时对前置条件进行检查。

有些人反对使用断言语句，他们认为，断言抛出的 AssertionError 错误属于通用错误，而有时我们需要程序抛出更具体的异常信息，让调用该方法的类知道如何处理。但为了简单起见，我们在本章后面的内容中统一用断言语句来定义契约。

同时，将把前置条件和确认(validation)加以区分。在选择以何种方式(断言还是抛出异常)定义契约时，二者的区别也是需要考虑的因素。

4.1.2　前置条件和后置条件的强弱

在定义前置条件和后置条件时，我们经常面临一个重要的选择：把条件设计得强一些好还是弱一些好？在前面的代码清单中，我们在 TaxCalculator 类中定义了非常强的前置条件：只要输入值是一个负数，就违反了该方法的前置条件，程序就会停止运行。

如果想避免因输入值为负而导致程序停止运行的情况，可以选择的一种方式是弱化 calculateTax 方法的前置条件，不仅能接收大于零的数值，也能接收其他任何数值，无论正数还是负数。这可以通过删除代码中的 if 语句来实现，如代码清单 4.4 所示(但是，我们必须另外想办法，让程序能够处理输入值为负数的情况)。

代码清单 4.4　TaxCalculator 类的弱前置条件

```
public double calculateTax(double value) {

                                    ← 取消前置条件的检查，任何
                                      输入值都是有效的

// method continues ...
}
```

在一个方法中定义比较弱的前置条件可以让其他类更简单地调用该方法。毕竟，无论一个类向 calculateTax 方法传递什么值，程序都会有返回结果。而之前的代码清单 4.3 正好相反，该示例中，当输入值为负数时程序会抛出错误。

为一个类定义强的前置条件还是弱的前置条件，针对这个问题并没有唯一的答案，具体取决于我们正在开发的系统类型，以及对该类的使用者(consumer)是否有要求。我个人更喜欢定义强前置条件，因为这有助于减少在代码中引入错误的概率。不过，这同样意味着我们需要为这些条件编写断言语句，代码因此变得更复杂。

同样的逻辑适用于后置条件吗？

或许我们可以找到一个站得住脚的理由，让方法直接返回一个值，而不是给它定义一个强的后置条件(当后置条件不成立时抛出异常)。说实话，很多时候我也是这样做的。但是，对税收计算的例子我们不应该这样做，如果 calculateTax 方法的返回值为负数，则表示代码中存在缺陷，而且我们可能也不希望有人支付的税款为 0。

在某些情况下前置条件不能被削弱，比如，calculateTax 方法的输入值为负数是不可接受的，因此必须定义一个强前置条件。不过，我们可以选择另一种实现方式，让方法返回一个错误码。例如，当 calculateTax 方法的输入值为负数时，程序返回 0 而不是停止运行，实现代码如代码清单 4.5 所示。

代码清单 4.5 TaxCalculator 类返回错误码而不是异常

```
public double calculateTax(double value) {
  // pre-condition check
  if(value<0) {
      return 0;
  }


  // method continues ...
}
```

当前置条件不成立时，方法返回 0。该方法的客户端类不必担心程序会抛出异常

虽然这种方式简化了其他类对该方法的调用，但我们必须记住，当方法的返回值为 0 时，这可能是由于输入数据无效而返回的错误码。为将这种情况和实际税款为 0 的情况区别开，在前置条件不成立时可以让方法返回-1。在实际工作中，我们需要考虑到所有可能的情况，然后决定是给一个方法定义弱前置条件，还是定义强前置条件并在条件不成立时返回错误码。

了解契约式设计原理的开发者们应该知道，用返回错误码的方式定义契约并没有让前置条件变弱，虽然这样有利于客户端处理方法的返回结果。在本章接下来的内容中，大家会发现我对于契约的看法比 Meyer 在论文“契约式设计”(1992 年)中的观点更务实。对我们来说，重点是要考虑类和方法能够处理的场景、不能处理的场景，以及在契约不成立时程序应该如何响应。

4.2　不变式

现在我们已经知道，一个方法被执行之前，前置条件应该成立。一个方法被执行之后，后置条件应该成立。接下来我们来讨论，在方法被执行前后某些条件都需要成立的情况。一个对象或数据结构的整个生命周期中都成立的条件被称为不变式(invariant)。

假设有一个 Basket 类，其功能是存储用户从网上商店购买的商品。这个类包含 add(Product p, int quantity)和 remove(Product p)等方法。add 方法的功能是添加一件数量为 quantity 的商品 p，remove 方法的功能是从购物车里删除商品 p。Basket 类的代码骨架如代码清单 4.6 所示。

代码清单 4.6　Basket 类

```
public class Basket {
  private BigDecimal totalValue = BigDecimal.ZERO;
  private Map<Product, Integer> basket = new HashMap<>();

  public void add(Product product, int qtyToAdd){
    // add the product
    // update the total value
  }

  public void remove(Product product){
    // remove the product from the basket
    // update the total value
  }
}
```

采用 BigDecimal 类型而不是 double(双精度浮点型)类型，是为了避免 Java 语言中对数据进行四舍五入

将商品添加到购物车中，并更新购物车里商品的合计金额

从购物车中删除一件商品，并更新购物车里商品的合计金额

在讨论不变式之前，让我们先关注方法中应该包含的前置条件和后置条件。对于 add()方法，首先需要确保传递进来的商品名称不为 null(不能把一个名称是 null 的商品添加到购物车中)，且商品数量大于 0(购买的商品数量不能为 0 或者更小)，这是两个前置条件。另外，该方法有一个明确的后置条件，即方法被执行后必须确保被添加的商品已经在购物车里。add()方法的实现代码如示例 4.7 所示。代码中用断言语句定义了前置条件和后置条件，这表示在启动应用程序时必须在 JVM 中启用断言。当然，就像前面讨论的，也可以选择用一个简单的 if 语句代替断言。

代码清单 4.7 Basket 类的 add 方法的前置条件和后置条件

```
public void add(Product product, int qtyToAdd) {
  assert product != null : "Product is required";
  assert qtyToAdd > 0 : "Quantity has to be greater than zero";

  // ...
  // add the product in the basket
  // update the total value
  // ...

  assert basket.containsKey(product) :
   "Product was not inserted in the basket";
}
```

前置条件，确保 product 参数的输入值不为 null

前置条件，确保 qtyToAdd 的输入值大于 0

后置条件，确保被添加的商品已经在购物车里

还可为 add()方法添加其他后置条件，比如“方法被执行后，购物车里商品的合计金额应该大于方法执行前的合计金额”。Java 语言并没有提供一个简单的方法实现这个功能，需要编写额外的代码通过一个变量保存原来的合计金额，在检查后置条件时使用(见代码清单 4.8)。有趣的是，像 Eiffel 这样的语言不需要为此定义额外的变量，而是自动提供变量的新旧值以便检查后置条件。

代码清单 4.8 Basket 类的 add 方法的另一个后置条件

```
public void add(Product product, int qtyToAdd) {
  assert product != null : "Product is required";
  assert qtyToAdd > 0 : "Quantity has to be greater than zero";
  BigDecimal oldTotalValue = totalValue;

  // add the product in the basket
  // update the total value

  assert basket.containsKey(product) :
   "Product was not inserted in the basket";

  assert totalValue.compareTo(oldTotalValue) == 1 :
    "Total value should be greater than
    ➥ previous total value";
}
```

为了让后置条件生效，需要先保存初始的商品合计金额

后置条件用来确认新的合计金额大于初始的合计金额

注意：这里使用了 BigDecimal 数据类型而不是简单的 double 数据类型。如果使用 double 类型，程序在计算中会对数据进行四舍五入。建议大家采用 BigDecimal 以避免这种情况。大家需要了解自己使用的编程语言，避免对数据进行四舍五入。当然，BigDecimal 类型的数据虽然更精确，但也比较冗长。在代码清单 4.8 中我们不得不使用 compareTo 方法来比较两个 BigDecimal 类型的数据，这比直接用 a > b 的方式要复杂一些。另外有一个技巧，虽然已经超出了本书讨论的范围，但还是提一下：代码中使用美分作为货币单位，其数据类型定义为 integer(整数)或 long(长整数)。

现在我们来看看 remove()方法的两个前置条件：参数 product 的输入值不能为空、准备删除的商品已经在购物车里(否则怎么删除呢？)。该方法的后置条件用来确保商品被删除后从购物车里消失了。前置条件和后置条件的实现代码如代码清单 4.9 所示。

代码清单 4.9　remove 方法的前置和后置条件

```
public void remove(Product product) {
  assert product != null : "product can't be null";
  assert basket.containsKey(product): "Product must already be in the
  ➥ basket";

  // ...
  // remove the product from the basket
  // update the total value
  // ...

  assert !basket.containsKey(product) : "Product is still in the
  ➥ basket";
}
```

前置条件：product 的输入值不能是 null，并且已经在购物车里

后置条件：商品被删除之后就不再购物车里了

到这里我们对前置条件和后置条件的讨论就告一段落，是时候对 Basket 类的不变式进行建模了。无论商品被添加到购物车里还是从购车里移除，购物车里商品的合计金额都不应该是负数。这既不是前置条件，也不是后置条件，而是一个不变式，Basket 类应该确保这一点。也就是说，当一个用到 totalValue 字段的方法被调用后，我们需要确认 totalValue 仍然是一个正数。我们可以使用断言、if 语句或所使用的编程语言提供的其他方式来定义不变式，实现代码如代码清单 4.10 所示。

代码清单 4.10 Basket 类的不变式

```
public class Basket{
  public class Basket {
  private BigDecimal totalValue = BigDecimal.ZERO;

  private Map<Product, Integer> basket = new HashMap<>();
    public void add(Product product, int qtyToAdd) {
    assert product != null : "Product is required";
    assert qtyToAdd > 0 : "Quantity has to be greater than zero";
    BigDecimal oldTotalValue = totalValue;

    // add the product in the basket
    // update the total value

    assert basket.containsKey(product) : "Product was not inserted in
    ➥ the basket";
    assert totalValue.compareTo(oldTotalValue) == 1 : "Total value
should
    ➥ be greater than previous total value";

    assert totalValue.compareTo(BigDecimal.ZERO) >= 0 :
         "Total value can't be negative."     ← 不变式，确认商品合计
  }                                              金额大于或等于 0

  public void remove(Product product) {
    assert product != null : "product can't be null";
    assert basket.containsKey(product) : "Product must already be in
the
    basket";
    ➥
    // remove the product from the basket
    // update the total value

    assert !basket.containsKey(product) : "Product is still in the
basket";

    assert totalValue.compareTo(BigDecimal.ZERO) >= 0 :   ←
      "Total value can't be negative."         remove 方法中使用相同的
  }                                            不变式
}
```

如果一个类中每个方法末尾定义的不变式是相同的，为了减少重复代码，我们可为不变式单独创建一个方法，就像代码清单 4.11 中的 invariant()方法。每个公共方法的末尾会调用 invariant()方法，在方法完成其业务操作(对象状态发生改变)之后确认不变式仍然成立。

代码清单 4.11　不变式的 invariant()方法

```
public class Basket {

  public void add(Product product, int qtyToAdd) {
    // ... method here ...
    assert invariant() : "Invariant does not hold";
  }

  public void remove(Product product) {
    // ... method here ...
    assert invariant() : "Invariant does not hold";
  }

  private boolean invariant() {
   return totalValue.compareTo(BigDecimal.ZERO) >= 0;
  }
}
```

请注意，一个方法的执行过程中，不变式的条件可以是不成立的。也就是说，一个方法在执行其算法的过程中是可以违反不变式的。但是，我们需要确保方法执行结束后不变式是成立的。

注意：大家可能对 Basket 类的具体实现方式以及如何进行测试感到好奇，如果采用一般的测试方法，我们没有办法覆盖到方法调用的所有可能组合(以任意顺序添加商品、删除商品)。如何解决这个问题呢？答案就在第 5 章将要讨论的内容：基于属性的测试方法。

4.3　契约变更与里氏替换原则

如果一个类或方法的契约发生了变更会产生什么影响？假如我们需要 calculateTax 方法的前置条件，把“输入值大于或等于 0”改为“输入值大于或等于 100”，对应用程序和测试集有影响吗？另外，上一节中的 add 方法不接受 product 参数的输入值为 null，假设我们修改为 product 参数可以接受 null，又会带来什么影响？这两个改动对系统的影响是一样的，还是其中一个的影响要小一些？

理想情况下，一个类或方法的契约被定义好后就不再变动。但在实践中，有时我们也不得不做些改动。既然契约变更不可避免，我们能做的就是弄清楚变更带来的影响。否则，契约的变化可能导致应用程序运行异常。

这是因为，契约的变化会影响测试的有效性(如果测试集不做相应调整)，进而影响软件质量。

要想了解契约变化带来的影响，最简单的方法不是检查契约本身的变化，或者契约所属的类，而是要查看所有可能调用这个类的其他类(或依赖对象)。图 4.1 展示了 calculateTax()方法及 3 个类之间的调用关系。我们在创建这 3 个类(m1、m2、m3)时就应该知道，calculateTax()方法中的前置条件为“输入值必须大于或等于 0”。我们还应该知道，如果某个类传递了一个负数给 calculateTax()方法，该方法将抛出一个异常。因此，我们需要确保这些类不会向 calculateTax()传递负数。

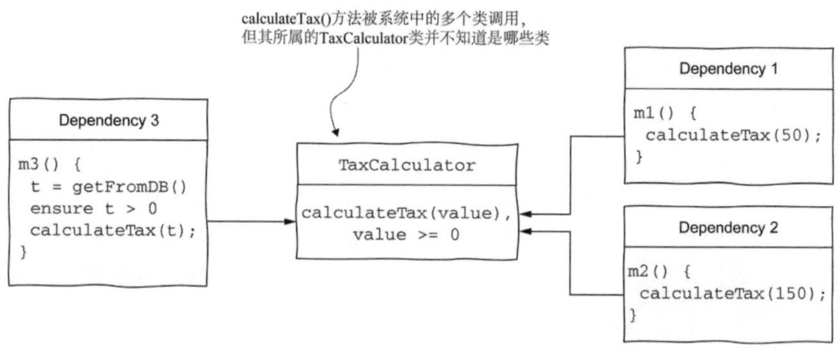

图 4.1 calculateTax()方法和多个依赖于该方法的类

假定 m1()类传递给 calculateTax()方法的值是 50，m2()类传递的值是 150，m3 类传递的数据是从某个数据库中获取到的(在确保该数据大于 0 之后)。接下来，把 calculateTax()方法的前置条件修改为“输入值大于 100”。依赖该方法的这几个类会受影响吗？m2()类比较幸运，不会受到前置条件变化的影响；因为输入值是 150 时，新的前置条件也成立。然而，其他两个类就不同了：m1()类在运行时会崩溃，m3()类的行为不好预测，因为从数据库获取的数据可能大于 100，也可能小于 100。这让我们了解到，如果一个类的前置条件被修改成更强、限制更多的条件，比如能接受的输入值范围更小(例如从“0 到无穷大”变成“100 到无穷大”)，那些依赖于原契约条件的类就可能出现问题。

现在，让我们再把 calculateTax()方法的前置条件修改成：输入值可以为负数。这个变更不会对其他 3 个类有影响，因为新的前置条件比原来的条件更宽松，能接受的输入值范围变大了。这让我们了解到，如果一个方法的前置条件被修改成更弱、限制更少的条件，这个方法和调用它的类之间的契约就不会被破坏。

同样的逻辑也适用于后置条件，但关系是相反的。calculateTax 方法的客户端本来知道该方法的返回值不能是负数，但如果我们修改了这个后置条件，即可以返回负数(虽然从业务角度看没有实际意义)，这个变化带来的影响是破坏性的。客户端的预期中不包括 calculateTax 方法返回负数，而且很可能在代码中没有实现对这种情况的处理，系统能否正常运行取决于 calculateTax 方法返回的税款结果是否为负数。这说明，如果把一个方法的后置条件修改成更弱、限制更少的条件，它的客户端就有崩溃的可能。

反过来，如果把 calculateTax 方法的后置条件修改成“返回值始终大于 100”，它的客户端就不会受影响。客户端本来已经准备好接受原后置条件下的返回值，即返回值在“0 到无穷大”之间。而修改后的“100 到无穷大”是原后置条件的一个子集，当然不会出现问题。这让我们了解到，如果把一个方法的后置条件改成更强、更有限制性的条件，不会对依赖该方法的类造成破坏。

继承和契约

本书提供的代码清单几乎都是用 Java 语言编写的，Java 是一种面向对象的语言，所以我们有必要讨论在代码中使用继承(inheritance)方法时会发生什么。如图 4.2 所示，TaxCalculator 类包括很多子类(例如，TaxCalculatorBrazil 类用于计算巴西的税收，TaxCalculatorNL 类用于计算荷兰的税收)。每一个子类都重写了 calculateTax()方法，并且对前置条件或后置条件进行了修改。现在的问题是，这类变更会不会给程序带来破坏性的影响呢？

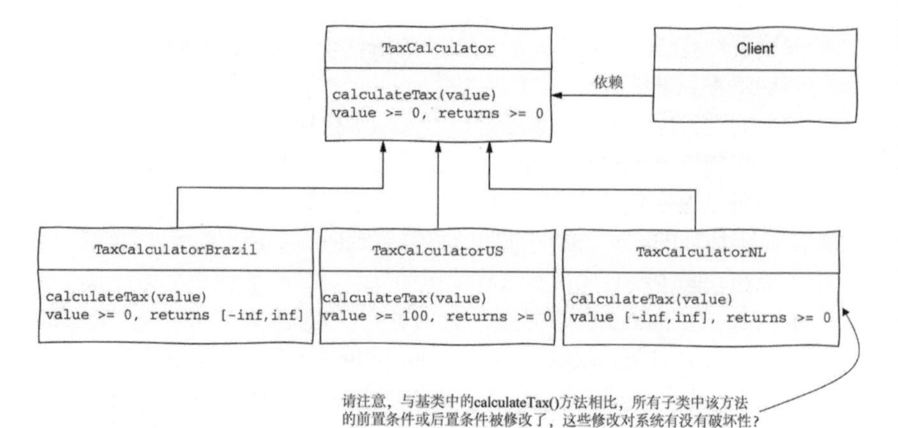

图 4.2　基类及其子类，客户端依赖于基类，意味着其任何子类都可以在运行时被调用

和前面讨论契约变更时的逻辑相同，要想了解子类中契约的变化带来的影响，我们首先需要关注 TaxCalculator 类的客户端类而不是契约所在的子类。假设一个客户端在其构造函数中创建了 TaxCalculator 类的实例，随后在一些方法中调用。由于面向对象编程的多态性，基类的任何一个子类都可以被传递给客户端。例如，由于 TaxCalculatorBrazil 类和 TaxCalculatorUS 类都是基类 TaxCalculator 的子类，因此它们可以被传递给客户端并且被客户端接收。

客户端不知道传递进来的是哪一个子类，只能假设接收的任何子类都会遵守基类(基类客户端唯一知道的类)的前置条件和后置条件。这种情况下，calculateTax 方法中的参数 value 必须大于或等于 0，并且该方法的返回值也必须大于或等于 0。下面探讨一下每个子类被传递给客户端时会出现什么情况？

- 一方面，TaxCalculatorBrazil 类定义了和基类相同的前置条件。这意味着，如果把 TaxCalculatorBrazil 子类传递给客户端类，客户端不会由于前置条件变化导致异常行为。另一方面，TaxCalculatorBrazil 子类中的后置条件是：返回值可以返回任意数值。以这种方式定义的后置条件很糟糕，因为客户端只预期子类的返回值大于或等于零，没有预期会返回负数。如果 TaxCalculatorBrazil 子类真的返回一个负数，可能导致客户端的失效。

- TaxCalculatorUS 子类定义的前置条件为“value 值大于或等于 100”，这比基类的前置条件更强(基类中的前置条件为：value >= 0)，但客户端并不知道这一点。因此，当客户端调用税收计算器方法时，传递的值肯定满足基类的前置条件，但不一定满足 TaxCalculatorUS 子类的前置条件，系统在运行时会发生错误。TaxCalculatorUS 子类中由于定义了和基类一样的后置条件，不会导致系统出现什么问题。
- TaxCalculatorNL 子类中定义的前置条件和基类不同，可以接收任何输入值。也就是说，子类比基类的前置条件要弱。因此，尽管客户端没有意识到前置条件在子类中发生了变化，也不会导致系统错误。不论客户端传递进来什么值，TaxCalculatorNL 子类都可以接收。

总结一下上面的例子，我们就可以得出以下规则：

当一个子类 S(如 TaxCalculatorBrazil)继承了一个基类 B(如 TaxCalculator)，那么子类 S 的前置条件应该和基类的相同或者比基类的更弱(子类能接收的输入值范围应该比基类更大)，子类 S 的后置条件应该和基类 B 的相同或者比基类的更强(子类返回值的范围应该比基类更小)。

一个子类可以在程序中替换其基类而不会破坏系统的预期行为，这一观点被称为里氏替换原则(LSP)，由芭芭拉·利斯科夫在 1987 年的一个主题演讲中提出。

后来她和周以真(Jeannette M. Wing)教授于 1994 年联合发表了一篇著名的论文“一个子类型的行为概念”(*A behavioral notion of subtyping*)，其中对里氏替换原则做了进一步完善。后来，随着罗伯特·C. 马丁开始倡导 SOLID 原则，LSP 在软件开发者中变得更加普及。SOLID 原则中的 L 就代表了 LSP。

注意：“编程时尽量避免使用继承方法”是一个广为人知的最佳实践(参见 *Effective Java* 一书中的第 16 条最佳实践“多用组合，少用继承”)。只要不使用继承，我们自然就不会遇到刚才讨论的所有问题，但本书的目的不是讨论面向对象设计的最佳实践。了解了本节所讲的内容，一旦大家需要用到继承方法，就知道在定义契约时有哪些注意事项。

4.4 契约式设计和测试的关系

对开发者来说，在代码中定义明确的前置条件、后置条件和不变式(并通过断言等方式进行自动检查)可以得到很多好处。

首先，定义契约的断言语句能够让我们在生产环境中及早发现系统缺陷。一旦某个方法输入值或返回值违反了契约，应用程序会立刻停止运行。通常情况下这是比较好的措施。断言语句的返回信息能够提供明确的错误信息，可以帮助我们准确定位到有问题的代码。没有断言的话，情况就不同了。可以想象一下，我们有一个提供计算功能的程序，该程序中的某个方法负责大量计算，但是不能处理输入为负数的情况。在代码中如果不把这样的限制条件定义成明确的前置条件，而是让该方法在输入为负数时返回一个无效值，这个无效值就会被传递给系统的其他组件而导致意想不到的不良后果。这种情况下，系统并没有崩溃，因此开发者很难确定问题的根本原因在于某个方法的前置条件不成立。

其次，代码中的前置条件、后置条件和不变式可以为开发者提供测试思路。只要我们看到 qty > 0 这样的前置条件，就应该知道这里需要设计单元测试、集成测试或系统测试。因此，契约不是用来取代单元测试的，而是对测试的补充。第 5 章将介绍怎么利用这些契约，并通过自动生成随机输入数据的测试用例来发现系统潜在的违反契约的行为。

第三，明确的契约给类的使用者提供便利。一个 server 类(如果把有调用关系的两个类看作一个客户端-服务器架构的应用程序)中的方法只要能被使用者(或客户端)常规调用，这个类就能正常执行。而且，只要客户端在调用服务端的方法时满足方法的前置条件，该方法的返回结果就一定满足其代码中定义的后置条件。换句话说，服务端会确保该方法按照其所承诺的后置条件返回结果。假设某个方法只允许输入值为正数(作为一个前置条件)，并承诺返回值也是正数(作为后置条件)。如果客户端传递了一个正数给服务端，服务端就一定会返回一个正数，而不会返回负数。这种情况下，客户端不需要检查返回值是否为负数，其实现代码因此得到简化。

契约式设计本身不是一种测试实践，更像是一种程序设计技术。这也是为什么我们把“契约式设计”放在开发者测试工作流程中的开发部分，而不是测试部分(如图 1.4 所示)。

注意：使用断言语句定义契约的另一个好处是，它们在模糊测试或其他智能测试中可以被当作测试预言(Test Oracle)。如果程序的代码中定义了明确定义的前置条件、后置条件和不变式，模糊测试会对代码中定义的契约进行确认，并试图让契约条件不成立。如果想进一步了解模糊测试，推荐大家阅读这本书：*The Fuzzing Book*(https://fuzzingbook.org)。

4.5　实际工作中的契约式设计

在本章的最后一节，我们来讨论一些实用技巧，帮助大家更好地实践契约式设计。

4.5.1　弱契约还是强契约

对契约进行建模时，我们通常需要做出一个重要决定：契约应该设计得强一些还是弱一些？其实需要对各方面进行权衡。

首先考虑弱契约的情况，假设一个方法可以接收任何输入值，包括null。对于客户端来说这个方法调用起来很容易，因为无论怎么调用都不会让方法的前置条件不成立，而且程序从来不会因为前置条件不成立而抛出异常(因为前置条件不成立的情况不存在)。然而，这给该方法增加了额外负担，因为它必须能够处理任何无效输入。

接下来让我们考虑强契约的情况，比如，让一个方法只接收正数，不接收 null。这时，额外的负担变成由客户端承担，因为客户端在调用方法时必须确保输入值满足其前置条件。这种情况下，我们需要为客户端编写额外的代码。

对于“契约应该设计得强一些还是弱一些”这一问题，并没有一个确切的答案，需要考虑上下文信息才能做出决定。例如，Apache Commons库中很多方法的前置条件都比较弱，让客户端能够更方便地使用这个 API库。程序库的开发者往往都喜欢设计弱前置条件，以此来简化客户端类的代码实现。

4.5.2　输入确认与契约必须 2 选 1 吗

开发者们都知道对输入值进行有效性确认(validation)非常重要。确认过程中的错误可能导致安全漏洞，因此，只要传递进来的数据来自最终用户，就需要在代码中进行输入确认。

假设我们有一个 Web 应用，用来存储网上商店里的商品。为了添加一种新商品，用户必须输入商品名称、商品描述和商品价格。在将新的商品存储到数据库之前，需要对输入进行检查，确认其符合预期。经过简化的伪实现代码如代码清单 4.12 所示。

代码清单 4.12 输入确认的伪代码

这些参数直接由最终用户输入，在使用前需要进行确认

使用虚构的 sanitize()方法对输入的商品名称和描述进行清理(删除无效字符)

确认输入值符合预期的格式、范围等

```
class ProductController {
  // more code here ...

  public void add(String productName, String productDescription,
    double price) {

    String sanitizedProductName = sanitize(productName);
    String sanitizedProductDescription = sanitize(productDescription);
    if(!isValidProductName(sanitizedProductName)) {
       errorMessages.add("Invalid product name");
    }
    if(!isValidProductDescription(sanitizedProductDescription)) {
     errorMessages.add("Invalid product description");
    }
    if(!isValidPriceRange(price)) {
      errorMessages.add("Invalid price");
    }

    if(errorMessages.empty()) {
      Product newProduct = new Product(sanitizedProductName,
        ➥ productDescription, price);
      database.save(newProduct);

      redirectTo("productPage", newProduct.getId());
    } else {
      redirectTo("addProduct", errorMessages.getErrors());
    }
  }
}
```

只有当输入的参数有效时才会创建对象。这可以替代契约式设计吗？

否则，程序会返回到添加商品的页面，并显示错误信息

以上代码中所有的输入确认都是在对象被创建前执行的，所以我们难免会想：“通过输入确认我们已经知道这些输入值是有效的。还需要在类和

方法中定义前置条件和后置条件吗？”以下是我从实际出发给出的观点。

首先，让我们关注确认和契约之间的区别。确认的目的是防止来自用户的不良或无效数据渗透到系统中。例如，在“添加商品”页面，如果用户在 Quantity 字段中输入一串字符，我们应该让程序返回一个对用户友好的提示：“Quantity 应该是数值”。这就是确认的价值，即确认用户输入的数据是否正确，否则，页面就返回一个信息。

契约的目的是避免类和类之间的通信出现问题。因为来自用户的输入数据已经通过了输入确认，一般不会出现问题。但如果类和类之间的调用违反了契约，程序就会停止运行，同时向用户返回一条错误消息。输入确认和代码契约之间的区别如图 4.3 所示。

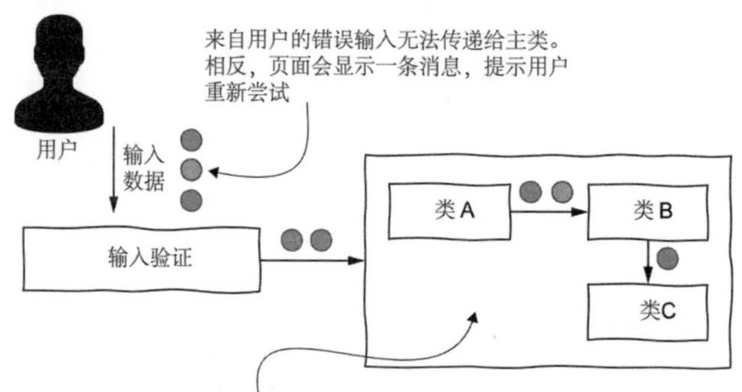

图 4.3　输入确认和契约的区别(每个圆圈代表系统的 1 个输入参数)

输入确认和契约在代码中都是需要的，它们起到不同的作用。问题是如何避免重复代码，有时候确认和前置条件的检查项是相同的，这意味着代码重复，同样的内容检查两次。

根据经验，重复代码应该避免。举个例子，针对“productDescription 字段的长度大于 10 个字符”这个限制条件，如果代码中已经加入输入确认对其进行检查，就不需要在 Product 类的构造函数中再定义前置条件来重复检查一遍。这意味着，参数的输入值在没有通过输入确认的情况下，Product 类不会被实例化。因此，只要从总体结构上保证了代码的安全性，并确保对输入数据进行清洗，就没有问题。

但另一方面，如果契约条件非常重要，违反契约的情况不允许出现(一旦出现影响可能很大)，那就不要介意输入确认的代码和契约代码同时存在，尽管这意味着重复代码，并且会浪费一些额外的计算资源。需要再次强调的是，我们要根据上下文中的具体情况进行处理。

注意：关于契约式设计和确认之间的区别，Arie van Deursen 在 Stack Overflow(一个 IT 问答网站)上曾经明确回答过，我强烈建议大家读一读：https://stackoverflow.com/a/5452329。

4.5.3 断言语句还是异常处理

Java 语言没有提供明确的机制来编写契约代码。在广泛使用的编程语言中，只有少数几种具备这种机制，比如 F#。在 Java 中可以通过 assert 关键字定义契约，但如果在程序运行时忘记启用，就不会对契约进行检查。这就是为什么许多开发者喜欢使用受查(checked)异常或者非受查(unchecked)异常处理机制，而不是断言语句的原因。

我根据自己的经验总结出以下几点建议：

- 如果需要为一个类库或工具(utility)类进行契约建模，推荐大家采用异常处理机制，这是目前几乎所有被广泛使用的类库都采用的方式。
- 如果需要为业务类之间的交互进行契约建模，并且前面的代码层(如 MVC 结构中的 Controller 层)已经对输入数据做了清洗，那么我们应该采用断言语句。因为输入数据已经通过了确认，所以业务类是从有效输入数据开始执行的。如果我们想确认业务类的前置条件或后置条件是否成立，最好采用断言语句。断言抛出的 AssertionError 会让程序停止运行。这样还能保证用户看到的页面返回信息更加友好，而不是一堆异常堆栈轨迹(exception stack trace)信息。
- 如果需要为业务类进行契约建模，但不确定输入数据是否已被清洗过，我们应该使用 Java 的异常处理机制。

对于输入确认的代码，建议大家不要使用断言语句或异常处理，而应该选择更优雅的方式对输入确认进行建模。首先，当针对第一个输入数据的确认失败时，我们不希望确认过程马上停止，常见的方式是继续执行其余的输入确认，并向用户返回一个完整的错误信息列表。因此，我们需要一种体系能够在确认过程中生成错误信息。其次，如果对复杂的输入确认进行建模，我们需要编写大量代码。在一个类或方法中处理所有的确认会让代码变得冗长、复杂且难以被复用。

如果想了解更多相关知识，建议大家阅读 Eric Evans 的开创性著作《领域驱动设计》，在这本书里作者提出了规格说明模式(Specification pattern)。另一个不错的学习资源是 John Regehr 在 2014 年发表的文章“断言语句的使用”，内容非常实用，讨论了断言语句的利弊、存在的误解和局限性。

最后需要提醒的是，我在本章中介绍的是 Java 原生的异常处理机制，例如 RuntimeException。在实际工作中，大家可以使用更明确且语义更贴切的异常抛出机制，例如 NegativeValueException，这将有助于软件用户识别程序出现的异常是业务导致的还是极少数真正的系统异常。

注意： 形式语义学(formal semantics)的学者们肯定更推荐大家使用异常处理机制而不是断言语句。采用 if 语句并抛出异常的代码块也许并不属于“契约式设计”的范畴，因为这实际上是防御性编程。但是正如之前所说，采用“契约式设计”这一术语是因为它反映了契约的思想，并可让这类代码块在代码中更加明显。

4.5.4　抛出异常还是软返回值

在代码清单 4.5 中我们看到，当前置条件不成立时，calculateTax 方法会返回一个“软性值”(soft value)，而不是抛出异常。这种方式可以让客户端的代码更加简单。

那么我们在定义契约时应该选择让方法抛出异常还是软返回值呢？针对这个问题，我总结了 2 条经验：

- 如果有一些行为不应该发生，而且一旦发生，方法的客户端也不知道如何处理，我们应该采用让代码抛出异常的方式。代码清单 4.5 中的 calculateTax 方法就属于这种情况。一个负数传入该方法就属于非预期的行为，程序应该立刻停止运行，而不是继续进行错误的计算。监控告警系统会捕捉到系统的异常停止，从而通知我们进行排查。
- 另一方面，如果方法的软返回值能让客户端继续工作，就可以选择这种方式。假设我们有一个用于修剪字符串的工具方法，该方法的前置条件是不接收 null 字符串。当输入值为 null 时，如果方法返回一个空(empty)字符串，这就是客户端能够处理的软返回值。

4.5.5 契约式设计有不适用的情况吗

我们固然需要了解一种实践方法适用的情况，但同样重要的是知道它在什么情况下不适用。但对契约式设计而言，在这一点上可能让大家感到意外，因为我找不到一种情形表明本章中介绍的理念不适用。面向对象系统的开发所做的一切都是为了保证对象之间能够正常通信和协作。经验告诉我们，在代码中明确定义前置条件、后置条件和不变式的成本并不高，我们不需要花费大量时间实现它们，因此建议大家都能采用这种方式来编写程序。注意，这里讨论的不是输入确认，无论是否采用契约式设计，我们都需要对输入进行确认，这是最基本的原则。

需要再次强调的是，即使有了契约式设计，我们仍然要对软件系统进行测试。就我的知识和经验而言，前置条件、后置条件和不变式不能覆盖一段代码的所有预期行为。因此，一方面我们需要通过契约式设计确保类之间可以正常通信，另一方面需要通过测试确保类在行为上的正确性。

4.5.6 前置条件、后置条件和不变式的代码需要测试吗

在某种程度上，断言语句、前置条件、后置条件和不变式是从程序内部对产品代码进行测试。我们需要为它们本身编写单元测试吗？为了回答这个问题，让我们再次讨论一下代码中输入确认和前置条件之间的区别。输入确认是为了确保输入数据的有效性，而前置条件用来明确一个方法在什么条件下可以被调用。

一般情况下，需要为输入确认编写单元测试，确保确认机制存在并且符合预期。但我们很少需要为断言语句写单元测试，因为它们会被基于业务的测试所覆盖。建议大家参考 Arie van Deursen 在 Stack Overflow 上针对这个问题的回答(https://stackoverflow.com/a/ 6486294/165292)。

注意：有些代码覆盖率统计工具不能很好地支持断言语句。比如说，JaCoCo 统计不出断言语句中的全部分支覆盖。这又给我们提供了一个很好的例子，有力地说明了为什么不应该盲目依赖代码覆盖率。

4.5.7 工具支持

目前有越来越多的工具可以对前置和后置条件进行检查，对于 Java 语言编写的代码也是如此。就像 IntelliJ，一个著名的 JavaIDE 工具，它提供的两个注解@Nullable 和@NotNull(http://mng.bz/QWMe)可以用来注解我们创建的方法、属性或返回值。当契约不成立时，IntelliJ 会给出提示。IntelliJ 甚至可以在编译时将这些注解转化为适当的断言检查。此外，Bean Validation(https://beanvalidation.org)支持更复杂的数据校验，如“该字符串应该是一个电子邮件”或“该整数的范围应该在 1 到 10 之间”。这些工具都非常有用，能够帮助我们保证产品的质量，希望将来能够有更多类似的工具。

4.6 练习题

1. 下面哪一项是需要在代码中使用断言的真正理由？

A. 确认有副作用的表达式

B. 处理程序中的异常情况

C. 对用户输入的数据进行确认

D. 更方便地调试代码

2. 假设一个 squareAt 方法如下所示：

```
public Square squareAt(int x, int y){
  assert x >= 0;
  assert x < board.length;
  assert y >= 0;
  assert y < board[x].length;
  assert board != null;

  Square result = board[x][y];

  assert result != null;
  return result;
}
```

代码中的最后一个断言(assert result != null)用来定义“参数 result 的值不能为 null”。如果从代码中删除这个断言语句，那么 squareAt 方法中的前置条件能否确保 result 不是 null？除了刚刚删除的这个后置条件，我们还可以在 squareAt 类中添加什么代码来保证这一点呢？

3. 同样是上题中的 squareAt 方法，哪些断言可以转化为不变式类？请选出所有正确选项。

A. x >= 0 and x < board.length

B. board != null

C. result != null

D. y >= 0 and y < board[x].length

4. 假设我们在启用断言检查的情况下运行一个应用程序。糟糕的是，程序报告了一个断言检查失败的信息，信息显示某个类的不变式不成立，而这个类属于该程序调用的一个类库。假设该应用程序满足这个类库定义的所有前置条件。

以下哪一项最能说明这种情况和应该采取的措施？

A. 我们假设契约是正确的，安全的做法是运行程序时禁用断言检查。

B. 这是一个集成故障，被调用的类库提供给应用程序的接口需要被重新设计。

C. 被调用的类库的实现代码有问题，需要进行修复。

D. 程序以错误的方式调用了类库中的一个方法，应用程序的代码需要被修复。

5. 可以为静态方法定义不变式吗？为什么？

6. 类 C 中包含了一个方法 M，该方法中定义了一个前置条件 P 和一个后置条件 Q。假设一个开发者创建了类 C 的一个扩展类 C'，并在其中创建了方法 M'，M'重写了方法 M。

以下哪一项正确地解释了前置条件(P')和后置条件(Q')的强弱关系？

A. P'应该等于或弱于 P，而 Q'应该等于或强于 Q。

B. P'应该等于或强于 P，而 Q'应该等于或强于 Q。

C. P'应该等于或弱于 P，而 Q'应该等于或弱于 Q。

D. P'应该等于或强于 P，而 Q'应该等于或弱于 Q。

4.7 本章小结

- 契约保证了类之间可以安全地进行通信，而不会出现异常情况。
- 在实践中，契约式设计可以归结为明确地定义类和方法中的前置条件、后置条件和不变式。
- 采用较弱的还是较强的契约要视具体情况而定，二者各有利弊。
- 契约式设计不能代替输入确认。输入确认和契约检查的目的是有区别的，二者都是需要的。
- 在变更一个契约时，我们首先要想清楚变更带来的影响。有些情况下，契约的变化带来的后果是破坏性的。

第 5 章

基于属性的测试

本章主要内容：

- 编写基于属性的测试
- 理解何时编写基于属性的测试或基于实例的测试

到目前为止，我们一直在进行“基于实例的测试(example-based testing)”，我们需要仔细地将程序的输入空间划分成若干分区，从所有可能的实例中挑选一个具体实例，然后编写测试用例。那如果我们不需要从诸多实例中挑选一个具体实例呢？如果可以描述试图操作的“属性(property)”，并让测试框架为我们挑选几个不同的具体实例，会怎么样呢?我们的测试将不再依赖于某个具体实例，测试框架将能以不同的输入参数多次调用被测方法，而我们不需要为此耗费什么精力。

这就是基于属性的测试(property-based testing)的意义所在。我们不会选择一个具体实例，相反，我们定义程序应该遵守的一个属性(或一组属性)，测试框架会试图找到一个导致程序违背属性的反例。

我的经验表明，通过多个示例教大家如何编写基于属性的测试是最好的方法。因此，本章给出 5 个不同复杂程度的例子。希望大家重点关注我的思维方式，并注意到编写这样的测试是多么需要创造力。

5.1 示例 1：PassingGrade 程序

假设有以下需求，灵感来自于 Kaner 等人的著作(2013)中的一个类似问题：

如果一名学生在考试中得分>=5.0，那么他就通过了考试。如果分数低于 5.0 则为不通过。分数范围为[1.0, 10.0]。

这个程序的一个简单实现见代码清单 5.1。

代码清单 5.1 PassingGrade 程序的实现代码

```
public class PassingGrade {
  public boolean passed(float grade) {
    if (grade < 1.0 || grade > 10.0)       // 注意这里的前置条件检查
       throw new IllegalArgumentException();
    return grade >= 5.0;
  }
}
```

如果我们要对这个程序进行基于需求规格的测试，可能会设计一些分区，如“考试通过的分数”“考试不通过的分数”和“超出范围的分数”，然后为每个分区设计一条测试用例。而对于基于属性的测试，我们的目标是制定程序应该具有的属性。我们从上述需求中可以得出以下属性。

- Fail(不通过)：对于从 1.0(包括)到 5.0(不包括)的所有数字，程序应该返回 false。
- Pass(通过)：对于从 5.0(包括)到 10.0(包括)的所有数字，程序应该返回 true。
- Invalid(无效)：对于所有无效的分数(任何低于 1.0 或大于 10.0 的数字)，程序必须抛出一个异常。

大家可以看出基于需求规格的测试和基于属性的测试所做的工作有什么不同吗？让我们从 fail 属性开始，为每个属性逐个编写测试用例，组成一个测试集。为此，我们将使用 Jqwik——一个流行的基于属性的 Java 测试框架(https://Jqwik.net)。

注意：许多编程语言都有各自的基于属性的测试框架，尽管它们的 API 差异很大(与 JUnit 等单元测试框架不同，它们看起来都很相似)。对于打算将这些知识应用于其他语言的读者来说，需要学习支持自己使用的编程语言的测试框架。不过，针对不同语言的思维方式和思维过程是相同的。

在展示具体的实现之前，让我们用 Jqwik 的术语一步步地分解基于属性的测试。

(1) 为我们想要描述的每个属性创建一个方法，并用@Property 进行注解。这些方法看起来就像 JUnit 测试，不同的是，它们不会包含一个单独的实例，而是一个整体属性。

(2) 属性使用随机生成的数据。Jqwik 为不同类型(如字符串、整数、列表、日期等)的数据提供了生成器。Jqwik 允许我们对这些参数定义不同的约束和限制，例如，只生成正整数，或长度在 5 到 10 个字符之间的字符串。property 方法接收该测试需要的所有数据作为参数。

(3) property 方法调用被测方法，并断言该方法的行为是正确的。

(4) 当测试开始运行，Jqwik 将生成大量随机数据(遵循之前定义的数据特征)，并为每个数据调用测试，寻找违背属性的输入。如果 Jqwik 确实找到一个使测试失败的输入，就会将这个输入报告给开发者。这样，开发者就会获得一个破坏程序运行的输入实例。

代码清单 5.2 展示了测试 fail 属性的代码。

代码清单 5.2　fail 属性的测试代码

为想要通过注解生成的数据定义特征

```
public class PassingGradesPBTest {

  private final PassingGrade pg = new PassingGrade();

  @Property
  void fail(
    @ForAll
    @FloatRange(min = 1f, max = 5f, maxIncluded = false)
    float grade) {

     assertThat(pg.passed(grade)).isFalse();
  }
}
```

Jqwik 生成的任何参数都必须使用 ForAll 注解

我们想要[1.0,5.0]区间内(不包括最大值)的随机浮点数，这是在 FloatRange 注解中定义的

将根据注解中指定的规则生成 grade 参数

我们用@Property(而不是@Test)来注解测试方法。测试方法接收一个 grade 参数，这个参数将由 Jqwik 按照我们传递给它的规则来设置。然后，我们用两个属性来注解 grade 参数。首先，这个属性应该对所有(@ForAll)的分数有效。@ForAll 是 Jqwik 的术语。如果我们只保留@ForAll 注解，Jqwik 就会尝试任何可能的浮点数作为输入。然而，对于 fail 属性，我们只想尝试 1.0 到 5.0 范围内的数字，因此用@FloatRange 注解来指定。然后，会断言：测试对所提供的任何分数都返回 false。

在运行测试时，Jqwik 将按照我们指定的范围，随机提供 grade 参数的值。在 Jqwik 的默认配置下，Jqwik 将为 fail()方法随机生成 1000 个不同的输入。如果是第一次使用基于属性的测试，建议大家在测试方法的代码中增加一些 print 语句，来查看测试框架生成的数据。大家将感受到：它们是多么随机和富于变化。

相应地，我们可以使用类似策略来测试 pass 属性，如代码清单 5.3 所示。

代码清单 5.3 pass 属性的测试代码

```
@Property
void pass(
  @ForAll
  @FloatRange(min = 5f, max = 10f, maxIncluded = true)   ← 我们想要[5.0,10.0]区间内的随机浮点数，包括最大值
  float grade) {
  assertThat(pg.passed(grade)).isTrue();
}
```

最后，为使 Jqwik 生成超出有效范围的数字，我们需要一个更聪明的生成器(因为 FloatRange 不允许我们描述类似 grade<1.0 或 grade>10.0 的内容)。参见代码清单 5.4 中的 invalidGrades() Provider 方法：由@Provide 注解的方法用于描述需要生成的较复杂的输入。

代码清单 5.4 invalidGrades 属性的测试代码

```
@Property
void invalid(
  @ForAll("invalidGrades")   ← @ForAll 注解接收将生成数据的 Provider 方法的名称
  float grade) {

  assertThatThrownBy(() -> {
     pg.passed(grade);
  }).isInstanceOf(IllegalArgumentException.class);   ← 断言检查是否对任何超界的值抛出异常
}

@Provide   ← Provider 方法需要用@Provide 进行注解
private Arbitrary<Float> invalidGrades() {
  return Arbitraries.oneOf(   ← 使方法随机返回…
    Arbitraries.floats().lessThan(1f),   ← …一个小于 1.0 的浮点数…
    Arbitraries.floats().greaterThan(10f)   ← … 或大于 10.0

  );
}
```

@Property 测试方法很简单：对于所有生成的分数，通过断言检查程序是否会抛出异常。这里的挑战是如何生成随机分数。这就是我们在 invalidGrades 方法中描述的内容。这个方法应该返回两个选项中的一个：要么小于 1、要么大于 10。另外，请注意该方法返回 Arbitrary 类型的对象。Arbitrary 表示 Jqwik 以何种方式处理需要生成的任意值。例如，如果我们需要的是任意浮点数，Provider 方法应该返回 Arbitrary<Float>。

为给 Jqwik 提供两个选项，我们使用了 Arbitraries.oneOf()方法。Arbitraries 类包含许多用来构建任意数据的方法。oneOf()方法接收返回的任意值列表，而且该方法确保生成的数据点是均匀分布的，例如，生成的“小于 1”的输入和“大于 10”的输入一样多。然后使用另一个助手，Arbitrarie.float()方法，生成随机的浮点数。最后，我们使用 lessThan()和 greaterThan()方法分别生成小于 1 和大于 10 的数。

注意：建议大家研究一下 Arbitraries 类提供的方法。Jqwik 是一个扩展性很强的框架，它包含的许多方法可以帮助我们构建所需的任何属性。这里不会深入讨论这个框架的每一个特性，因为它本身就够讲一本书。建议大家仔细阅读 Jqwik 的优秀用户指南：https://jqwik.net/docs/current/user-guide.html。

在运行测试时，所有测试都会通过，因为实现是正确的。现在，让我们快速在程序代码中引入一个错误，看看 Jqwik 的输出结果。例如，把代码清单 5.1 中的 return grade >= 5 改为 return grade > 5，这是一个简单的差一(off-by-one)错误。当再次运行测试集时，pass 属性测试就会失败，正如预期的那样。Jqwik 产生了友好的输出结果来帮助我们调试问题。如代码清单 5.5 所示。

代码清单 5.5　一个 Jqwik 测试失败的例子

```
|-------------------Jqwik-------------------
tries = 11                    | \# of calls to property
checks = 11                   | \# of not rejected calls
generation = RANDOMIZED       | parameters are randomly generated
after-failure = PREVIOUS_SEED | use the previous seed
when-fixed-seed = ALLOW       | fixing the random seed is allowed
edge-cases\#mode = MIXIN      | edge cases are mixed in
edge-cases\#total = 2         | \# of all combined edge cases
edge-cases\#tried = 1         | \# of edge cases tried in current run
seed = 7015333710778187630    | random seed to reproduce generated values
```

```
Sample
------
   arg0: 5.0
```

输出结果显示 Jqwik 在第 11 次尝试中发现了一个反例。仅仅 11 次试验就足以让它发现这个 bug！然后，Jqwik 显示了一组配置参数，这些参数在重现和调试更复杂的测试用例时可能很有用。特别要注意 seed 信息：我们可以在以后再次使用这个 seed，让 Jqwik 显示相同的输入序列。在配置信息下面，我们看到了导致该缺陷的样本数据：数值 5.0，正如预期的那样。

注意：如果把前面的章节联系起来，我们可能会联想到边界测试。是的，Jqwik 还可以智能地生成边界值！如果我们要求 Jqwik 生成小于 1.0 的浮点数，Jqwik 将生成 1.0 作为 1 条测试用例。如果我们要求 Jqwik 生成任何整数，Jqwik 将尝试可能的最大和最小的整数，还有 0 和负数。

5.2 示例 2：测试 unique 方法

Apache Commons Lang 提供了 unique 方法(http://mng.bz/XWGM)，下面是该方法经过修改的 Javadoc。

返回一个由数据中唯一值组成的数组。返回的数组按降序排序。允许数组为空，但数组为 null 时，程序会抛出 NullPointerException。

参数：

- data，要扫描的数组

该方法返回一个包含在输入数组中的值的降序列表。如果 data 为空，方法会抛出 NullPointerException。

该方法的实现代码如代码清单 5.6 所示。

代码清单 5.6 unique 方法的实现代码

```
public static int[] unique(int[] data) {
  TreeSet<Integer> values = new TreeSet<Integer>();
  for (int i = 0; i < data.length; i++) {
    values.add(data[i]);
  }

  final int count = values.size();
  final int[] out = new int[count];
```

使用树集(TreeSet)过滤掉重复元素

使用树的大小创建新数组

```
    Iterator<Integer> iterator = values.iterator();
    int i = 0;
    while (iterator.hasNext()) {           ◄── 访问树集并将元素
      out[count - ++i] = iterator.next();      添加到新数组
    }
    return out;
  }
```

让我们对 unique 方法直接进行基于属性的测试。这里将关注该方法的主要属性：输入一个整数数组，该方法返回一个新数组，只包含原数组中的唯一值，并按降序排列。这正是我们要在 Jqwik 测试中嵌入的属性。

测试时，首先创建一个随机的整数列表。为了确保列表中有重复的数字，我们创建一个大小为 100 的列表，并将整数的范围限制为[0,20]。然后调用 unique 方法，并断言该数组包含原数组的所有元素，没有重复的元素，且按降序排列。让我们编写 Jqwik 的实现代码，如代码清单 5.7 所示。

代码清单 5.7　unique 方法的基于属性的测试

```
public class MathArraysPBTest {

  @Property
  void unique(
    @ForAll
    @Size(value = 100)                                ◄── 大小为 100 的数组
    List<@IntRange(min = 1, max = 20) Integer>        ◄── 取值范围为[0,20]。根据给定数组的大小(100)，我们知道该数组将包含重复的元素
    numbers) {

    int[] doubles = convertListToArray(numbers);
    int[] result = MathArrays.unique(doubles);

    assertThat(result)
        .contains(doubles)                            ◄── 包含所有元素
        .doesNotHaveDuplicates()                      ◄── 没有重复的数字
        .isSortedAccordingTo(reverseOrder());         ◄── 降序排列
  }

  private int[] convertListToArray(List<Integer> numbers){   ◄── 将整数列表转换为数组的工具方法

    int[] array = numbers
      .stream()
      .mapToInt(x -> x)
      .toArray();
```

```
        return array;
    }
}
```

提示：AssertJ 提供了很多随时可用的断言，为我们提供了很大的便利。否则，开发者必须自己开发很多额外的代码。在编写复杂的断言之前，我们应该先查阅 AssertJ 文档，找找是否有一些开箱即用的方法。

注意：我的一位学生注意到，即使不把整数列表中的数字范围限制为[0,20]，Jqwik 也会生成包含重复元素的列表。在探索过程中，他注意到所生成的数组中有 11%含有重复的元素。作为测试人员，我们可能要考虑 11%的比例是否合适。为了测量含有重复元素的数组比例，我的学生使用了 Jqwik 的统计功能(http://mng.bz/y4gE)，能测量输入值的分布。

当运行测试时，Jqwik 没有发现任何会破坏程序的输入。所以，实现代码似乎是有效的。现在让我们转到下一个例子。

5.3 示例 3：测试 indexOf 方法

Apache Commons Lang 有一个有趣的方法 indexOf() (http://mng.bz/M24m)。以下文档是从它的 Javadoc 修改而来：

从给定索引处开始查找数组中给定值的索引。如果输入数组为 null，该方法返回-1。当搜索起始的索引 startIndex 为负数时将被视为 0; 当 startIndex 大于数组长度时，该方法将返回-1。

输入参数如下。

- *array*：搜索某对象的数组，可能为 null;
- *valueToFind*：待搜索的值;
- *startIndex*：搜索起始位置的索引。

该方法返回数组中待搜索值的索引，如果没有找到或为 null，则返回-1。

下面是该方法的实现代码。

代码清单 5.8　indexOf 方法的实现代码

```
class ArrayUtils {
  public static int indexOf(final int[] array, final int valueToFind,
    ➥ int startIndex) {
    if (array == null) {          ◄── 该方法接收一个 null 数组，在这种情况下
      return -1;                      返回-1。另一种选择是抛出异常，但该方
    }                                 法的开发者决定使用较弱的前置条件

    if (startIndex < 0) {         ◄── startIndex 也是如此：如果该索引是负数，
     startIndex = 0;                  该方法假设它是 0
    }

    for (int i = startIndex; i < array.length; i++) {
      if (valueToFind == array[i]) {
        return i;                 ◄── 如果找到待搜索的值，则返
      }                               回该值对应的索引
    }
    return -1;                    ◄── 如果待搜索的值不在数组
  }                                   中，则方法返回-1
}
```

在这个例子中，首先应用我们已经掌握的技术，从探索输入变量以及变量之间的相互作用开始。

- 整数数组
  - Null
  - 单个元素
  - 多个元素
- valueToFind
  - 任意整数
- startIndex
  - 负数
  - 0 [边界]
  - 正数
- (array, startIndex)
  - startIndex 在数组范围内
  - startIndex 在数组的边界之外
- (array, valueToFind)
  - valueToFind 值不在数组中

    - valueToFind 值在数组中
    - 数组中多次出现 valueToFind 值
- (array, valueToFind, startIndex)
    - valueToFind 值在数组中，但在 startIndex 之前。
    - valueToFind 值在数组中，但在 startIndex 之后。
    - valueToFind 值在数组中，正好出现在 startIndex 位置上[边界]。
    - valueToFind 值在 startIndex 之后多次出现在数组中。
    - valueToFind 值在数组中多次出现，在 startIndex 前后各出现一次。

现在，通过组合不同的分区创建了以下测试用例：

(1) 数组为 null。

(2) 包含一个元素的数组，valueToFind 在数组中。

(3) 包含一个元素的数组，valueToFind 不在数组中。

(4) startIndex 为负数，valueToFind 值在数组中。

(5) startIndex 在数组的边界之外。

(6) 包含多个元素的数组，valueToFind 值在数组中，且 startIndex 在 valueToFind 值之后。

(7) 包含多个元素的数组，valueToFind 值在数组中，且 startIndex 在 valueToFind 值之前。

(8) 包含多个元素的数组，valueToFind 值在数组中，startIndex 正好在 valueToFind 值的位置上。

(9) 包含多个元素的数组，valueToFind 值在数组中多次出现，startIndex 在 valueToFind 值之前。

(10) 包含多个元素的数组，valueToFind 值在数组中多次出现，其中一次在 startIndex 之前。

(11) 包含多个元素的数组，valueToFind 值不在数组中。

基于 Junit 编写的测试集看起来像在代码清单 5.9 中看到的那样。

代码清单 5.9　indexOf()方法的第一个测试集

```
import static org.junit.jupiter.params.provider.Arguments.of;

public class ArrayUtilsTest {
  @ParameterizedTest
  @MethodSource("testCases")
```

```
  void testIndexOf(int[] array, int valueToFind, int startIndex,
    ➥ int expectedResult) {
    int result = ArrayUtils.indexOf(array, valueToFind, startIndex);
    assertThat(result).isEqualTo(expectedResult);
  }

  static Stream<Arguments> testCases() {        ← 我们设计的所有测试用例都在这里实现
    int[] array = new int[] { 1, 2, 3, 4, 5, 4, 6, 7 };

    return Stream.of(
      of(null, 1, 1, -1),              ← T1

T2 →  of(new int[] { 1 }, 1, 0, 0),
      of(new int[] { 1 }, 2, 0, -1),   ← T3

T4 →  of(array, 1, 10, -1),
      of(array, 2, -1, 1),             ← T5
T6 →  of(array, 4, 6, -1),
      of(array, 4, 1, 3),              ← T7
T8 →  of(array, 4, 3, 3),
      of(array, 4, 1, 3),              ← T9
T10 → of(array, 4, 4, 5),
      of(array, 8, 0, -1)              ← T11
    );
  }
}
```

代码清单 5.10 显示了 IndexOf 方法自带的测试集(http://mng.bz/aDAY)。我添加了一些注释，因此大家可以看到该方法自带的测试用例(见代码清单 5.10)与我们的测试用例(见代码清单 5.9)之间的关系。该方法自带的测试集包含测试用例 T1、T4、T5、T6、T7、T8、T10 和 T11。有趣的是，没有用单个元素测试数组的行为，也没有测试元素在第一次被找到后再次出现的情况。

代码清单 5.10　indexOf()方法的原始测试集

```
@Test
public void testIndexOfIntWithStartIndex() {
  int[] array = null;
  assertEquals(-1, ArrayUtils.indexOf(array, 0, 2));    ← 和测试 T1 相似

  array = new int[]{0, 1, 2, 3, 0};
  assertEquals(4, ArrayUtils.indexOf(array, 0, 2));     ← 和测试 T10 相似
```

```
    assertEquals(-1, ArrayUtils.indexOf(array, 1, 2)); ←—— 和测试 T6 相似

    assertEquals(2, ArrayUtils.indexOf(array, 2, 2)); ←—— 和测试 T8 相似

    assertEquals(3, ArrayUtils.indexOf(array, 3, 2)); ←—— 和测试 T7 相似

    assertEquals(3, ArrayUtils.indexOf(array, 3, -1)); ←—— 和测试 T4 相似

    assertEquals(-1, ArrayUtils.indexOf(array, 99, 0)); ←—— 和测试 T11 相似

    assertEquals(-1, ArrayUtils.indexOf(array, 0, 6)); ←—— 和测试 T5 相似
}
```

注意：参数化测试的使用在开源系统中似乎不太流行。对于具有简单签名、输入和输出的方法，如 indexOf，人们可能认为没必要使用参数化测试。事实上，在创建这个例子时，我考虑过写两条传统的 JUnit 测试用例：一条只包含特殊行为，另一条包含其余测试用例。如何组织测试用例关系到个人偏好。大家可以和所在团队的其他成员谈一谈，看看大家都喜欢哪种方式。我们将在第 10 章讨论更多关于测试代码质量和可读性的问题。

这两个测试集看起来都不错，并且很强大。但现在让我们通过基于属性的测试来表示 indexOf 方法的主要行为。

测试的总体思路是：我们将在一个随机数组的随机位置插入一个随机值，然后 indexOf()方法将寻找这个随机值。最后，测试将通过断言检查该方法是否返回一个与插入元素的随机位置相匹配的索引。

编写这样一个测试的棘手部分是要确保随机数组中不存在将要添加的随机值。如果该值已经存在，这可能会破坏我们的测试。假设一个随机生成的数组包含[1,2,3,4]；如果在数组的索引 1 中插入一个随机元素 4(已经存在于数组中)，在 startIndex 是 0 和 3 时，我们将得到不同结果。为避免这种混乱，我们将生成随机生成的数组中没有的随机值。这在 Jqwik 中是很容易实现的。基于属性的测试至少需要如下 4 个参数。

(1) Numbers：一个随机整数的列表(我们生成一个列表，因为在一个列表中的随机位置添加一个元素比在一个数组中添加要容易得多)。该列表的大小为 100，包含-1000 和 1000 之间的数值。

(2) Value：一个随机整数，这个值将被插入数列中。其生成的数值范围是 1001 到 2000，并确保这里生成的任何数值不会存在于列表中。

(3) indexToAddElement：一个随机整数，表示用于添加元素的一个随机的索引。该索引的范围是 0 到 99(数列的大小是 100)。

(4) startIndex：一个随机整数，表示我们请求 indexOf 方法开始搜索的索引，也是一个从 0 到 99 的随机数字。

生成所有的随机值后，测试方法只需要在随机位置添加随机值，然后用随机数组、待搜索的随机值以及搜索起始的随机索引这 3 个参数调用 indexOf 方法。然后通过断言检查：如果 indexToAddElement>= startIndex(即元素被插入起始索引之后)，该方法返回 indexToAddElement；如果元素被插入起始索引之前，则返回-1。图 5.1 描述了测试中生成随机数据的过程。

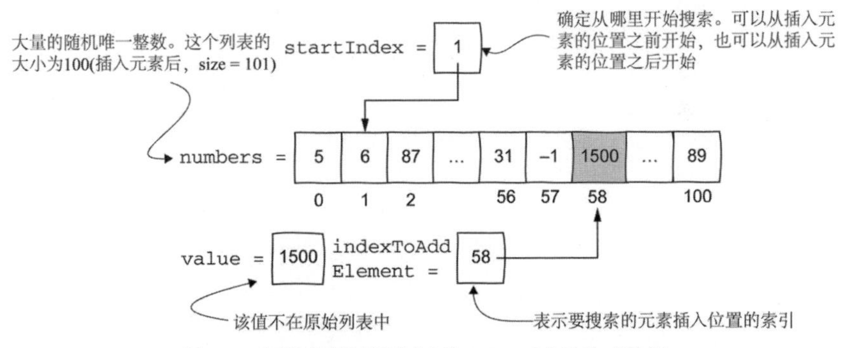

图 5.1　在基于属性的测试中为 indexOf 方法生成数据

Jqwik 测试方法的具体实现代码如代码清单 5.11 所示。

代码清单 5.11　indexOf()方法的基于属性的测试

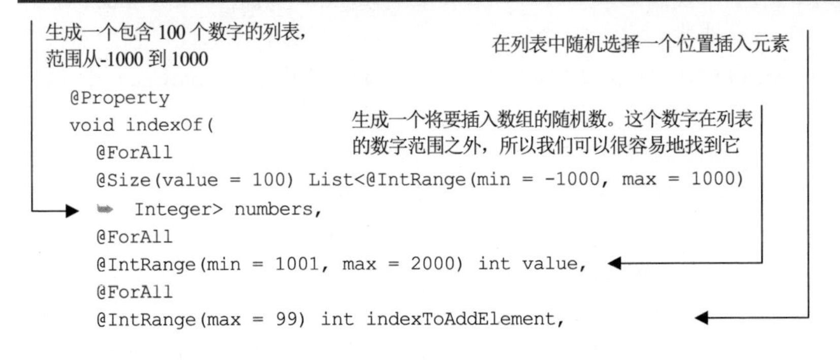


```
@Property
void indexOf(
  @ForAll
  @Size(value = 100) List<@IntRange(min = -1000, max = 1000)
  ➥ Integer> numbers,
  @ForAll
  @IntRange(min = 1001, max = 2000) int value,
  @ForAll
  @IntRange(max = 99) int indexToAddElement,
```

将数字添加到列表中随机选择的位置

```
    @ForAll
    @IntRange(max = 99) int startIndex) {
numbers.add(indexToAddElement, value);

int[] array = convertListToArray(numbers);

int expectedIndex = indexToAddElement >= startIndex ?
    indexToAddElement : -1;

assertThat(ArrayUtils.indexOf(array, value, startIndex))
  .isEqualTo(expectedIndex);
}

private int[] convertListToArray(List<Integer> numbers) {
  int[] array = numbers.stream().mapToInt(x -> x).toArray();
  return array;
}
```

随机选择一个数字作为在数组中开始搜索的位置

将列表转换为数组，因为这是 indexOf 方法所期望的

通过断言检查对值的搜索是否返回我们期望的索引

将整数列表转换为数组的工具方法

如果将元素添加到起始索引后，则该方法返回插入元素的位置。否则，方法返回-1

Jqwik 会生成大量的随机输入，无论要查找的值在哪里、无论选择的起始索引是什么，只要 indexOf 方法通过测试，就总能返回预期的索引。相比之前所用的测试方法，我们可以注意到，基于属性的测试是如何更好地训练 indexOf 方法的属性的。

我希望通过这个示例向大家展示编写基于属性的测试需要创造性。在这个例子中，我们必须生成一个列表中不存在的随机值，以便 indexOf 方法毫无歧义地找到它。在进行断言时我们也必须具有创造性，因为随机生成的 indexToAddElement 可能比 startIndex 大，也可能比 startIndex 小(这将在很大程度上改变方法的输出结果)。在测试中我们需要注意以下两点。

(1) 问问我们自己，“我是否在尽可能接近现实世界的情况下测试属性?”如果得到的输入数据与在现实世界中所期望的大不相同，那么这可能不是一个好的测试。

(2) 所有分区在测试中被执行的可能性都一样吗？在这个例子中，要搜索的元素有时在搜索起始的索引之前，有时在起始索引之后。如果我们编写了一个测试，其 95%的输入元素位于起始索引之前，那么这可能使测试出现过多的偏差。我们希望所有分区都具有相同的执行可能性。

在示例代码中，假设 indexToAddElement 和 startIndex 都是 0 到 99 之间的随机数，我们希望分区之间的分配是 50 对 50。对数字的分布不确定时，可以添加一些调试指令来查看测试生成或执行了哪些输入或分区。

5.4　示例 4：测试 Basket 类

让我们再看最后一个例子，再次使用了第 4 章中的 Basket 类。这个类提供了两个方法：add()方法用来接收一个产品(product)并将其按照给定的数量 quantity 添加到购物车中；remove()方法用来将产品从购物车中完全移除。让我们从 add 方法开始展示如何进行基于属性的测试。

代码清单 5.12　Basket 类的 add 方法的实现代码

存储旧值以便我们后续检查后置条件

```
import static java.math.BigDecimal.valueOf;

public class Basket {
  private BigDecimal totalValue = BigDecimal.ZERO;
  private Map<Product, Integer> basket = new HashMap<>();

  public void add(Product product, int qtyToAdd) {
    assert product != null : "Product is required";
    assert qtyToAdd > 0 : "Quantity has to be greater than zero";
    BigDecimal oldTotalValue = totalValue;
    int existingQuantity = basket.getOrDefault(product, 0);
    int newQuantity = existingQuantity + qtyToAdd;
    basket.put(product, newQuantity);

    BigDecimal valueAlreadyInTheCart = product.getPrice()
      .multiply(valueOf(existingQuantity));
    BigDecimal newFinalValueForTheProduct = product.getPrice()
        .multiply(valueOf(newQuantity));
    totalValue = totalValue
      .subtract(valueAlreadyInTheCart)
      .add(newFinalValueForTheProduct);
```

检查所有前置条件

如果该产品已经在购物车中，就把要添加的数量加上去

按照之前的产品数量计算之前的产品金额，按照新的产品数量计算新的产品金额

从购物车的总金额中减去之前已经存在的产品的金额，再加上该产品新的最终金额

```
    assert basket.containsKey(product) : "Product was not inserted in
    ➥ the basket";
    assert totalValue.compareTo(oldTotalValue) == 1 : "Total value should
    ➥ be greater than previous total value";
    assert invariant() : "Invariant does not hold";
  }
}
```

后置条件和不变式检查

add 方法实现代码很简单。首先，该方法进行在第 4 章中所讨论的前置条件检查：产品不能为 null，并且添加到购物车中的产品数量必须大于 0。然后，该方法检查购物车中是否已经包含该产品。如果是，就在已有的产品数量上把新的数量加上去。再后，方法计算出该产品的新增数量所对应的金额并加到购物车的总金额中。为此，它根据购物车中先前的产品金额计算出这个金额：先从总金额中减去该产品先前的金额，再加上该产品新的总金额。最后，方法通过断言确认不变式(购物车的总金额必须是正的)是否仍然成立。

remove 方法比 add 方法更简单。它查找购物车中的产品，先计算出需要从购物车的总金额中删除的产品金额，再从总金额中减去它，然后从购物车中删除该产品(见代码清单 5.13)。该方法还通过断言确认我们刚才讨论过的两个前置条件：产品不能为 null、产品必须已在购物车中。

代码清单 5.13　Basket 类的 remove 方法的实现

前置条件检查

```
public void remove(Product product) {
  assert product != null : "product can't be null";
  assert basket.containsKey(product) : "Product must already be in
  ➥ the basket";

  int qty = basket.get(product);

  BigDecimal productPrice = product.getPrice();
  BigDecimal productTimesQuantity = productPrice.multiply(
    ➥ valueOf(qty));
  totalValue = totalValue.subtract(productTimesQuantity);

  basket.remove(product);
```

计算应该从购物车中移除的产品金额

从 hashmap 中移除该产品

```
    assert !basket.containsKey(product) : "Product is still
    ➥  in the basket";
    assert invariant() : "Invariant does not hold";
  }
```

后置条件和不变式检查

即使是没有读过基于需求规格的测试和结构化测试这两章的开发者，也应该能想出至少 3 条测试用例：第 1 条用例用来确保 add()方法将产品加入购物车；第 2 条用例用来确保 add 方法在同一产品被添加两次时方法的行为是正确的；第 3 条用例用来确保 remove()方法确实将某个产品从购物车中移除。然后，开发者们可能还会增加一些针对特殊情况的测试(在 Basket 类中，契约代码已经明确定义了这些情况)。代码清单 5.14 是对应的自动化测试用例。

代码清单 5.14　Basket 类的非系统性测试用例

```
import static java.math.BigDecimal.valueOf;

public class BasketTest {
  private Basket basket = new Basket();

  @Test
  void addProducts() {    // 确保产品被添加到购物车中
    basket.add(new Product("TV", valueOf(10)), 2);
    basket.add(new Product("Playstation", valueOf(100)), 1);

    assertThat(basket.getTotalValue())
       .isEqualByComparingTo(valueOf(10*2 + 100*1));
  }

  @Test
  void addSameProductTwice() {    // 如果同样的产品加了两次，Basket 会把两次的数量相加
    Product p = new Product("TV", valueOf(10));
    basket.add(p, 2);
    basket.add(p, 3);

    assertThat(basket.getTotalValue())
       .isEqualByComparingTo(valueOf(10*5));
  }

  @Test
  void removeProducts() {    // 确保产品从购物车中被移除
    basket.add(new Product("TV", valueOf(100)), 1);
    Product p = new Product("PlayStation", valueOf(10));
```

```
        basket.add(p, 2);
        basket.remove(p);

        assertThat(basket.getTotalValue())
          .isEqualByComparingTo(valueOf(100));
      }
    // tests for exceptional cases...
    }
```

值得思考的问题:这里的断言是否充分？我们可能还需要验证产品 Playstation 是否已不在购物车中

注意： 上面的代码中使用了 isEqualByComparingTo 断言指令。请记住，将一个 BigDecimal 与另一个 BigDecimal 进行比较的正确方法是使用 compareTo()。这就是 isEqualByComparingTo 断言所做的事情。BigDecimal 是一个不太容易处理的类。

这些测试用例存在的问题是，它们并没有真正对相应特性进行充分测试。如果在程序的实现代码中存在一个 bug，一般情况下被隐藏起来，只有在购物车经历了一长串意想不到的添加和删除产品的操作之后才会出现。即使经过适当的领域测试和结构化测试，也很难找到这个特定序列的操作。然而，可将其表示为一个属性：给定任意序列的添加和删除操作，购物车仍然计算出正确的最终金额。我们必须定制 Jqwik 才能让它理解如何随机地调用一连串 add()和 remove()。请看图 5.2 中的说明。

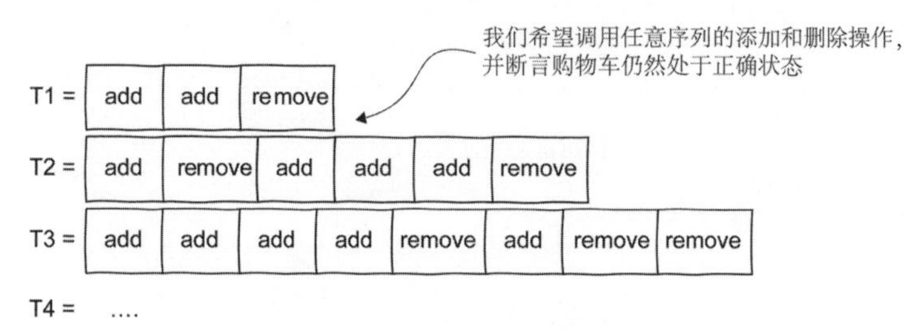

图 5.2　测试能够调用任意序列的添加和删除操作

请系好安全带，因为所需开发的代码量相当大。第一步是创建一堆 Jqwik Action 来表示购物车可能发生的不同动作。Action 是一种向 Jqwik 框架解释如何执行一个比较复杂的动作的方式。在这里的例子中，购物车可能发生两个动作：向购物车添加一个产品，或者从购物车删除一个产品。因此，我们将定义这两个动作的工作方式，以便稍后 Jqwik 可以生成一个随机的动作序列。

让我们从添加产品的动作开始。它将接收一个产品(Product)和一个数量，并将产品加入购物车(Basket)。然后，该动作将通过比较购物车当前的总金额与期望值来确保 Basket 的行为符合预期。注意，所有操作都发生在 run()方法中：该方法是由 Jqwik 的 Action 接口定义的，而该接口是由我们定义的动作来实现的。在实践中，Jqwik 将在生成“添加动作” 并将当前 Basket 传递给 run 方法时调用此方法。代码清单 5.15 展示了 AddAction 类的实现代码。

代码清单 5.15　AddAction

```
class AddAction
  implements Action<Basket> {          ← 动作必须实现 Jqwik Action 接口

  private final Product product;
  private final int qty;

  public AddAction(Product product, int qty) {   ← 此构造函数接收一个产品 product 和一个数量 qty。这些值稍后将由 Jqwik 随机生成
    this.product = product;
    this.qty = qty;
  }

  @Override
  public Basket run(Basket basket) {   ← run 方法接收一个 Basket。在本例中，向 Basket 添加一个新的随机产品

    BigDecimal currentValue = basket.getTotalValue();   ← 获取购物车的当前总金额，以便稍后进行断言

    basket.add(product, qty);   ← 将产品放入购物车中

    BigDecimal newProductValue = product.getPrice()
        .multiply(valueOf(qty));
    BigDecimal newValue = currentValue.add(newProductValue);

    assertThat(basket.getTotalValue())
      .isEqualByComparingTo(newValue);   ← 断言购物车的金额在添加产品后是否正确

    return basket;   ← 返回当前的购物车，以便下一个动作从它开始
  }
}
```

现在让我们实现“删除动作”。这是一个棘手的问题，因为我们需要一个方法来获取购物车里的产品集合及其数量。注意，在 Basket 类中没有这

样的方法，最简单的做法是在该类中添加一个这样的方法。

大家可能认为，为了测试而在产品代码中增加更多方法是一个坏主意，但这是权衡之后的结果。我通常倾向于支持任何能够简化测试的做法。在程序的代码中增加一个额外的方法不会造成伤害，而且会对测试有帮助，所以，我肯定会这样做，如代码清单 5.16 所示。

代码清单 5.16 为支持测试而修改的 Basket 类

```
class Basket {
  // ... the code of the class here ...

  public int quantityOf(Product product) {
    assert basket.containsKey(product);
    return basket.get(product);
  }

  public Set<Product> products() {
     return Collections.unmodifiableSet(basket.keySet());
  }
}
```

如果产品在购物车里，我们只返回产品数量。注意，这里可以使用更弱的前置条件。例如，如果产品不在购物车中，则返回 0

返回产品集合的副本，而不是原始集合！

删除动作基本上是从购物车里随机挑选一个产品，将其删除，然后确保当前总金额是总金额减去刚被删除的产品的金额。删除动作的实现代码如代码清单 5.17 所示，其中 pickRandom()方法用来从产品集合中挑选一个随机产品。为节省篇幅，这里没有展示该方法的代码，但可以在本书代码库中查看。

代码清单 5.17 RemoveAction 类

```
class RemoveAction implements Action<Basket> {

  @Override
  public Basket run(Basket basket) {
    BigDecimal currentValue = basket.getTotalValue();
    Set<Product> productsInBasket = basket.products();

    if(productsInBasket.isEmpty()) {
       return basket;
    }

    Product randomProduct = pickRandom(productsInBasket);
```

获取购物车的当前总金额，稍后将用于断言

如果购物车为空，则跳过删除动作。这是可能发生的，因为我们不控制 Jqwik 生成的序列

在购物车中随机选择一个要移除的元素

```
    double currentProductQty = basket.quantityOf(randomProduct);
    basket.remove(randomProduct);

    BigDecimal basketValueWithoutRandomProduct = currentValue
      .subtract(randomProduct.getPrice()
      .multiply(valueOf(currentProductQty)));    ← 计算购物车新的总金额

    assertThat(basket.getTotalValue())
      .isEqualByComparingTo(basketValueWithoutRandomProduct);    ← 断言购物车的总金额不包含被移除的随机产品的金额

    return basket;    ← 返回当前购物车，以便下一个动作可从这里继续
  }
  // ...
}
```

现在 Jqwik 知道如何调用 add()(通过 AddAction)和 remove()(通过 RemoveAction)方法。下一步是向 Jqwik 解释如何实例化随机产品和动作序列。让我们从解释如何实例化一个任意的 AddAction 开始。首先从预先定义的产品列表中随机挑选一个产品，然后生成一个随机数量值，最后将随机产品和随机数量添加到购物车里。

代码清单 5.18　实例化添加动作

```
class BasketTest {
  // ...

  private Arbitrary<AddAction> addAction() {
    Arbitrary<Product> products = Arbitraries.oneOf(    ← 从预定义产品列表中创建任意产品
      randomProducts
          .stream()
          .map(product -> Arbitraries.of(product))
          .collect(Collectors.toList()));
    Arbitrary<Integer> qtys =
       Arbitraries.integers().between(1, 100);    ← 创建任意数量

    return Combinators
        .combine(products, qtys)
        .as((product, qty) -> new AddAction(product, qty));    ← 将产品和数量组合在一起，并生成 AddAction
  }

  static List<Product> randomProducts = new ArrayList<>() {{    ← hard-coded 产品静态列表
    add(new Product("TV", new BigDecimal("100")));
    add(new Product("PlayStation", new BigDecimal("150.3")));
```

```
        add(new Product("Refrigerator", new BigDecimal("180.27")));
        add(new Product("Soda", new BigDecimal("2.69")));
    }};
}
```

这是一段相当复杂的代码，涉及很多关于 Jqwik 如何工作的细节。让我们一步步进行分析。

(1) 第一个目标是在产品列表中随机选择一个任意的产品。为此，使用了 Jqwik 提供的 Arbitraries.oneOf()方法，该方法在给定的选项集中随机抽取一个任意元素。鉴于 oneOf 方法需要一个 List<Arbitrary<Product>>，因此必须将 randomProducts(一个 List<Product>)转换为 List<Arbitrary<Product>>。这可以用 Java 的 stream API 轻松完成。

(2) 生成一个随机整数，作为需要传递给 add()方法的数量。我们定义了一个 Arbitrary<Integer>，其值在 1 到 100 之间(是我在研究了该方法的源代码之后做出的随机选择)。

(3) 返回一个 AddAction，它是通过任意产品和数量的组合来实例化的。

现在我们可以创建测试了。属性测试应该接收一个 ActionSequence (由 AddActions 和 RemoveActions 组成的任意序列)。我们使用 Arbitraries.sequences()方法来生成这个任意序列。让我们把这个实现过程定义为 addsAndRemoves 方法。

在测试中还需要任意的删除动作，就像我们为添加动作所做的那样，但是这要简单得多，因为 RemoveAction 类在其构造函数中不接收任何参数。我们使用 Arbitraries.of()方法来实现一个任意的删除动作。

测试代码如代码清单 5.19 所示。

代码清单 5.19　将删除动作加入测试

```
private Arbitrary<RemoveAction> removeAction() {
  return Arbitraries.of(new RemoveAction());     ← 返回一个任意的删除动作
}

@Provide
Arbitrary<ActionSequence<Basket>> addsAndRemoves() {
  return Arbitraries.sequences(Arbitraries.oneOf(     ← 这就是梦幻的地方：Jqwik 生成添加和删除动作的随机序列
      addAction(),
      removeAction()));
}
```

现在我们只需要一个@Property 测试方法来运行不同的动作序列，这些动作序列由 addsAndRemoves 方法生成。

代码清单 5.20　生成添加和删除动作的属性测试

```
@Property
void sequenceOfAddsAndRemoves(
  @ForAll("addsAndRemoves")
  ActionSequence<Basket> actions) {
     actions.run(new Basket());
}
```

属性接收 addsAndRemoves 方法定义的 Basket 动作序列

到这里就完成了 Basket 类的属性测试。只要我们运行测试，Jqwik 就会随机调用包含一系列添加和删除动作的序列，传递随机的产品和数量，并通过断言确认购物车的金额是否正确。

这是一个冗长而复杂的基于属性的测试，大家可能怀疑这样做是否值得。对于这个特定的 Basket 类的实现，我可能会选择编写大量基于实例的测试。但我希望这个例子能够说明基于属性测试的威力。尽管它们往往比传统的基于实例的测试更复杂，但大家将会习惯并且能够快速编写出测试用例。

5.5　示例 5：创建复杂的领域对象

在测试业务系统时我们可能需要构建比较复杂的对象。这可以使用 Jqwik 的 Combinators 功能来完成，我们将在下面的示例中使用它。假设有一个 Book 类，如代码清单 5.21 所示，并且我们需要为基于属性的测试生成不同的书籍。

代码清单 5.21　一个简单的 Book 类

```
public class Book {

  private final String title;
  private final String author;
  private final int qtyOfPages;

  public Book(String title, String author, int qtyOfPages) {
    this.title = title;
    this.author = author;
```

```
    this.qtyOfPages = qtyOfPages;
  }

  // getters...
}
```

一个简单方法是实现一个接收 3 个参数的属性测试：1 个字符串类型的标题(title)，1 个字符串类型的作者(author)，和一个整数类型的页数(qtyOfPages)。在属性测试的测试代码中，我们会实例化 Book 类。但 Jqwik 提供了一个更好的方法进行属性测试，详见代码清单 5.22。

代码清单 5.22　使用 Combinators API 生成复杂对象

```
public class BookTest {

  @Property
  void differentBooks(@ForAll("books") Book book) {
    // different books!
    System.out.println(book);

    // write your test here!
  }

  @Provide
  Arbitrary<Book> books() {
    Arbitrary<String> titles = Arbitraries.strings().withCharRange(
      ➥ 'a', 'z')
        .ofMinLength(10).ofMaxLength(100);
    Arbitrary<String> authors = Arbitraries.strings().withCharRange(
      ➥ 'a', 'z')
        .ofMinLength(5).ofMaxLength(21);
    Arbitrary<Integer> qtyOfPages = Arbitraries.integers().between(
        ➥ 0, 450);

    return Combinators.combine(titles, authors, qtyOfPages)
        .as((title, author, pages) -> new Book(title, author, pages));
  }
}
```

将它们组合在一起生成Book 实例

为 Book 的每个字段实例化一个 Arbitrary 类型的对象

Combinators API 允许我们将不同的生成器组合起来构建一个更复杂的

对象。我们所要做的就是为想要构建的复杂类的每个属性建立特定的 Arbitrary。在本例中，我们定义了一个 Arbitrary<String>表示标题，一个 Arbitrary<String>表示作者，还定义了一个 Arbitrary<Integer>表示页数。之后，我们需要做的就是使用 Combinators.combine()方法接收一系列 Arbitrary 并返回一个复杂对象的 Arbitrary。神奇的事情发生在 as()方法中，它提供了用于实例化该复杂对象的三个参数值。

我们应该能够感受到 Jqwik 是多么灵活，我们几乎可以构建任何想要的对象。而且，没有什么能阻止我们构建更真实的输入值，例如，可开发一个方法返回真实的作者姓名，而不是产生随机的作者姓名。请大家试着自己实现一个这样的 Arbitrary。

5.6　实际工作中的基于属性的测试

让我给大家分享一些编写基于属性的测试的小技巧。

5.6.1　基于实例的测试与基于属性的测试

基于属性的测试似乎比基于实例的测试要好得多，能更好地探索输入域。那么，从现在开始，我们应该只使用基于属性的测试吗？

在实践中，我会把基于实例的测试和基于属性的测试混合起来使用。在我提出的测试工作流程中，在进行基于需求规格的测试和结构化测试时使用了基于实例的测试。基于实例的测试自然比基于属性的测试更简单，而且在实现自动化测试代码时需要的创造性比较小。基于实例的测试的简单性让我们能够专注于理解需求并设计出更好的测试用例。在我完成了基于需求规格的测试和结构化测试，并且对被测程序有了更好的理解之后，就会评估哪些测试更适合通过基于属性的测试来完成。

我总是为自己的程序编写基于属性的测试吗？坦率地讲，没有。针对自己开发的很多程序，我都对基于实例的测试非常有信心。但当我不确定基于实例的测试是否充分时，就会使用基于属性的测试。

5.6.2　基于属性测试中的常见问题

在我的学生编写的基于属性的测试中，我看到了三个常见的问题。第一个问题是要求 Jqwik 生成代价很高甚至不可能生成的数据。例如，如果我们要求 Jqwik 生成一个包含 100 个元素的数组，其中的数字必须是唯一的，并且是 2、3、5 和 15 的倍数，那么这样的数组可能很难实现，因为 Jqwik 采用的是随机方法。或者，如果我们想要一个包含 10 个唯一元素的数组，但是给 Jqwik 的范围是 2~8，那么这个数组是不可能生成的。通常，如果 Jqwik 生成数据耗费的时间太长，也许我们可以找到一种更好的方法来生成数据或编写测试。

其次，我们在前面的章节中看到，边界是隐藏 bug 的完美地点。因此，在编写基于属性的测试时，我们希望测试这些边界，确保程序正确地描述了属性的边界。当我们为成绩合格问题(第 5.1 节)编写测试时，编写了诸如 Arbitraries.float().lessthan(1f)和 arbitraries.float().greaterthan(10f)的任意值。Jqwik 将尽力生成边界值，如最接近 1f 的数字或最小的浮点数。Jqwik 的默认配置是将边缘情况与随机数据点混合使用。再强调一次，只有当程序正确描述了对象的属性和边界，所有这些才能很好地工作。

第三要确保传递给测试方法的输入数据在所有可能的选项中均匀分布。Jqwik 会尽力生成分布良好的输入。例如，如果我们要求的是 0 到 10 之间的整数，那么该区间内所有数字的生成概率都是相同的。但是我看到过一些测试针对生成的数据执行操作，然后破坏了对相应属性的测试。例如，想象一下我们在测试一个方法，它接收 3 个整数 a、b 和 c，并返回一个布尔值，布尔值表示这 3 个长度为 a、b 和 c 的边是否可以组成一个三角形。这个方法的实现很简单，如代码清单 5.23 所示。

代码清单 5.23 isTriangle 方法的实现代码

```
public class Triangle {
  public static boolean isTriangle(int a, int b, int c) {
    boolean hasABadSide = a >= (b + c) || c >= (b + a) || b >= (a + c);
    return !hasABadSide;
  }
}
```

为了给这个方法写一个基于属性的测试，我们需要描述两个属性：有效三角形和无效三角形。如果开发人员生成如代码清单 5.24 所示的 3 个随机整数值，那么它们形成一个有效三角形的概率非常低。

代码清单 5.24　isTriangle 类的一个糟糕的基于属性的测试

```
@Property
void triangleBadTest(
  @ForAll @IntRange(max = 100) int a,
  @ForAll @IntRange(max = 100) int b,
  @ForAll @IntRange(max = 100) int c) {

  // ... test here ...

}
```

生成三个不同的整数。a、b、c 组成的很可能是无效的三角形。因此，我们没有像期望的那样尽可能测试有效的三角形属性

测试更多地覆盖了无效的三角形属性，而不是有效的三角形属性。对这个类进行良好的基于属性的测试可确保 Jqwik 生成相同数量的有效三角形和无效三角形。最简单的方法是将它分成两个测试：一个针对有效三角形，另一个针对无效三角形(解决方案可在代码存储库中找到)。

5.6.3　创造性是关键

编写基于属性的测试需要开发者大量的创造力。因为开发者需要在不知道具体输入的情况下，找到表达属性、生成随机数据和断言预期行为的方法，这并不容易。与传统的基于实例的测试相比，基于属性的测试需要更多实践，也就是我们常说的：尽快把手弄脏。希望本章列举的这些例子能带给大家一些启发!

5.7　练习题

1. 基于实例的测试和基于属性的测试的主要区别是什么?

2. 假设我们有一个方法，如果传递的字符串是一个回文(palindrome)，该方法返回 true，否则返回 false(回文是一个单词或句子，顺读回读都一样)。你认为哪些属性可以通过基于属性的测试进行测试？请描述如何实现这些测试。

3. 了解什么是模糊测试(fuzz testing)或模糊化(fuzzing)。基于属性的测试和模糊测试的区别是什么?

5.8 本章小结

- 在基于属性的测试中，我们不会给出具体实例，而是描述该方法应该支持的属性。然后，测试框架将随机生成数百个不同的输入。
- 基于属性的测试不能取代基于需求规格的测试和结构化测试。我们只是多了一个可用的工具。有时，传统的基于实例的测试就足够了。
- 编写基于属性的测试比编写基于实例的测试稍难一些。我们必须创造性地描述这些属性。掌握基于属性的测试的关键在于不断地实践。

第 6 章

测试替身和模拟对象

本章主要内容：

- 利用桩对象、伪对象和模拟对象简化测试。
- 了解什么对象需要模拟，什么情况下需要模拟，以及什么情况下不需要模拟。
- 一个不可模拟的对象如何能被模拟。

到目前为止，我们一直针对相互独立的类和方法进行测试：把输入传递给一个方法，然后通过断言验证输出结果。如果一个被测试方法涉及另一个类，我们会设置好这个类的状态，然后调用被测试方法，并断言这个类的状态是否符合预期。

有些类在运行时对其他的类有依赖，把这些类集成在一起进行测试是可取的做法。为提高系统的可维护性，我们经常把软件系统中某个复杂的行为分解成多个类来实现，每个类只负责实现业务逻辑的一部分。但我们仍然想确认这些类集成在一起是否能够正常工作，这是本书第 9 章要讨论的内容。而本章的重点是讨论如何对代码的一个单元独立地进行测试，而不必过多关注它所依赖的对象。这么做的原因是什么呢？

答案很简单，如果一个类在测试中和它实际的依赖项一起运行，就可能出现测试速度很慢、测试难度很大，或者工作量很大等问题。举一个例子，有一个用来处理发票的应用程序，该系统中包含一个 IssuedInvoices 类，用来操作数据库，进行大量的 SQL 查询。该系统的其他组件(如 InvoiceGenerationService 类，用于生成新的发票)依赖于 IssuedInvoices 类把生成的发票持久化到数据库中。这意味着每次测试 InvoiceGenerationService 类时，这个类就会调用 IssuedInvoices 类，IssuedInvoices 类负责和数据库进行交互。

换句话说，InvoiceGenerationService 类间接依赖于用来存储发票的数据库。要对这个类进行测试，首先需要创建一个数据库，并确保数据库中包含所有正确的数据。这显然比编写一个不需要依赖数据库的测试用例要花更多的时间。图 6.1 展示了对这类问题的通用描述。如果一个被测试类依赖于多个其他的类，其中一些类还涉及数据库和其他复杂对象，我们该如何对这个类进行测试呢？

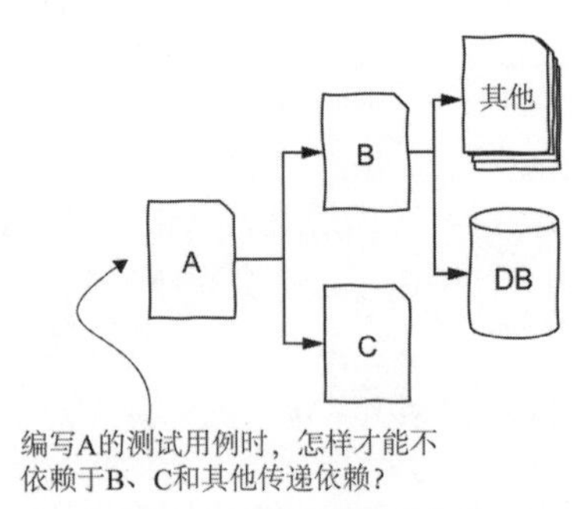
其他
B
A
DB
C
编写A的测试用例时，怎样才能不
依赖于B、C和其他传递依赖？

图 6.1　测试有多个依赖项的类所面临的挑战

对InvoiceGenerationService类进行系统测试时，也许并不想验证IssuedInvoices类的SQL查询功能是否正常。我们只想确认 InvoiceGenerationService 类能够正确地生成发票，或者发票中包含了所有正确的数据。验证 SQL 查询是否工作是IssuedInvoicesTest测试集而不是InvoiceGenerationServiceTest测试集的责任。在本书第 9 章，我们会介绍如何为 SQL 查询编写集成测试。

当一个类对其他的类有依赖时，我们必须弄清楚，在不调用那些依赖项的情况下怎么测试这个类。为了实现这一点，测试替身(test doubles)就有了用武之地。我们可以创建一个对象模仿图 6.1 中组件 B 的行为(“和组件 B 相似，但并非真正的组件 B”)。在测试过程中，我们对这个伪造的组件 B 的行为是完全可以控制的，因此，可以让它在这个测试中模拟 B 的行为，从而摆脱对真实对象的依赖。

在上面的例子中，我们假设 A 是一个普通的 Java 类，它依赖于 IssuedInvoices 类从数据库中检索数据。我们可以实现 IssuedInvoices 类的一个伪(fake)对象，它负责返回一个硬编码(hard-coded)的数据列表，而不是从外部数据库获取数据。这意味着我们可以控制被测试类 A 的周围环境。因此，不必处理复杂的依赖关系，我们就可以验证 A 的行为。本章中将通过示例讲解伪对象的具体工作方式。

在代码中用一些对象模拟其他对象的行为，具有以下优点：

- 我们拥有更多的控制权，可以很方便地操控这些伪对象的行为。比如说，我们想让一个方法抛出异常，可以通过一个模拟(mock)方法来实现，而不需要通过复杂的设置强制实际的依赖项抛出异常。让一个实际的类抛出异常或返回一个伪日期，光是想一想就知道有多难。而通过一个依赖项的模拟对象做到这一点的成本接近于 0。
- 模拟对象的访问速度更快。想象一下某个类的依赖项需要和 Web Service 或数据库进行通信，这个类中的某个方法可能需要花几秒钟才能完成相关操作。如果我们用一个模拟对象代替这个依赖项，这个方法的运行时间就可能接近 0。这是因为模拟对象在执行时不需要和数据库或 Web Service 进行通信并等待响应，而只是按照固定的设置返回结果。
- 把模拟作为一种设计技术来使用时有助于开发者们思考这些问题：类之间应该如何交互？怎么定义它们之间的契约？它们之间的边界在哪里？因此，模拟技术不仅可以让测试变得更容易，而且可帮助开发者设计代码。

注意：虽然测试领域的一些学派更愿意把模拟看作设计技术，但在本书中，我们主要从测试的角度讨论桩(stub)和模拟(mock)，目的是通过模拟技术降低发现缺陷的成本。如果大家对软件设计中的模拟感兴趣，我强烈推荐一本这方面的经典参考书：Freeman 和 Pryce 合著的《测试驱动的面向对象软件开发》。

我把模拟技术放在测试流程中的单元测试部分(图 1.4)，因为我们使用模拟的目的是能够对代码的一个独立单元进行测试，而不必过多关注系统的其他单元。然而有一点要注意，我们仍然需要关注依赖项的契约，因为模拟对象也必须遵守它们模拟的类所承诺的契约。

6.1 哑对象、伪对象、桩对象和模拟对象

在深入探讨如何对一个对象进行模拟之前，让我们先讨论一下有哪些可用的模拟对象类型。Meszaros 在其著作《xUnit 测试模式：测试码重构》中定义了 5 种不同的模拟对象类型，分别是哑对象(dummy object)、伪对象(fake object)、桩对象(stub)、间谍对象(spy)和模拟对象(mock)。每种类型在特定场景中发挥各自的作用。

6.1.1 哑对象

哑对象是指传递给被测试类但从来不会被用到的对象。有一种常见的情况是，我们需要向业务应用输入一长串参数，但测试只验证其中的几个参数。假设要对 Customer 类进行单元测试，这个类依赖于其他几个类，包括 Address、Email 等。测试用例 A 需要验证 Customer 类的一个行为，但是该行为不关心这个 Customer 的 Address 具体是哪里。这时，就可为 Address 设置一个哑对象并将其传递给 Customer 类。

6.1.2 伪对象

伪对象拥有几乎和真实对象一样的功能，但一般是以更简单的方式来实现。想象一下，我们可以创建一个数据库类的伪对象，它使用一个数组列表代替真实的数据库。这个伪对象比真实的数据库更容易控制。在实际工作中，一个更普遍的做法是在测试中使用一个更简单的数据库代替真实的数据库。

Java 程序的开发者们喜欢在测试中使用 HSQLDB(HyperSQL 数据库，http://hsqldb.org)代替真实的数据库。HSQLDB 是内存数据库，在测试代码中比真实的数据库更容易搭建，运行速度更快。第 9 章介绍集成测试时，还会对内存数据库进行进一步的讨论。

6.1.3 桩对象

桩对象为测试过程中执行的调用提供硬编码方式的响应信息。和伪对象不同的是，桩对象并不具备和真实对象一样的功能。如果在代码中调用

了方法 getAllInvoices 的桩对象，桩对象负责返回硬编码的发票列表。

桩对象是一种最普遍的模拟对象类型，绝大多数情况下，我们从依赖项那里需要的只是一些返回值，让被测试的方法可以继续运行。如果我们正在测试一个方法，该方法依赖于 getAllInvoices 方法。我们可以为 getAllInvoices 方法创建一个桩对象，用来返回一个空列表、包含单个元素的列表，或者包含多个元素的列表，诸如此类。这样就可断言被测试方法如何处理从数据库返回的不同长度的列表。

6.1.4　模拟对象

当模拟对象中的某个方法被调用时，其返回结果是可以配置的，在这一点上，模拟对象和桩对象是相似的。例如，当模拟对象中的 getAllInvoices 方法被调用时，会返回一个发票列表。然而，模拟对象的作用不止于此，它能记录被测试方法和模拟对象之间的交互行为，并允许我们通过断言验证这些行为。例如，我们预期 getAllInvoices 方法只被调用 1 次，如果被一个被测试类调用了 2 次，就表示被测试代码中存在一个缺陷，测试用例应该不通过。在测试用例的末尾，可按这个思路写一个断言：“验证 getAllInvoices 方法只被调用了一次。”

很多模拟框架(mocking framework)都支持对类之间的交互行为进行断言，例如这些行为：“从未使用这个特定的参数调用过该方法”“使用参数 A 调用了该方法 2 次”“使用参数 B 调用了该方法 1 次”。模拟对象的使用在业界也非常普遍，能帮助我们深入了解类之间的交互方式。

6.1.5　间谍对象

顾名思义，间谍对象用来监视一个类的依赖项，把自己安插在真实对象的周围并观察其行为。严格来说，间谍对象并不是模拟一个对象，而是记录它所监视的底层对象的所有交互行为。

间谍对象在业界没有被广泛使用，只针对一些非常特殊的场景。例如，当使用真实的依赖项比模拟对象更方便的情况下，如果我们想断言被测试方法和依赖项之间的交互行为，就可以使用间谍对象。

6.2 模拟框架的介绍

几乎所有的编程语言都可以找到相应的模拟框架。虽然每个框架提供的 API 有所不同，但基本思想是相同的。在本章中我们将以 Mockito(https://site.mockito.org)为例进行讲解。Mockito 是 Java 语言中最流行的插桩(stubbing)和模拟(mocking)类库之一。Mockito 提供了一组简单的 API，开发者们只需要几行代码即可完成桩对象的设置以及在模拟对象中定义预期的行为[1]。

Mockito 使用起来非常简单，通常只需要掌握以下 3 种常用的使用方法。

- mock(<class>)：创建一个给定类的模拟对象/桩对象，类的名称通过<ClassName>.class 指定。
- when(<mock>.<method>).thenReturn(<value>)：一个方法调用链，用来定义一个模拟对象中某个方法的行为；在该方法被调用时，将返回指定的<value>。例如，为让 issuedInvoices 模拟对象中的 all 方法返回一个发票列表，我们编写的代码为：when(issuedInvoices.all()).thenReturn(someListHere)。
- verify(<mock>).<method>：断言与模拟对象发生的交互行为是否符合预期。例如，为验证 issuedInvoices 模拟对象中的 all 方法是否被调用，我们编写的代码为 verify(issuedInvoices).all()。

下面通过具体例子深入讲解 Mockito 的主要功能，并且向大家展示开发者们在实践中如何使用它。对 Mockito 比较熟悉的读者可以跳过本节内容。

6.2.1 依赖项插桩

让我们用一个实际的例子来学习如何使用 Mockito 设置桩对象。假设我们收到一个新的业务需求：

程序需要从已开具的发票中返回所有金额小于 100 的发票，这些发票可以在数据库中查询到。IssuedInvoices 类中包含了一个获取所有发票

1 Mockito 是一个复杂的框架，本章只介绍它的部分功能。如果想了解更多，请查阅相关文档。

的方法。

代码清单 6.1 是该需求的实现代码。IssedInvoices 类负责从真实的数据库(例如 MySQL)中获取发票。假设该类中有一个 all()方法(代码清单 6.1 中不包括其实现代码)，负责返回数据库中的所有发票。IssedInvoices 类将 SQL 查询发送给数据库并返回发票信息。可从本书的代码库中查看这个类的简单实现。

代码清单 6.1　InvoiceFilter 类

```
import java.util.List;
import static java.util.stream.Collectors.toList;

public class InvoiceFilter {

  public List<Invoice> lowValueInvoices() {

    DatabaseConnection dbConnection = new DatabaseConnection();
    IssuedInvoices issuedInvoices = new IssuedInvoices(dbConnection);

    try {
      List<Invoice> all = issuedInvoices.all();

      return all.stream()
              .filter(invoice -> invoice.getValue() < 100)
              .collect(toList());
    } finally {
      dbConnection.close();
    }
  }
}
```

实例化依赖项 IssuedInvoices。因为该对象需要调用 DatabaseConnection 类，所以我们也对该类进行实例化

从数据库中获取所有发票

选择所有金额小于 100 的发票

关闭与数据库的连接，这里也许有更好的代码实现方式，但我们主要是想提醒大家实现和数据库的交互要做的事情

如果不对 IssedInvoices 类这个依赖项插桩，我们在测试 InvoiceFilter 类时，就不得不创建一个数据库，然后在数据库中生成发票数据。只有这样，在 SQL 查询被执行时才能返回数据。就像在代码清单 6.2 中的(简化版的)测试方法中看到的那样，这需要做大量的工作。测试方法 InvoiceFilterTest 在测试 InvoiceFilter 类时会用到真实的 IssuedVoices 类和数据库。测试 InvoiceFilter 类需要一个已填充了数据且正常运行的数据库，所以，在测试方法中我们首先建立和数据库的连接并清除历史数据。随后，我们还需要将一组发票数据持久保存到数据库中。测试结束后，我们还要

关闭与数据库的连接，避免连接被挂起。

代码清单 6.2　InvoiceFilter 类的单元测试代码

```
public class InvoiceFilterTest{
  private IssuedInvoices invoices;
  private DatabaseConnection dbConnection;

  @BeforeEach
  public void open(){
     dbConnection = new DatabaseConnection();
     invoices = new IssuedInvoices(dbConnection);

     dbConnection.resetDatabase();
  }

  @AfterEach
  public void close(){
    if(dbConnection != null)
       dbConnection.close();
    }

  @Test
  void filterInvoices(){
   Invoice mauricio = new Invoice("Mauricio", 20);
   Invoice steve = new Invoice("Steve", 99);
   Invoice frank = new Invoice("Frank", 100);
   invoices.save(mauricio);
   invoices.save(steve);
   invoices.save(frank);

   InvoiceFilter filter = new InvoiceFilter();

   assertThat(filter.lowValueInvoices())
      .containsExactlyInAnyOrder(mauricio, steve);
  }
}
```

方法在每个测试方法之前被执行

清理数据库，避免测试受到历史数据的干扰

AfterEach 方法在每个测试方法之后被执行

每次执行测试方法后断开和数据库的连接

为 Invoice 对象分配内存空间并赋值

输入金额 99 和 100，这里是边界值测试

然而，我们必须在数据库中持久化这些数据

实例化 InvoiceFilter 类，和数据库建立连接

断言检查该方法是否只返回小额发票

注意： 大家是否已经注意到代码中使用的断言“assertThat...containsExactlyInAnyOrder”？它用来确认返回列表中是否包含了我们传入的对象，对象的顺序可以是任意的。Junit 5 不支持这种类型的断言，但 AssertJ 可以。否则，我们必须编写大量代码才能实现这个断言。AssertJ 提供的断言方法很好用，我们应该熟练掌握。

这只是一个简单例子。想象一下，如果我们要测试的是一个更庞大的业务类，具有更复杂的数据库结构。除了发票，在测试中还需要持久化与客户、商品、购物车、产品等相关的一系列数据。测试代码实现起来一定相当繁杂，相当耗费精力。

现在重新编写测试，这一次为 IssuedInvoices 类创建一个桩对象，从而避免访问真实的数据库带来的麻烦。首先，我们需要通过某种方式把桩对象注入被测试类 InvoiceFilter 中。代码清单 6.1 中的实现方式是在 lowValueInvoices 方法内部创建 IssuedInvoices 类的一个实例(lowValueInvoices 方法的前几行)。这意味着我们没有办法在测试中使用桩对象，因为每次调用 lowValueInvoices 方法时，都会实例化对真实数据库有依赖的 IssuedInvoices 类。

因此，必须修改 InvoiceFilter 类的源代码才能更轻松地测试它(通过修改产品代码来促进测试是开发者们应该养成的习惯)。最直接的方式是通过类的构造函数将 IssuedInvoices 类作为显式依赖传递进来，如代码清单 6.3 所示。InvoiceFilter 类不需要再实例化 DatabaseConnection 和 IssuedInvoices 类，而是通过一个构造函数接收 IssuedInvoices 类。值得注意的是，我们没有注入 DatabaseConnection 类，因为 InvoiceFilter 类不需要这个类了。这是好事情，因为测试代码中要做的事情越少越好。新的实现代码既符合测试需要(因为可以把 IssueInvoices 的桩对象注入代码中)又适用于生产环境(因为可以把实际的 IssueInvoices 类注入代码中，如生产环境中所预期的那样访问真实的数据库)。

代码清单 6.3　InvoiceFilter 类通过构造函数接收 IssuedInvoices 类

```
public class InvoiceFilter {

  private final IssuedInvoices issuedInvoices;      ← 在类中创建一个字段保存依赖项

  public InvoiceFilter(IssuedInvoices issuedInvoices) {      ← 把 IssuedInvoices 传递给构造函数
      this.issuedInvoices = issuedInvoices;
  }

  public List<Invoice> lowValueInvoices() {
    List<Invoice> all = issuedInvoices.all();      ← 不再实例化 IssuedInvoices 数据库类，而是把它作为一个依赖项接收并使用

    return all.stream()
        .filter(invoice -> invoice.getValue() < 100)
```

```
            .collect(toList());
    }
}
```

现在让我们把注意力转移到 InvoiceFilter 类的单元测试上面。新的测试代码和代码清单 6.2 很相似，但是不需要处理和数据库的交互，并且增加了配置桩对象的代码，如代码清单 6.4 所示。编写测试代码变得很简单，因为我们可以完全控制桩对象，所以能够测试不同的场景(哪怕是特殊的场景)。

代码清单 6.4 InvoiceFilter 类的测试代码，为 IssuedInvoices 类插桩

```
public class InvoiceFilterTest{

@Test
void filterInvoices(){
    IssuedInvoices issuedInvoices = mock(IssuedInvoices.class);

    Invoice mauricio = new Invoice("Mauricio", 20);
    Invoice steve = new Invoice("Steve", 99);
    Invoice frank = new Invoice("Frank", 100);
    List<Invoice> listOfInvoices = Arrays.asList(mauricio, steve, frank);

    when(issuedInvoices.all()).thenReturn(listOfInvoices);

    InvoiceFilter filter = new InvoiceFilter(issuedInvoices);

    assertThat(filter.lowValueInvoices())
        .containsExactlyInAnyOrder(mauricio, steve);
  }
}
```

使用 Mockito 的模拟方法实例化 IssuedInvoices 类的一个桩对象

像之前一样生成发票数据

all()方法被调用时，桩对象会返回指定的发票列表

实例化被测试类，并把桩对象(而非真实的数据库类)作为依赖项传递进来

断言检查该行为是否符合预期

注意： 一个类不需要实例化依赖项而是接收它们，这是一种流行的代码设计技术。该技术允许我们向一个类注入模拟对象，也让产品代码更加灵活。这种设计思想被称为依赖注入。如果想深入学习相关知识，推荐大家阅读 Steven van Deursen 和 Mark Seemann 的著作《依赖注入：原理、实践与设计模式》。

大家需要注意如何利用 Mockito 的 when()方法配置桩对象。在上面的

测试代码中，我们首先实例化 3 张发票，分别是 mauricio、frank 和 steve，并设置桩对象返回包含这 3 张发票的列表。然后，测试调用了被测试方法 filter.lowValueInvoices()，该方法调用了 issuedInvoices.all()方法。只不过，这里的 issuedInvoices 已经变成一个桩对象，负责返回包含 3 张发票的列表。接下来被测试方法继续执行并返回一个新的发票列表，只包含两张金额小于 100 的发票，断言检查通过。

桩对象除了让我们更容易地开发测试代码，还可以让测试代码的内聚性变得更好。而且，当被测试类 InvoiceFilter 以外的组件发生变化时，测试代码也无需改动。如果 InvoiceFilter 类的依赖项 IssuedInvoices 发生了变化，更确切地说，如果该对象的契约发生了变化，InvoiceFilter 类的测试代码可能会受影响。我们在第 4 章中针对契约的讨论对于模拟对象也是有效的。现在，InvoiceFilterTest 类只负责测试 InvoiceFilter 类，不对 IssuedInvoices 类进行测试。IssuedInvoices 类当然也需要被测试，只是会采用单元测试以外的方式，也就是集成测试(这个话题将在第 9 章讨论)。

内聚性好的测试代码执行失败的概率比较低。在原来的测试代码中(代码清单 6.2)，无论 InvoiceFilter 类还是 IssuedInvoices 类存在代码缺陷，都会导致 filterInvoices 的测试不通过(例如，从数据库中获取发票的 SQL 查询语句有错误)。而新的测试代码中(代码清单 6.4)，测试只会因为 InvoiceFilter 类中的缺陷而失败。不管 IssuedInvoices 类中有没有缺陷，测试都不会受影响。而且，即使测试失败，开发者们在排查错误方面花费的时间也会比较少。总之，采用模拟对象测试 InvoiceFilter 类的方式让测试速度更快，测试代码更容易编写，而且内聚性更好。

注意：虽然本章的重点不是介绍如何对产品代码进行系统的测试，但这里需要提醒大家，无论是否采用模拟对象，我们对产品代码进行系统的测试都是需要的。回顾一下 filterInvoices 的测试方法，目的是筛选出那些金额小于 100 的发票。测试方法中只有 1 个测试用例，用于验证该功能工作正常。该用例甚至覆盖了发票金额是 100 的边界情况。但我们也许还想验证其他场景，例如返回的列表为空的情况、列表中只有 1 个元素的情况，或者来自于基于需求规格的测试和结构化测试的测试用例。虽然这一章里没有覆盖这些测试，但我们记得应用前几章讨论的所有测试技术。

当然，在一个真实的软件系统中，通过 InvoiceFilter 类实现的业务规则最好在数据库中进行，用一个简单的 SQL 查询就可以高效地完成。让我们总结一下从上例中获得的经验：当测试一个有依赖项的类并且直接使用依赖项的成本较高时，桩对象就派上用场了。

6.2.2 模拟对象及预期

接下来讨论如何创建模拟对象。假设我们的软件系统增加了一个新需求：

把所有的小额发票都发送给 SAP 系统(一个管理企业业务运营的软件)，SAP 系统提供了一个名为 sendInvoice 的 Web Service 用来接收发票。

为了实现这个需求，我们将开发一个新的类 SAPInvoiceSender(包含了新功能的主要业务逻辑)，如代码清单 6.5 所示。在测试这个类时，我们不想依赖一个真实的、具备所有功能的 SAP Web Service。SAPInvoiceSender 类通过一个构造函数接收一个和 SAP 系统进行通信的类。为简单起见，假设这个类是一个 SAP 接口。SAPInvoiceSender 类的主方法 sendLowValuedInvoices 通过调用上一节中讨论的 InvoiceFilter 类获得所有的小额发票，然后传递给 SAP 系统。

代码清单 6.5 SAPInvoiceSender 类

```
public interface SAP{
    void send(Invoice invoice);
}

public class SAPInvoiceSender{

   private final InvoiceFilter filter;
   private final SAP sap;

   public SAPInvoiceSender(InvoiceFilter filter, SAP sap){
       this.filter = filter;
     this.sap = sap;
}

public void sendLowValuedInvoices(){
    List<Invoice> lowValuedInvoices = filter.lowValueInvoices();
    for(Invoice invoice : lowValuedInvoices) {
      sap.send(invoice);
    }
  }
}
```

接口封装了与 SAP 系统的通信，该接口的具体实现如何工作并不重要

为两个需要的依赖项分别创建 1 个字段

类的构造函数需要的两个依赖项

方法的业务逻辑很简单：从 InvoiceFilter 类中获取所有的小额发票，然后把每张发票传递给 SAP 系统

接下来我们开始测试 SAPInvoiceSender 类(测试集的实现代码参见代

码清单 6.6)。为便于测试，在测试代码中对 InvoiceFilter 类进行插桩。对于 SAPInvoiceSender 类来说，InvoiceFilter 类用来返回发票列表。但测试 InvoiceFilter 类并不是我们当前的目标，所以应该对这个类插桩，以便更容易地测试我们想测试的类。所创建的桩对象用于返回一个包含小额发票的列表。

该测试的主要目标是确认每张小额发票都能被传递给 SAP 系统。在没有真实 SAP 系统的情况下，怎么对此进行断言呢？很简单，只需要验证 SAP 接口的 send()方法是否被调用过。那怎么进行验证呢？

Mockito 会在后台记录模拟对象的调用者和模拟对象之间的所有交互行为。这意味着，如果对 SAP 接口进行模拟并把模拟对象传递给被测试类，在测试结束时，只需要通过 Mockito 查询 send()方法是否被调用过。为此，可使用 Mockito 提供的 verify 断言(见代码清单 6.6)。注意该断言的语法：验证 1 次方法的调用就需要加一行 verify 代码。在 verify 语句中甚至可以传递所期望的参数。测试方法的代码如代码清单 6.6 所示，我们期望 send()方法在发票为 mauricio 和 frank 时分别被调用过 1 次。

代码清单 6.6　SAPInvoiceSender 类的测试代码

把所有模拟对象实例化成字段，模拟对象的行为不会发生改变。Junit 的做法是在执行每个测试方法前把模拟对象实例化成一个新的类。每个开发者的习惯不同，我通常习惯把模拟对象处理成字段，这样就不必在每次执行测试方法时都实例化它们

```
public class SAPInvoiceSenderTest{

  private InvoiceFilter filter = mock(InvoiceFilter.class);
  private SAP sap = mock(SAP.class);

  private SAPInvoiceSender sender =
   new SAPInvoiceSender(filter, sap);

  @Test
  void sendToSap(){

   Invoice mauricio = new Invoice("Mauricio", 20);
   Invoice frank = new Invoice("Frank", 99);

   List<Invoice> invoices = Arrays.asList(mauricio, frank);

   when(filter.lowValueInvoices()).thenReturn(invoices);

   sender.sendLowValuedInvoices();
```

将模拟对象和桩对象传递给被测试类

配置 InvoiceFilter 类的桩对象，每次在 lowValueInvoices()方法被调用时桩对象都会返回两张发票

调用被测试方法，两张发票会被发送给 SAP

```
    verify(sap).send(mauricio);
    verify(sap).send(frank);
  }
}
```

验证 send 方法在传入参数为 mauricio 和 frank 时被调用

再次提醒大家关注上述代码中如何定义模拟对象的预期。我们很清楚 InvoiceFilter 类应该如何与模拟对象进行交互。在测试中，Mockito 会验证这些预期是否得到了满足；如果不满足，测试就会失败。

如果想了解 Mockito 的运行情况，可以把 sendLowValuedInvoice 方法中调用 sap.send()的代码行注释掉，就会看到测试执行失败，Mockito 会返回类似于代码清单 6.7 所示的报错信息。Mockito 本来预期 send 方法在发票为 mauricio 时被调用过，但是并没有。Mockito 还返回了额外的信息：Actually, there were zero interactions with this mock(实际上，和该模拟对象的交互次数为 0)。这个提示可以帮助我们排查测试失败的原因。

代码清单 6.7 Mockito 验证失败的报错信息

```
Wanted but not invoked:
sap.send(
   Invoice{customer='Mauricio', value=20}
);

Actually, there were zero interactions with this mock.
```

没有为该发票调用过 send()方法！

上面的例子说明了插桩和模拟之间的主要区别：插桩是在一个特定的方法被调用时返回指定的内容给调用者。而模拟不仅定义了方法要做的事情，而且明确定义了调用者和模拟对象之间的交互操作。

Mockito 还能为模拟对象定义更具体的预期行为，就像代码清单 6.8 展示的那样。

代码清单 6.8 Mockito 定义的更多预期结果

对于发票 mauricio，验证 send 方法被调用的次数是 1

```
verify(sap, times(2)).send(any(Invoice.class));
verify(sap, times(1)).send(mauricio);
verify(sap, times(1)).send(frank);
```

对于任何发票，验证 send 方法被调用的次数是 2

对于发票 frank，验证 send 方法被调用的次数是 1

上述代码中定义的预期结果比代码清单 6.6 中多了一些限制。首先我们预期 SAP 模拟对象中的 send 方法被精确调用了 2 次(对于任何指定的发票)，接下来预期 send 方法在发票为 mauricio 时被调用了 1 次，在发票为 frank 时又被调用了 1 次。

为进一步加深对 Mockito 的了解，让我们再编写一个测试，用来测试返回列表中没有小额发票的情况。测试代码和之前代码清单 6.6 基本相同，如代码清单 6.9 所示，但当 InvoiceFilter 类的 lowValueInvoices()方法被调用时，桩对象会返回一个空列表。测试的预期结果是：和 SAP 的模拟对象没有发生任何交互。这可以通过 verify()结合 Mockito.never()、Mockito.any()方法来实现。

代码清单 6.9　发票列表中没有小额发票的测试

```
@Test
void noLowValueInvoices(){
  List<Invoice> invoices = emptyList();
  when(filter.lowValueInvoices()).thenReturn(invoices);   ← 这一次，桩对象会返回一个空列表

  sender.sendLowValuedInvoices();

  verify(sap, never()).send(any(Invoice.class));   ← 断言是测试代码的重要部分，用来确认 send()方法从未被调用过
}
```

在实现向 SAP 系统发送发票的这个需求时，大家也许想知道，为什么我们没有在 InvoiceFilter 类中直接添加这个新功能。如果直接添加，lowValueInvoices 方法中就会既包含命令(command)语句又包含查询(query)语句，但把二者同时放在一个方法中是不合适的，这会让调用该方法的开发者们感到困惑。从模拟的角度看，将命令和查询语句分开的好处是，我们很清楚针对二者应该分别做什么：针对查询语句，我们应该创建一个桩对象，因为需要返回查询结果，并且不会改变对象的状态；针对命令语句，我们应该模拟它们，因为它们会让被测试对象的外部组件发生变化。

注意：如果想了解更多信息，可以搜索 COS(Command-Query Separation，命令查询分离原则)或查阅 Martin Fowler 关于 CQS 的 wiki 条目(2005)。当我们习惯了测试和编写测试用例，就会发现，被测试代码的质量越好，测试就越容易。在本书第 7 章，我们将讨论如何通过代码设计来提高产品代码的可测试性。

如果想进一步了解模拟对象和桩对象之间的区别，请参考 Martin Fowler 的文章 Mocks Aren't Stubs。

6.2.3 捕获参数

现在我们假设，把发票传递给 SAP 的需求有一个小变更：

- SAP 不再接收 Invoice 实体类，而是要求按照新的格式传递数据。SAP 要求的数据包括：客户名称、发票金额和生成的发票编号，其中发票编号的格式为：<日期><客户代码>。
- 日期始终为"MMddyyyy"格式：<月><日><4 位数字的年>。
- 客户代码为客户名的前两个字母。如果客户名小于 2 个字母，则客户代码为 X。

在代码实现方面，为接收 SapInvoice 这个新的实体类，我们修改了 SAP 接口的代码。SapInvoice 实体类包含 3 个字段：客户、金额和编号。然后修改了 SAPInvoiceSender 类中处理小额发票的代码，用正确的发票编号创建新的 SapInvoice 实体类，并发送给 SAP。新的实现代码如代码清单 6.10 所示。

代码清单 6.10 为支持新的数据格式而修改 SAP 相关的类

```
public class SapInvoice{                         用来描述新的数据格
  private final String customer;                 式的新的实体类
  private final int value;
  private final String id;

  public SapInvoice(String customer, int value, String id){
    // constructor
  }

  // getters
}                                                SAP 接收新的 SapInvoice
                                                 实体类
public interface SAP{
  void send(SapInvoice invoice);
}

public class SAPInvoiceSender{

  private final InvoiceFilter filter;
  private final SAP sap;
```

```
public SAPInvoiceSender(InvoiceFilter filter, SAP sap){   ◄── 构造函数没有变化
  this.filter = filter;
  this.sap = sap;
}

public void sendLowValuedInvoices(){
   List<Invoice> lowValuedInvoices = filter.lowValueInvoices();

 for(Invoice invoice : lowValuedInvoices) {
  String customer = invoice.getCustomer();
    int value = invoice.getValue();
  String sapId = generateId(invoice);
  SapInvoice sapInvoice =
     new SapInvoice(customer, value, sapId);   ◄── 实例化新的 SAPInvoice 对象

  sap.send(sapInvoice);   ◄── 给 SAP 传递新的实体类
 }
}
                                                 根据需求生成发票编号
private String generateId(Invoice invoice){   ◄──
   String date=LocalDate.now().format( DateTimeFormatter.ofPattern
     ➥ ("MMddyyyy"));
   String customer = invoice.getCustomer();

   return date +
    (customer.length()>=2 ? customer.substring(0,2) : "X");   ◄── 返回日期和客户代码
 }
}
```

至于如何测试 SAPInvoiceSender 类，我们已经知道应该创建 InvoiceFilter 类的一个桩对象。并且，可为 SAP 类创建模拟对象并确认 send() 方法被调用。测试代码如代码清单 6.11 所示。

代码清单 6.11　SAPInvoiceSender 类的新实现的测试用例

```
@Test
void sendSapInvoiceToSap(){
  Invoice mauricio = new Invoice("Mauricio", 20);


  List<Invoice> invoices = Arrays.asList(mauricio);
  when(filter.lowValueInvoices()).thenReturn(invoices);   ◄── 创建 InvoiceFilter 类的桩对象

  sender.sendLowValuedInvoices();
```

```
  verify(sap).send(any(SapInvoice.class));
}
```

确定 SAP 是否收到一个 SapInvoice 实例对象。具体是哪个对象呢？任意一个。这不够好，我们希望验证更具体的对象信息

这个测试的目的是确认 SAP 接口的 send 方法在测试中被调用过，但是如何确定创建的 SapInvoice 实例是否正确？例如，如何对其中的发票编号进行确认？

一种方法是把 Invoice 转换成 SapInvoice 的业务逻辑提取到一个类中，如 InvoiceToSapInvoiceConverter 类，可参见代码清单 6.12。其中的 convert() 方法用来接收发票，生成新的发票编号，然后返回一个 SapInvoice 对象。像 InvoiceToSapInvoiceConverter 这样比较简单的类，可以通过单元测试来测试，并且不需要配置任何桩对象或模拟对象。我们可以实例化不同的发票，调用 convert 方法，并通过断言来确定返回的 SapInvoice 对象是否正确。测试代码的实现就留给大家自行练习。

代码清单 6.12 将 Invoice 转换为 SapInvoice 的类

```
public class InvoiceToSapInvoiceConverter {

public SapInvoice convert(Invoice invoice) {
   String customer = invoice.getCustomer();
   intvalue = invoice.getValue();
   String sapId = generateId(invoice);

   SapInvoice sapInvoice = new SapInvoice(customer, value, sapId);
   return sapInvoice;
  }

private String generateId(Invoice invoice) {
   String date = LocalDate.now()
     .format(DateTimeFormatter.ofPattern("MMddyyyy"));
   String customer = invoice.getCustomer();

   return date +
    (customer.length()>=2 ? customer.substring(0,2) : "X");
  }
}
```

convert()方法比较简单，不依赖于任何复杂的类，所以我们可用前面章节介绍的方式编写单元测试

方法和代码清单 6.10 中的相同

在第 10 章中，将进一步讨论如何利用重构提高代码的可测试性，

这是我强烈推荐的方法。但为了用到 Mockito 的参数捕获功能，这里假设产品代码不能如代码清单 6.12 那样被重构。那么，怎么从目前的 SAPInvoiceSender 类中获取 SapInvoice 对象，并通过断言检查它的参数值呢？这里就有机会用到 Mockito 的另一个功能：参数捕获器(argument captor)。

Mockito 允许我们获取模拟对象的特定传入对象。因此，我们可以请求 SAP 模拟对象返回传入的 SapInvoice 对象，然后对其进行断言。相应的测试代码如代码清单 6.13 所示。我们不再用 any(SAPInvoice.class)，而是向 send()方法传递了 ArgumentCaptor 对象的实例。因此我们可以捕获到 ArgumentCaptor 的参数值，即 SapInvoice 实例对象。最后，对该对象的内容进行普通的断言检查。

代码清单 6.13　基于 Mockito 中 ArgumentCaptor 功能的测试用例

```
@ParameterizedTest
@CsvSource({
    "Mauricio,Ma",
    "M,X"}
)
void sendToSapWithTheGeneratedId(String customer, String customerCode){
  Invoice mauricio = new Invoice(customer, 20);

  List<Invoice> invoices = Arrays.asList(mauricio);
  when(filter.lowValueInvoices()).thenReturn(invoices);

  sender.sendLowValuedInvoices();

  ArgumentCaptor<SapInvoice> captor =
    ArgumentCaptor.forClass(SapInvoice.class);

  verify(sap).send(captor.capture());

  SapInvoice generatedSapInvoice = captor.getValue();

  String date = LocalDate.now().format(DateTimeFormatter.
    ofPattern("MMddyyyy"));
  assertThat(generatedSapInvoice)
    .isEqualTo(new SapInvoice(customer, 20, date + customerCode));
}
```

传递了 2 条测试用例，测试方法会被执行 2 次：一次针对 Mauricio，另一次针对 M

用我们希望捕获的对象作为类型实例化 ArgumentCaptor

调用 verify 方法并将参数捕获器作为 send()方法的参数传入

参数值已经被捕获，现在把它提取出来

通过传统的断言语句确认发票编号符合预期结果

需要注意，至少有 2 条测试用例用来确认生成的发票编号是正确的。一条是客户名大于 2 个字符，另一条是客户名小于 2 个字符。这两条用例调用的测试方法在结构上是相同的，因此我们使用了参数化测试方法。还使用了@CsvSource 将不同的测试用例传递给测试方法。CsvSource 用来向测试方法传递输入值，数据之间通过逗号分隔。当输入数据比较简单时(就像上面这个测试)，我通常会使用 CsvSource。

有趣的是，尽管我总是首先尝试用重构代码的方式让单元测试变得更容易，但还是会经常用到参数捕捉器。在实际工作中，有一种类型的类很普遍，即负责协调不同组件的数据流。需要断言检查的对象可能是方法在执行时生成的，不会返回给方法的调用者。

注意：针对 sendToSapWithTheGeneratedId 方法，我们遗漏了一个重要的测试：边界值测试。客户名的长度(2)是一个边界值，所以需要用一个正好有 2 个字母的客户名来测试。需要再次强调的是，虽然本章讨论的是模拟技术，但涉及如何设计测试用例，我们之前讨论的所有技术都是适用的。

6.2.4 模拟异常

如果系统运行中出现问题，SAP 的 send 方法可能会抛出一个异常 SAPException。这就引入了一个新的需求：

程序能够返回未发送给 SAP 的发票的列表。一张发票失败不应导致程序停止运行。系统应该尝试发送每一张发票，即使其中有一些发票发送失败。

该需求的一个简单的实现方式是捕捉任何可能发生的异常。一旦异常发生，发送失败的发票会被保存下来，像代码清单 6.14 所展示的那样。

代码清单 6.14 捕捉可能的 SAPException

```
public List<Invoice>sendLowValuedInvoices() {
  List<Invoice> failedInvoices = new ArrayList<>();

  List<Invoice> lowValuedInvoices = filter.lowValueInvoices();
  for(Invoice invoice : lowValuedInvoices) {
    String customer = invoice.getCustomer();
    int value = invoice.getValue();
    String sapId = generateId(invoice);

    SapInvoice sapInvoice = new SapInvoice(customer, value, sapId);
```

```
      try {
        sap.send(sapInvoice);
      } catch(SAPException e) {
        failedInvoices.add(invoice);
      }
    }

  return failedInvoices;
```

捕捉可能发生的 SAPException 异常。一旦异常发生，就把发送失败的发票保存到一个列表里

返回发送失败的发票列表

怎么测试这段代码呢？大家应该能够想到，让 SAP 的模拟对象针对某张发票抛出异常。这里可以使用 Mockito 的链式调用方法 doThrow().when()，类似于我们熟悉的 when()方法，区别只是我们需要它抛出异常(见代码清单 6.15)。需要关注的是，在代码中我们对模拟对象进行了配置，让它在收到 frank 发票实例时抛出异常。然后，我们通过断言检查了新的 sendLowValueInvoices 类返回的失败发票列表中是否包含该发票，还检查了 SAP 接口是否在传入对象为 mauricio 和 frank 时被调用了。另外，因为 SAP 接口接收的是 SapInvoice 对象而不是 Invoice 对象，所以必须首先实例化 3 张发票对象(Mauricio、Frank 和 Steve)，然后通过断言检查 send 方法是否被调用。

代码清单 6.15　模拟对象抛出异常

```
@Test
void returnFailedInvoices() {
  Invoice mauricio = new Invoice("Mauricio", 20);
  Invoice frank = new Invoice("Frank", 25);
  Invoice steve = new Invoice("Steve", 48);

  List<Invoice> invoices = Arrays.asList(mauricio, frank, steve);
  when(filter.lowValueInvoices()).thenReturn(invoices);

  String date = LocalDate.now()
    .format(DateTimeFormatter.ofPattern("MMddyyyy"));
  SapInvoice franksInvoice = new SapInvoice("Frank", 25, date + "Fr");
  doThrow(new SAPException())
    .when(sap).send(franksInvoice);

  List<Invoice> failedInvoices = sender.sendLowValuedInvoices();
  assertThat(failedInvoices).containsExactly(frank);

  SapInvoice mauriciosInvoice =
```

配置模拟对象在接收到 Frank 的发票时抛出异常。注意 doThrow().when()方法的调用方式，这是我们第 1 次使用这个方法

获取失败的发票列表并确认其中只包含 Frank 的发票

```
new SapInvoice("Mauricio", 20, date + "Ma");
  verify(sap).send(mauriciosInvoice);

  SapInvoice stevesInvoice =
new SapInvoice("Steve", 48, date + "St");
  verify(sap).send(stevesInvoice);
```

断言检查我们是否尝试发送过 Mauricio 和 Steve 的发票

注意：创建 SapInvoices 对象的过程正在变得越来越"痛苦"，因为每次都需要获取当前的日期并转换成 MMddyyyy 格式，然后和客户姓名的前两个字母组合在一起。我们可以把这个实现的逻辑抽取到一个 Helper 方法或 Helper 类中。Helper 方法在测试代码中的应用很广泛。有一点需要记住，测试代码和产品代码一样重要。所有开发产品代码需要遵循的最佳实践也适用于测试代码。第 10 章将讨论测试代码的质量。

通过配置模拟对象来抛出异常，让我们能够测试系统在异常情况下的表现。这对于许多和外部系统交互的软件系统来说是比较完美的方案，因为外部系统有时会出现非预期的行为。试想一下，如果有一个 Web Service 突然有一秒钟的时间无法访问，那么，应用程序还可以正常运行吗？如果不使用模拟对象或者桩对象，怎么测试程序的行为？如何强制 Web Service 抛出一个异常？这比让一个模拟对象抛出异常要困难得多。

因为需求中包括"一张发票失败不应导致程序停止运行。系统应该尝试发送每一张发票，即使其中有一些发票发送失败"，所以我们的测试方法中也针对性地进行了测试：Steve 的发票会在 Frank 的发票之后被发送；当 Frank 的发票发送失败时，程序抛出异常，但 Steve 的发票仍会被发送给 SAP。

6.3 实际工作中的模拟

我们已经了解了如何在代码中创建模拟对象和桩对象，以及如何利用它们编写功能强大的测试代码。接下来开始讨论有关模拟技术的最佳实践。有一些开发者是模拟技术的忠实拥护者，而另外一些开发者则认为不应该使用模拟。模拟确实会让测试变得不够真实。

那么，什么时候应该使用模拟？什么时候最好不用？有哪些值得借鉴的最佳实践？接下来就来解答这些问题。

6.3.1 模拟的局限性

前面已经讨论了模拟技术的很多优点。然而，正如刚才所说，"是否应该使用模拟"是从业者们经常讨论的话题，有时还会引起激烈争论。现在让我们了解一下模拟技术有哪些局限性。

一些开发者坚信，如果在测试中使用模拟，我们测试的就是模拟对象而不是被测试的代码。这是有可能的，当我们使用了模拟对象，自然会让测试变得不那么真实。在生产环境中，代码调用的是一个类的具体实现。而在测试中，使用的是这个类的模拟对象。举个例子，在生产环境中，类之间进行通信时程序可能出现问题，但在测试中，由于我们使用了模拟对象，这个错误会被遗漏。

让我们来考虑一种情况，假设类 A 依赖于类 B，B 提供了一个方法 sum()，该方法只返回正数(这是 sum()方法的后置条件)。在测试 A 时，开发者决定创建 B 的模拟对象。整个过程看起来很顺利。几个月后，开发人员修改了 B 中 sum()方法的后置条件：既返回正数，也返回负数。在正常的开发过程中，开发者因为这个变更会修改 B 的代码让它能处理新的后置条件，并更新 B 的测试集。但是，大家很容易忘记检查 A 能否处理新的后置条件。更糟的是，A 的测试集仍然会通过，因为测试集中使用了 B 的模拟对象，但模拟对象并不知道 B 发生了变更。在大型软件系统中使用模拟对象容易让测试失控，因为模拟对象可能没有反映被模拟对象的真实契约。

为让模拟对象能在大型软件系统环境中很好地工作，开发者们必须认真设计代码中的契约，而且最好能让契约保持稳定。如果能做到这两点，就可在测试中放心地使用模拟对象。尽管我们用违反契约的例子来说明模拟对象的缺点，然而，无论是否使用模拟，我们都需要找到受契约变更影响的对象并检查它们能否支持新的契约。这是开发者们需要承担的责任。

使用模拟对象的另一个缺点是，与没有使用模拟的测试代码相比，使用模拟的测试代码和产品代码之间的耦合度更高。想想我们前面编写的那些没有使用模拟的测试代码，它们都是直接调用一个方法，并断言输出。测试代码对被调用方法的实现方式可以一无所知。让我们再来看看在本章中编写的测试，测试方法需要了解产品代码的某些实现方式。例如，为 SAPInvoiceSender 类编写的测试不仅知道被测试类使用了 InvoiceFilter 类的

lowValueInvoices 方法，而且知道，针对所有发票 SAP 的 send 方法都必须被调用。这些都是关于被测试类的信息。

测试方法了解这么多信息会带来什么问题？这会让测试方法的代码变更变得困难。如果一个开发者修改了 SAPInvoiceSender 类的实现方式，例如，不再使用 InvoiceFilter 类，或改变了使用方式，那么这个开发者可能也需要修改测试代码，模拟对象及其预期行为可能和之前的截然不同。

因此，尽管模拟能让测试变得更简单，但增加了测试代码和产品代码之间的耦合，可能迫使我们在修改产品代码的同时，也不得不修改测试代码。Spadini 和他的同事们(包括我在内)在对开源系统的实证研究中发现了这一点(2019 年)。那我们能避免这种耦合吗？不能避免，但至少大家已经意识到了这一点。

令人关注的是，开发者们认为测试代码和产品代码之间的耦合是模拟的主要缺点。但对我来说，当我们修改了一个类和其他类之间的交互方式，从而导致测试不通过，这反而是值得庆幸的事情。因为这能让我们重新审视对产品代码所做的修改。当然，在实际工作中，测试代码不应该因为产品代码中每一个小小的改动就执行失败。而且我们也不需要在任何情况下都使用模拟。我相信，如果我们能合理地使用模拟，测试代码与产品代码的耦合并不是什么大问题。

把模拟作为一种设计技术

“模拟增加了与产品代码的耦合程度”这句话是我从测试的角度说的，换句话说，我不是把模拟看成设计代码的一种方式，而是从“这是我们的产品代码，让我们来测试它”这个角度来思考的。这种情况下，模拟对象和被测试代码之间自然存在耦合，被测试代码的变更会影响模拟对象。

如果把模拟作为一种设计技术(即 Freeman 和 Pryce 在《测试驱动的面向对象软件开发》一书中阐述的)，我们应该从一个不同的角度来看待它。从测试角度看，我们希望模拟对象和被测试代码耦合，是因为我们有必要了解被测试代码是如何工作的。如果被测试代码发生了变化，模拟对象也要随之改变。

6.3.2　适合使用模拟的场景

模拟对象和桩对象都是用来简化单元测试编写过程的有效工具。然而，在测试代码中使用太多模拟对象也会出问题。使用实际依赖项的测试比使用测试替身的测试肯定更真实，也更容易发现真正的缺陷。因此，我们不应该模拟一个不适合被模拟的依赖项。如果我们正在测试类 A，A 依赖于类 B。那我们怎么知道，是应该为 B 创建模拟对象/桩对象，还是应该使用实际的依赖项呢？

在实际工作中，开发者们遇到以下情况时一般会使用模拟对象或者桩对象：

- 依赖项的访问速度很慢。无论什么原因，只要依赖项的访问速度慢，在测试中模拟它们都是不错的想法，因为我们希望单元测试能够快速执行。因此，对于需要连接数据库或者调用 Web Service 的类，我们应该在测试中模拟它们。应该注意，这些类仍然需要通过集成测试来确保本身能够正常工作。我们只是在测试那些对这些访问速度慢的类存在依赖的类时进行模拟。
- 依赖项需要和外部基础设施通信。如果依赖项需要和外部基础设施进行交互，并且外部基础设施搭建起来过于复杂或花费的时间太长，我们就可以采用相同的策略，即模拟这些依赖项(就像在测试 InvoiceFilter 类时，模拟了它的依赖项 IssuedInvoices 类)。
- 难以实现的测试场景。如果我们想让一个依赖项呈现出一种行为，但这种行为很难出现，模拟对象或者桩对象就可以帮到我们。一个常见的例子是让某个依赖项抛出异常。如果在测试中我们调用的是一个实际的依赖，强制它抛出异常可能比较麻烦，但通过桩对象就可以轻松实现。

遇到以下情况时，开发者们一般不会使用模拟对象/桩对象：

- 实体类。实体类是体现业务概念的类，主要由数据和处理数据的方法组成，例如本章代码清单中的 Invoice 类，以及前几章提到的 ShoppingCart 类。在一个业务系统中，一个实体类通常依赖于其他实体类。这意味着，只要测试一个实体类，就需要实例化其他实体类。

- 举个例子，为了测试 ShoppingCart 类，我们需要实例化 Products 和 Items。当然可以采取另外一种方式，如果我们测试的是 ShoppingCart 类，那就在测试中对 Product 类进行模拟。但我并不推荐大家这样做。一般来说，实体类的操作都比较简单，而模拟它们的工作量反而更大。因此，我倾向于从不模拟实体类。哪怕测试需要用到 3 个实体类，也会把它们都实例化。
- 重型实体类是例外，有些实体类所依赖的实体类多达几十个。想想看，一个复杂的 Invoice 类依赖于其他 10 个实体类，包括 Customer 类、Product 类等。这种情况下，模拟 Invoice 类也许更容易。
- 原生库和 utility 方法。为一个来自于编程语言的类库和 utility 方法创建模拟对象或桩对象的情况是不常见的。例如，我们没有理由去模拟 ArrayList 或者对 String.format 方法的调用。除非我们有充分的理由，否则应该避免模拟它们。
- 足够简单的对象。一个简单的类是不值得去模拟的。如果我们觉得一个类太简单，不需要被模拟，那也许确实如此。

我在工作中都会遵守上述原则，因为它们确实很有效。在 2018 年和 2019 年，我和 Spadini，以及其他同事一起进行了一项调查，想知道开发者们是如何使用模拟的，我们发现大家用到的规则和上面所列的惊人相似。

下面让我们通过代码示例进一步理解这些规则。假设有一个 BookStore 类负责实现以下两个业务需求：

(1) 根据购物车中的图书列表和数量，程序返回所有图书的总金额。

(2) 如果书店里没有用户要订购的全部图书，就把可购的图书放进购物车并且通知用户缺少的图书。

BookStore 类的实现代码(代码清单 6.16)通过 BookRepository 类检查书店里有没有用户要买的书。如果库存数量不足，程序会调用 Overview 类记录缺少的图书信息。接下来，程序通知 BuyBookProcess 类对可购的图书进行处理。最后，程序返回一个 Overview 对象，包括用户要支付的总金额和不可购的图书列表。

代码清单 6.16 BookStore 类的代码实现

```
class BookStore {

  private BookRepository bookRepository;
```

```
  private BuyBookProcess process;

  public BookStore(BookRepository bookRepository,BuyBookProcess process)
  {
      this.bookRepository = bookRepository;
      this.process = process;
  }

  private void retrieveBook(String ISBN, int amount,Overview overview){
    Book book = bookRepository.findByISBN(ISBN);

    if(book.getAmount() < amount) {
       overview.addUnavailable(book, amount - book.getAmount());
       amount = book.getAmount();
    }

    overview.addToTotalPrice(amount * book.getPrice());
    process.buyBook(book, amount);
  }

  public Overview getPriceForCart(Map<String, Integer> order) {
    if(order==null)
      returnnull;

    Overview overview = new Overview();

    for(String ISBN : order.keySet()) {
       retrieveBook(ISBN, order.get(ISBN), overview);
    }

    return overview;
  }
}
```

我们知道必须使用模拟对象或者桩对象，因此这里采用了依赖注入

根据 ISBN 查找图书

如果图书数量小于用户的购买数量，书店里缺少的图书信息会被记录下来

把可购图书的价格添加到总金额中

通知处理买书流程的 BuyBookProcess

按顺序处理每本书

下面讨论 BookStore 类用到的主要依赖项。

- BookRepository 类负责在数据库中搜索图书以及其他一些事务，这意味着该类的具体实现负责给数据库发送 SQL 查询命令，解析查询结果并传递给 Book 类。在测试代码中使用真实的 BookRepository 类可能会比较痛苦，因为我们需要创建数据库，并且确保想要持久化的图书数据已经保存在数据库中。测试结束后还要清除这些数据，等等。这是一个适合模拟的依赖项。

- BuyBookProcess 类负责处理用户买书的过程。我们不了解它的具体操作，但听起来很复杂。虽然我们应该编写专门的测试集来测试这个类，但是不能把它和 BookStore 类放在一起测试。因此，这也是一个适合模拟的依赖项。
- Book 类用来描述一本图书。BookStore 类从 BookRepository 类获得返回的图书信息，然后从中得到图书的价格和库存数量。这个类比较简单，实例化一个真实的 Book 对象很容易，所以我们没必要模拟它。
- Overview 类也是一个简单、普通的 Java 对象，负责记录购物车中所有图书的总价格和书店里缺少的图书清单。同样，我们没有必要模拟这个类。
- Map<String, Integer>是 getPriceForCart 类作为输入接收的 Map 对象。Map 和它的具体实现 HashMap 是 Java 语言提供的，属于简单的数据结构，也不需要模拟。

现在，已经确定了哪些类应该被模拟，哪些类不应该被模拟。接下来让我们开始编写测试。如代码清单 6.17 所示，测试中以比较复杂的顺序测试了 BookStore 类的行为。

代码清单 6.17 BookStore 类的测试代码(只模拟需要被模拟的对象)

不需要模拟 HasMap

根据前面的分析，BookRepository 类和 BuyBookProcess 类应该被模拟

```
@Test
void moreComplexOrder() {
  BookRepository bookRepo = mock(BookRepository.class);
  BuyBookProcess process = mock(BuyBookProcess.class);

  Map<String, Integer> orderMap = new HashMap<>();

  orderMap.put("PRODUCT-ENOUGH-QTY", 5);
  orderMap.put("PRODUCT-PRECISE-QTY", 10);
  orderMap.put("PRODUCT-NOT-ENOUGH", 22);
```

该订单中有 3 本书：第 1 本书的库存比订购数量多，第 2 本书的库存和订购数量相同，第 3 本书的库存数量不足

```
    Book book1 = new Book("PRODUCT-ENOUGH-QTY", 20, 11); // 11 > 5
    when(bookRepo.findByISBN("PRODUCT-ENOUGH-QTY"))
      .thenReturn(book1);

    Book book2 = new Book("PRODUCT-PRECISE-QTY", 25, 10); // 10 == 10
    when(bookRepo.findByISBN("PRODUCT-PRECISE-QTY"))
      .thenReturn(book2);

    Book book3 = new Book("PRODUCT-NOT-ENOUGH", 37, 21); // 21 < 22
    when(bookRepo.findByISBN("PRODUCT-NOT-ENOUGH"))
      .thenReturn(book3);

    BookStore bookStore = new BookStore(bookRepo, process);
    Overview overview = bookStore.getPriceForCart(orderMap);

  int expectedPrice =
  5*20 + // from the first product
  10*25 + // from the second product
  21*37; // from the third product

    assertThat(overview.getTotalPrice()).isEqualTo(expectedPrice);

    verify(process).buyBook(book1, 5);
    verify(process).buyBook(book2, 10);
    verify(process).buyBook(book3, 21);

    assertThat(overview.getUnavailable())
        .containsExactly(entry(book3, 1));
  }
```

对 bookRepo 类插桩，返回指定的 3 本书的信息

将模拟对象和桩对象注入 BookStore 类

确认总金额是正确的

针对 3 本指定的图书和数量验证 BuyBookProcess 被调用了

确认记录缺少的图书的列表中包含了缺少的书

可以模拟所有依赖项吗？当然可以，但这样做就失去了模拟的意义，我们应该只模拟那些需要被模拟的对象。只要在测试中使用了模拟，就意味着测试在真实性方面会受到影响。这是需要我们理解和权衡的。

6.3.3　日期和时间包装器

软件系统中经常用到日期和时间信息。例如，我们需要获取当前日期在客户的购物车中添加指定折扣，或者需要获取当前时间启动一个批处理任务。为对产品代码进行充分测试，测试代码中需要提供不同的日期和时间作为输入。

考虑到系统中对日期和时间的操作很常见，最好将它们封装到一个专

门的类中(通常称为 Clock 类)，让我们用一个例子来说明：

如果当前日期是圣诞节，应用程序在订单总金额的基础上提供 15%的折扣。如果是其他日期，则没有折扣。

该需求的实现代码如代码清单 6.18 所示。

代码清单 6.18 ChristmasDiscount 类的实现代码

```
public class ChristmasDiscount{

  public double applyDiscount(double amount){
    LocalDate today = LocalDate.now();      // 获取当前日期。注意静态方法的调用

    double discountPercentage = 0;
    boolean isChristmas = today.getMonth()== Month.DECEMBER
    && today.getDayOfMonth()==25;

    if(isChristmas)                         // 如果当前日期为圣诞节，则适用折扣
      discountPercentage = 0.15;

    return amount -(amount * discountPercentage);
  }
}
```

上述代码实现比较简单，根据 ChristmasDiscount 类的特点，对它进行单元测试似乎很适合。可问题是，我们怎么为它编写单元测试呢？为了测试圣诞节和非圣诞节两种情况，我们必须能够对 LocalDate 类插桩，才能让它返回我们想要的日期。但目前要做到这一点并不容易，因为应用程序通过 applyDiscount 方法直接调用了 LocalDate.now()方法。我们之前遇到过类似问题：当 InvoiceFilter 类的代码中直接实例化 IssuedInvoices 类，我们就无法对 IssuedInvoices 类进行插桩。

那么我们面临的具体问题是：怎么对 Java 的 Time API 插桩？更具体一些，就是怎么为 LocalDate.now()的静态方法调用创建桩对象？ Mockito 提供了一个功能，让我们可以模拟静态方法(http://mng.bz/g48n)。因此，这里可使用 Mockito 的这个功能。

还有一个被普遍采用的方法，就是将所有日期和时间的处理逻辑封装到一个类中。换句话说，可创建一个名为 Clock 的类负责处理这些操作。软件系统的其他组件在需要日期和时间信息时调用这个类。这个新的 Clock 类作为依赖项传递给需要的所有类。既然是依赖项，就可以被插桩。新版

本的 ChristmasDiscount 类的实现代码如代码清单 6.19 所示。

代码清单 6.19　Clock 抽象

```
public class Clock{
  public LocalDate now(){
    return LocalDate.now();
  }

  // any other date and time operation here...
}

public class ChristmasDiscount{

  private final Clock clock;

  public ChristmasDiscount(Clock clock){
    this.clock = clock;
  }

  public double applyDiscount(double rawAmount){
     LocalDate today = clock.now();

     double discountPercentage = 0;
     boolean isChristmas = today.getMonth()== Month.DECEMBER
        && today.getDayOfMonth()==25;

     if(isChristmas)
        discountPercentage = 0.15;

     return rawAmount -(rawAmount * discountPercentage);
  }
}
```

封装了静态方法调用。这似乎太简单了，但这个类中一般还会封装其他更复杂的操作

将 Clock 类作为一个普通的依赖项保存到一个字段中，并通过构造函数接收进来

类在需要时被调用，例如，需要获取当前日期时

测试 Clock 类就变得很简单了，因为我们已经可以创建 Clock 类的桩对象(见代码清单 6.20)。测试代码中共有 2 条测试用例：一条测试当前日期是圣诞节的情况(将 clock 设置为任何一年的 12 月 25 日)，另一条测试不是圣诞节的情况(将 clock 设置为任意其他日期)。

代码清单 6.20　测试新的 ChristmasDiscount 类

```
public class ChristmasDiscountTest{
  private final Clock clock = mock(Clock.class);
```

```
  private final ChristmasDiscount cd=new ChristmasDiscount(clock);  ← clock 是一个桩对象

  @Test
  public void christmas(){
     LocalDate christmas = LocalDate.of(2015, Month.DECEMBER, 25);
     when(clock.now()).thenReturn(christmas);  ← 为让返回日期为圣诞节，对 now()方法插桩

     double finalValue = cd.applyDiscount(100.0);
     assertThat(finalValue).isCloseTo(85.0, offset(0.001));
   }

  @Test
  public void notChristmas(){
     LocalDate notChristmas = LocalDate.of(2015, Month.DECEMBER, 26);
     when(clock.now()).thenReturn(notChristmas);  ← 对 now()方法插桩，现在它返回一个非圣诞节的日期

   double finalValue = cd.applyDiscount(100.0);
     assertThat(finalValue).isCloseTo(100.0, offset(0.001));
   }
}
```

如前所述，为日期和时间的操作创建一个抽象是常见的做法。把这些操作封装到一个类的思想有助于我们测试系统中的其他类，因为这些类不需要单独处理与日期、时间有关的操作。而且，由于 clock 抽象是作为一个依赖项传递进这些类，我们可以很容易地对 clock 进行插桩。Martin Fowler 的 wiki 上甚至建立了一个专门的条目“Clock-Wrapper”，其中阐述的观点和本书相同。

如果使用 Mockito 提供的功能来模拟静态方法是不是也可以呢？针对这个问题并没有确切的答案，需要具体问题具体分析。如果软件系统中不涉及复杂的日期和时间操作，可以使用 Mockito 提供的 API mockStatic()创建静态方法的桩对象。

6.3.4 模拟第三方类库

模拟框架的功能很强大，甚至可以让我们模拟第三方类库。例如，可为 LocalDate 类创建一个桩对象，也可以模拟来自软件系统中使用的任何类库的类。可问题是，我们真的应该这样做吗？

在使用模拟时最好避免模拟第三方类库。假设软件系统使用了一个第三方类库，直接访问该类库的成本很高，所以我们决定用模拟对象完全代

替它。从长远看，这会让我们面临两个问题：

- 即使第三方类库发生了变化(例如，一个方法不再负责某个操作)，测试也不会因此失败，因为这个类库的所有行为都已经被模拟了。第三方类库的变化只有到了生产环境才会被发现。我们需要记住的一点是，当系统出现错误时，我们希望会有测试因此不通过。
- 模拟第三方类库通常比较困难。想想用于访问数据库的类库，如 Hibernate 框架。如果把对 Hibernate 的所有 API 调用都进行模拟，这将是一项非常复杂的工作，并且测试将很快变得难以维护。

那解决方案是什么呢？如果我们需要模拟一个外部的类库，可以基于该类库创建一个抽象，使用第三方类库作为对象类型，把和该类库的所有交互都封装起来。在某种程度上 Clock 类就是一个例子。Time API 是一个第三方的 API，所以我们创建了一个抽象，把 Time API 封装起来。这些抽象能够隐藏第三方类的复杂性，为软件系统的其他组件提供一个更简单的 API(对产品代码来说是好事)。同时，我们也可以很容易地对这些抽象进行插桩。

这种情况下，如果被测试类的行为发生了变化测试还能通过，这是因为被测试类依赖的是一个抽象，而不是实际的第三方类库。如果我们采用了正确的测试层次，这就不是问题。对于软件系统中依赖该抽象的所有类，我们都可以为抽象创建模拟对象或桩对象。第三方类库的变化在单元测试中不会被发现。该抽象所依赖的契约是第三方类库变更前的版本。然而，抽象本身需要通过集成测试来验证。如果所封装的第三方类库发生变化，集成测试就会失败。

如图 6.2 所示，假设我们在 XmlWriter 类中封装了一个特定的 XML 解析器的所有行为。这个抽象提供了一个单一的方法 write(Invoice)。软件系统中所有依赖于 XmlWriter 的类都在它们的单元测试中对 write 进行了模拟。但是当针对 XmlWriter 类进行集成测试时，因为 XmlWriter 负责调用 XML 解析器，所以我们不会用 XML 解析器对这个类库进行模拟。相反，XmlWriter 类会调用这个实际的类库，查看和该类库的交互，确保 XML 的写入符合预期。如果该类库发生了变更，集成测试会失败。接下来需要开发者根据第三方类库新的行为来判断应该做什么。

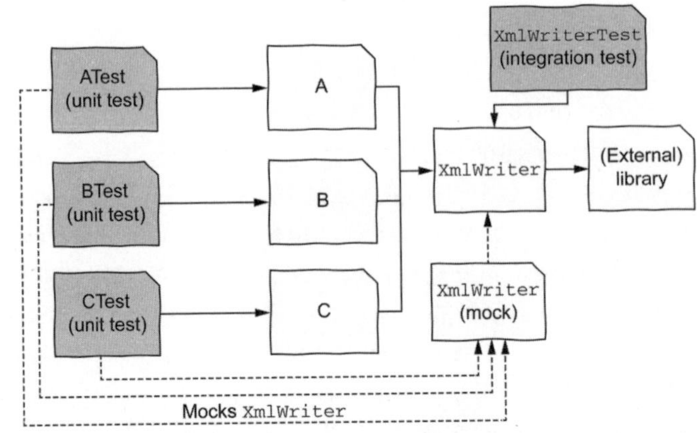

图 6.2　当开发者正在测试需要调用 XmlWriter 的类时(图中的 A、B、C 这 3 个类)时，XmlWriter 应该被模拟。XmlWriter 本身需要通过集成测试来验证，测试中需要操作实际的第三方类库

在实践中，单元测试编写简单、执行速度快，并且不依赖于外部库。集成测试用来确保和第三方库的交互符合预期，捕获被测试类在行为上的任何变化。

为第三方依赖创建抽象是一种常见的开发技术，可以让我们获得更多控制权(Freeman 等人在一篇介绍模拟对象的论文[2004]中提出：只模拟软件系统自己的类。Mockito 框架也支持该观点)。这增加了系统的整体复杂性，并且需要维护一个额外的抽象。但是，我们从中获得的测试方面的便利是否可以抵消系统复杂性增加所付出的代价呢？通常情况下答案是肯定的，我们会因此获得更大的回报。

6.3.5　其他人对模拟的看法

如前所述，一些开发者们赞成使用模拟，而另一些开发者则反对。Winters、Manshreck、Wright 在 2020 年出版的《Google 软件工程》一书中，专门有一章介绍了测试替身。以下是该书的论点以及我自己的观点。

- **使用测试替身要求系统在设计时就考虑可测试性。**确实如此，正如我们前面讲到的，如果在测试中使用模拟，我们需要保证被测试类可以接收模拟对象。
- **构建一个还原实际依赖项的测试替身是有挑战的，测试替身必须尽可能还原真实对象。**如果模拟对象不能提供与实际对象相同的契约和预期结果，测试可能会全部通过，但软件系统可能在生产环境中出现问题。因此，只要使用模拟，就必须保证模拟对象能够忠实地代表所模拟的类。

- **测试的真实性比独立性更重要。只要有可能，就应该尽量使用实际对象而不是伪对象、桩对象或模拟对象。**对于这一点我是完全同意的。尽管我一直在努力证明模拟的作用(这也是本章的观点)，但测试的真实性确实比独立性更重要。不过，我主张具体问题具体分析。如果在测试中使用真实的依赖项很困难，就应该用模拟对象代替它。
- 在决定是否使用测试替身时，需要考虑的因素包括：
  - **实际对象的执行速度有多大？**在决定是否使用模拟对象时，我也会考虑依赖对象的执行速度。我通常会模拟速度慢的依赖对象。
  - **使用实际对象的不确定性有多大？**虽然我们在本书中没有讨论不确定的行为，但具有不确定行为的依赖项可能更适合用模拟对象来代替。
- **当使用实际依赖项很困难，或者成本太高时，最好选择伪对象而不是模拟对象。**我并不完全同意这个观点。在我看来，要么使用实际的依赖项，要么对它进行模拟。一个伪对象最终可能会带来和模拟对象一样的问题。我们如何确保伪对象的实现与实际对象的行为是一样的？我很少在测试中使用伪对象。
- **过多使用模拟是危险的，因为测试会变得不明确(难以理解)、脆弱(经常失败)，而且有效性会降低(发现缺陷的能力下降)。**确实如此，如果我们在测试中使用了太多模拟对象，或者被测试类迫使我们不得不这样做，可能说明产品代码设计得不够好。
- **在使用模拟时，我们应该侧重于状态测试而不是交互测试。**Google 认为，我们应该通过断言检查状态的变化和/或被测试行为的结果，而不是检查和模拟对象之间发生了哪些精确的交互。Google 的观点类似于我们讨论的模拟对象和代码耦合。交互行为的测试可能造成测试代码和产品代码之间的过度耦合。虽然我同意上述观点，但是，适当地做一些交互测试也是有帮助的，可以告诉我们什么时候交互行为发生了变化。我的经验是：如果一个被测试类的主要责任是实现类之间的交互，就选择交互测试(通过断言检查交互行为是否符合预期)；如果被测试类的主要责任是返回处理结果，就选择状态测试(通过断言检查返回值或被测试类的状态是否符合预期)。

- **避免过度明确的交互测试，重点关注相关的参数和功能。**这是一个很好的建议，也是一个最佳实践，指导我们只在需要的时候创建模拟对象和桩对象，只验证对测试有意义的交互，而不是对发生的每个交互都进行验证。
- **交互测试的前提是我们在设计被测试系统时必须遵守严格的设计规范。**Google 的工程师们往往不会这么做。正确地使用模拟技术即使对资深开发者们来说也是一种挑战。我们应该致力于培养开发团队的成员，帮助他们更好地开展交互测试。

6.4 练习题

1. 什么是模拟对象、桩对象和伪对象？它们之间有什么不同？

2. 下面的 InvoiceFilter 类负责返回金额小于 100.0 的发票。它使用 IssuedInvoices 作为参数类型，IssuedInvoices 类负责与数据库进行通信。

```
public class InvoiceFilter {
 private IssuedInvoices invoices;
 public InvoiceFilter(IssuedInvoices invoices) {
  this.invoices = invoices;
 }
 public List<Invoice> filter() {
  return invoices.all().stream()
  .filter(invoice -> invoice.getValue() < 100.0)
  .collect(toList());
 }
}
```

以下说法哪个是错误的？

A. 集成测试是实现 100%分支覆盖的唯一方式。

B. 该类的实现代码中引入了依赖注入，让我们在测试中可以使用模拟。

C. 编写完全独立的单元测试是可能的，例如，通过使用模拟对象。

D. IssuedInvoices类(InvoiceFilter类的一个直接依赖项)应该通过集成测

试来测试。

3. 我们正在测试一个软件系统，该系统根据与天气相关的外部布尔条件(户外温度、降雨量、风力等)的复杂组合触发高级事件。该系统设计简洁，由一组相互协作的类组成，每个类负责一个单一的职责。我们采用基于需求规格的测试方法对这个业务逻辑进行测试，并在测试中使用了模拟对象。以下哪项是有效的测试策略？

A. 使用模拟对象是为了观察外部条件。

B. 创建模拟对象是为了代替我们需要测试的每个变量。

C. 使用模拟对象是为了控制外部条件并观察被触发的事件。

D. 使用模拟对象是为了控制被触发的事件。

4. 类 A 依赖于类 B 中的一个静态方法，如果我们想测试类 A，应该采用以下哪种方式？

方法 1：创建类 B 的模拟对象来控制类 B 中该方法的行为。

方法 2：重构类 A 的代码，把类 B 中该方法的返回结果作为一个参数使用。

A. 只有方法 1

B. 都不是

C. 只有方法 2

D. 都是

5. 根据本章提供的指导原则，哪些类型的类可以被模拟，哪些类型的类不应该被模拟？

6. 现在我们已经知道了测试替身的优点和缺点，你的观点是什么？你是否打算使用模拟对象和桩对象，或者更喜欢通过集成测试来测试一个系统？

6.5　本章小结

- 测试替身帮助我们测试这样的类：依赖于访问速度慢、复杂，或难以控制和观察的外部组件。
- 测试替身包括不同的类型。桩对象在方法被调用时返回指定的值。模拟对象和桩对象类似，但可以定义模拟对象与其他类的交互行为。

- 模拟对象虽然对测试有帮助，但也会带来一些弊端。模拟对象和真实对象可能有差异，这会导致虽然测试是通过的，但系统在生产环境中可能出问题。
- 与不使用模拟的测试相比，使用模拟的测试代码和产品代码的耦合度更高。如果不认真规划，这样的耦合可能引发问题。
- 产品的类应该允许模拟对象注入，常见的一种方式是通过构造函数接收依赖项。
- 即使我们决定使用模拟，也不需要(并且不应该)模拟所有的依赖项。模拟应该在需要的情况下采用。

第7章 可测试性设计

本章主要内容：

- 从系统架构、类的设计和具体实现等不同层次设计具备可测试性的代码
- 理解六边形架构以及依赖注入、可观察性、可控制性
- 避免与可测试性相关的陷阱

我们经常说每个软件系统都是可以被测试的，但有些系统的确比其他系统更易于测试。假设我们在编写一条测试用例，其操作步骤包括：首先配置3个不同的Web Service，在不同的文件夹中创建5个不同的文件，并把数据库设置成指定状态；接下来执行软件系统中被测试的功能；最后通过断言来检查系统行为，这里需要检查3个Web Service是否被调用过，5个文件是否被正确使用了，还有数据库的状态是否发生了变化。虽然这些步骤都是可以实现的，但能不能更简单一些呢？

有时一些开发中的软件系统还不到可以测试的状态，或者有些软件系统设计得不够好，不具备可测试的条件。在本章中，我们将讨论有助于提升软件可测试性的一些主要理念。“可测试性”是指为一个被测试系统、类或方法编写自动化测试的难易程度。在第6章我们已经了解到，如果在产品代码中允许依赖项被注入，在测试代码中我们就可以对这个依赖项插桩。本章将介绍让系统变得更容易测试的其他策略。

可测试性设计的话题值得专门写一本书。本书介绍的一些设计原则能够帮助我们解决大部分可测试性问题。在介绍时我们会讨论这些原则的基

本思想，因此，即使大家对代码要做的修改和代码清单不一样，也知道如何应用它们。

如果我们的目标是对一个程序进行系统测试，可测试性设计是实现这一目标的基础。毕竟，如果开发出来的代码难以测试，我们可能就会放弃测试。那么，什么时候进行可测试性设计？什么时候考虑可测试性？答案是整个软件开发过程中都要考虑，不过主要发生在我们实现一个功能特性的时候。

我们从一开始就应该对系统的可测试性进行设计，所以在图 1.4 的流程中可测试性设计被放在“用于指导开发的测试”这一部分。有时我们在编写代码时没有发现有些部分不能测试，到了测试阶段就会比较麻烦。这种情况下我们应该返回去对代码进行重构。

有些开发者认为，可测试性设计是件困难的事情，而且需要编写大量额外的代码。这倒是不假，意大利面条式的代码比内聚性好的代码编写起来更容易，但内聚性好的类能够相互协作并且测试起来很容易。本章的目标之一是希望说服大家，对程序进行可测试性设计虽然会带来额外的工作，但我们得到的回报会更多。虽然具备可测试性的代码成本更高，但这是保证软件质量的唯一方式。

7.1 基础设施代码和领域代码分离

要讨论清楚具备可测试性的架构模式需要占用很大的篇幅。这里只集中讨论最重要的一条原则：将基础设施(Infrastructure)代码和领域(Domain)代码分离。

领域是软件系统的核心所在，也就是实现所有的业务规则、逻辑、实体类和服务的组件。前面章节中像 Invoice 这样的实体类和 ChristmasDiscount 这样的服务 ChristmasDiscount 就属于领域代码。基础设施是指系统用来处理外部依赖关系的相关代码，例如，处理数据库查询(在这里数据库相当于一个外部依赖)、Web Service 调用或文件读写的代码。在前面章节的例子中，所有的数据访问对象(DAO)都属于基础设施代码。

在实践中，当软件系统中领域代码和基础设施代码混在一起时，会增加测试该系统的难度。我们应该尽可能地分离它们，避免外部基础设施妨碍测试。让我们先看一个例子，在代码清单 7.1 中，InvoiceFilter 类新的代码中包含了 SQL 逻辑，而不再依赖于一个 DAO。

代码清单 7.1　InvoiceFilter 类

```
public class InvoiceFilter {

  private List<Invoice> all() {
    try {
      Connection connection =
      DriverManager.getConnection("db", "root", "");
    PreparedStatement ps =
      connection.prepareStatement("select * from invoice"));
    Result rs = ps.executeQuery();

    List<Invoice> allInvoices = new ArrayList<>();
    while(rs.next()) {
      allInvoices.add(new Invoice(
        rs.getString("name"), rs.getInt("value")));
    }

    ps.close();
    connection.close();

      return allInvoices;

  } catch(Exception e) {
    // handle the exception
     }
 }
}

public List<Invoice> lowValueInvoices() {
    List<Invoice> issuedInvoices = all();

    return issuedInvoices.all().stream()
      .filter(invoice -> invoice.value <100)
      .collect(toList());
    }
}
```

该方法直接从数据库中获取所有发票。注意，和第 6 章的示例不同的是，该方法的实现就在 InvoiceFilter 类中

JDBC 代码用来执行一个简单的 SELECT 查询。对于不是 Java 开发者的读者，不需要了解什么是 prepareStatement 和 Result

数据库 API 经常抛出我们需要处理的异常

和第 6 章代码清单中的 lowValueInvoices 方法一样，但这里它调用了自己所在类的方法从数据库中获取发票

从上述类的实现代码中可以发现以下问题：

- 领域代码和基础设施代码混杂在一起。这意味着，我们在测试小额发票相关的规则时不可避免地要访问数据库。在操作公有方法时怎么能为一个类的私有方法创建桩对象呢？基于目前的实现代码，在

编写测试用例时我们很难用桩对象代替操作数据库的真实对象，所以不得不考虑和数据库的交互。在第 6 章中我们已经看到这样做会让测试用例变得比较复杂。

- 一个类承担的职责越多、越复杂，引入缺陷的机会就越大。内聚性差的类包含更多代码，而更多代码意味着产生缺陷的机会更大。InvoiceFilter 类中可能既存在 SQL 语句相关的缺陷，也存在业务逻辑相关的缺陷。实证研究表明，方法和类的代码越长，越容易产生缺陷(参见 Shatnawi 和 Li 在 2006 年发表的论文)。

基础设施代码并不是唯一给代码带来负面影响的外部因素，用户界面代码也经常和领域代码混在一起。从可测试性的角度看，这不是设计代码的好方法。应用程序的用户界面层不需要操作业务规则。

除了在编写测试用例时需要处理基础设施代码，还需要在测试用例的设计方面下功夫。经验表明，测试一个具有单一职责且不包含基础设施代码的类，要比测试一个既处理业务规则又处理其他事务(如访问数据库)的内聚性差的类要容易得多。一个类的实现代码越简单，承担的职责就越少，我们需要覆盖的边角场景就越少。相反，一个类的实现代码越复杂，承担的职责就越多，我们需要考虑的测试用例就越多，同一个类中各功能之间的交互场景就越多。在代码清单 7.1 中，基础设施代码和业务规则之间的交互相对简单，其中的方法只是访问数据库，数据库返回发票。但对于处理比较复杂的事务和基础设施的类，测试和维护起来会非常棘手。

开发中的软件系统在架构上必须进行职责的清晰分离，要想说清楚这一点，最简单的方式是给大家讲解一下端口-适配器(或六边形架构，Hexagonal Architecture)模式。端口-适配器模式是 Alistair Cockburn 在 2005 年提出的，在该模式中，领域(业务逻辑)依赖于端口(Port)而不直接依赖于基础设施。端口是应用程序的接口，用来定义基础设施能做的事情；应用程序通过端口从外部组件获取信息，或者向外部组件发送信息。端口和基础设施的具体实现是完全分离的。适配器(Adaptor)和基础设施紧密耦合，是端口的具体实现，与数据库、Web Service 等进行交互。适配器了解基础设施的具体工作机制，也知道如何与基础设施进行通信。

图 7.1 中描述了软件系统的六边形架构。六边形的内侧表示应用程序及其所有的业务逻辑，对应的代码实现了应用程序的业务逻辑和功能需求，对外部系统或者所依赖的基础设施一无所知。然而，应用程序有时需要从

外部系统获取信息或者进行交互。这时，应用程序不会直接和外部系统进行交互，而是通过一个端口进行通信。端口和外部基础设施的具体技术无关，并且从应用程序的角度看，端口抽象了和外部系统进行通信的细节。适配器和外部基础设施耦合在一起，了解如何给外部系统发送信息或者如何从外部系统获取信息，并将信息按照端口定义的格式返回给应用程序。

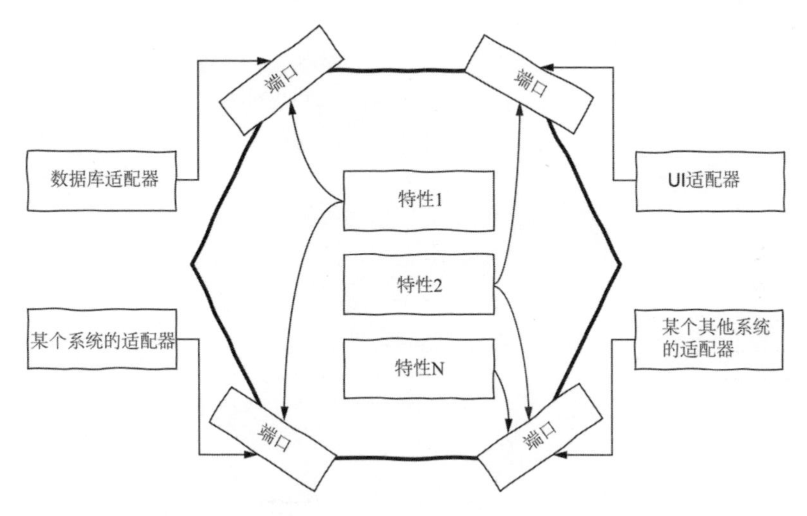

图 7.1　六边形架构(或端口-适配器)模式示意图

让我们用一个简单例子来说明以上这些概念。假设有一个网上商店的应用，需要满足以下需求。

对于所有当天已经付款的购物车，系统需要：

- 将购物车的状态设置为待发货，并持久化到数据库中。
- 通知配送中心给客户发货。
- 通知 SAP 系统。
- 向客户发送一封电子邮件，确认已经付款成功。这封邮件中应该包含一个预计发货日期，应用程序可以通过配送系统提供的 API 获取该信息。

首先，我们需要确定上述需求中哪些属于应用程序(六边形)本身，哪些属于外部系统。很明显，任何与 ShoppingCart 有关的业务规则，如变更 ShoppingCart 状态以及付款后购物车的整个处理流程，都属于六边形内侧。而需要外部系统提供的服务包括：电子邮件功能、与 SAP 系统的通信、与配送中心 API(以 Web Service 的形式)的通信，以及和数据库的通信。我们需要为每个服务设计一个清晰的接口(即端口)和应用程序进行通信。同时，需要设计每个端口的具体实现(即适配器)处理和外部系统的通信。图 7.2 描述了端口-适配器模式在这个例子中的具体应用。

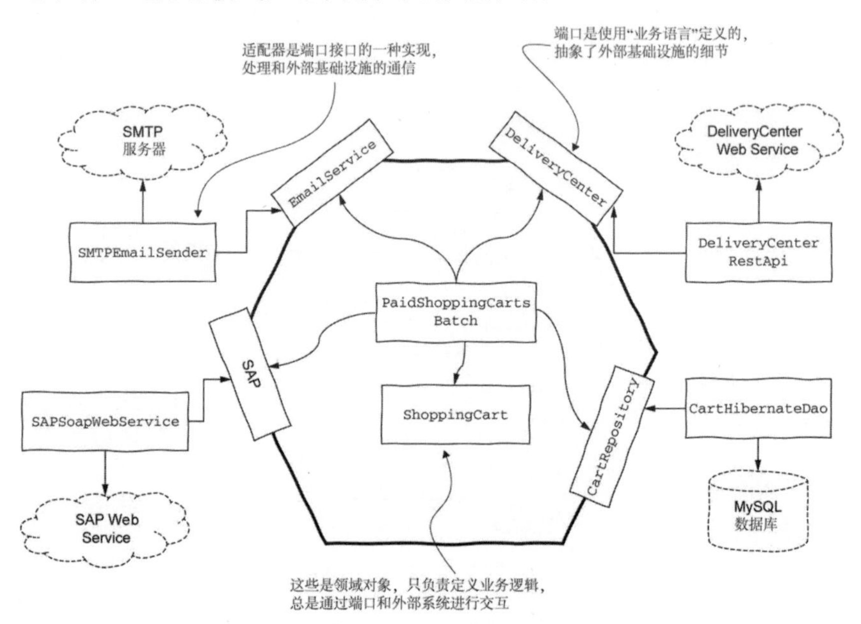

图 7.2　六边形架构(或端口-适配器)模式在购物车系统中的具体实现

PaidShoppingCartsBatch 类的实现代码如代码清单 7.2 所示。代码中没有包含任何关于基础设施的细节。如果对该类的那些依赖项插桩，就可以很容易地对整个类进行单元测试。比如，测试中需要已完成付款的购物车列表，该列表通常由 cartsPaidToday()类返回，但我们可以为该类创建一个桩对象，用来返回指定的列表。再比如，测试中还需要调用 cartReadyForDelivery()方法通知 SAP 系统，我们可以创建 SAP 系统的一个模拟对象，然后通过断言检查程序和该模拟对象的交互。

在生产环境中，当系统集成在一起，cartReadyForDelivery()方法将和实际的数据库、Web Service 进行通信，但在单元测试中我们不需要关心这些。我们在第 6 章讨论的测试理念放在这里同样适用：对 PaidShoppingCartsBatch 类进行单元测试时，我们需要关注的是这个类本身而不是它的依赖项。而且这是行得通的，首先，我们通过构造函数接收这个类的依赖项(以便将模拟对象和桩对象传递给这个类)；其次，这个类只负责定义业务逻辑，不包含任何与基础设施相关的代码。

代码清单 7.2　PaidShoppingCartsBatch 类的实现代码

```
public class PaidShoppingCartsBatch {

  private ShoppingCartRepository db;
  private DeliveryCenter deliveryCenter;
  private CustomerNotifier notifier;
  private SAP sap;

  public PaidShoppingCartsBatch(ShoppingCartRepository db,
    ➥ DeliveryCenter deliveryCenter,
            CustomerNotifier notifier, SAP sap) {
    this.db = db;
    this.deliveryCenter = deliveryCenter;
    this.notifier = notifier;
    this.sap = sap;
  }

  public void processAll() {
    List<ShoppingCart> paidShoppingCarts = db.cartsPaidToday();
    for (ShoppingCart cart : paidShoppingCarts) {

      LocalDate estimatedDayOfDelivery = deliveryCenter.deliver(cart);

      cart.markAsReadyForDelivery(estimatedDayOfDelivery);
      db.persist(cart);

      notifier.sendEstimatedDeliveryNotification(cart);

      sap.cartReadyForDelivery(cart);
    }
  }
}
```

所有的依赖项被注入进来，意味着在测试中我们可以传入桩对象和模拟对象

对于每个已付款的购物车……

通知配送系统发货

将购物车状态设置为待发货并持久化到数据库中

向客户发送一个通知

并通知 SAP 系统

下面介绍 PaidShoppingCartsBatch 类的 4 个依赖项，它们分别是 ShoppingCartRepository、DeliveryCenter、CustomerNotifier 和 SAP。这些依赖项被定义为接口，也就是六边形架构模式中的端口，负责在应用程序和外部系

统之间建立通信协议。这些接口与基础设施的具体实现技术和细节无关。换句话说，它们将基础设施的所有复杂性从领域代码中抽象出来。因此，这些接口不依赖于任何外部系统，无论是数据库还是 Web Service 类。但依赖于其他的领域类，如 ShoppingCart 类，这是可以接受的。这 4 个端口的接口声明如代码清单 7.3 所示。

代码清单 7.3 端口的接口声明

```
public interface DeliveryCenter {
   LocalDate deliver(ShoppingCart cart);
}

public interface CustomerNotifier {
  void sendEstimatedDeliveryNotification(ShoppingCart cart);
}

public interface SAP {
  void cartReadyForDelivery(ShoppingCart cart);
}

public interface ShoppingCartRepository {
   List<ShoppingCart> cartsPaidToday();
   void persist(ShoppingCart cart);
}
```

DeliveryCenter 接口的具体实现可能需要调用一个非常复杂的 Web Service，但端口对其进行了抽象。端口通过业务语言来定义，不会暴露基础设施的实现细节

CustomerNotifier 接口以及其他接口/端口的定义同样如此

该端口的名字中甚至没有出现 database 字样，Repository 是一个更加业务化的术语

现在只剩下适配器的实现还没有讲解，虽然这不在本书的范围内，但就具体实现而言，适配器是端口接口的实现类。代码清单 7.4 提供了适配器的骨架代码，大家可以通过这个示例来了解适配器。

代码清单 7.4 简化的适配器实现代码

```
public class DeliveryCenterRestApi implements DeliveryCenter {
  @Override
  public LocalDate deliver(ShoppingCart cart) {
    // all the code required to communicate
    // with the delivery API
    // and returns a LocalDate
  }
}

public class SMTPCustomerNotifier implements CustomerNotifier {
  @Override
  public void sendEstimatedDeliveryNotification(ShoppingCart cart) {
```

```
            // all the required code to
            // send an email via SMTP
        }
    }

    public class SAPSoapWebService implements SAP {
        @Override
        public void cartReadyForDelivery(ShoppingCart cart) {
            // all the code required to send the
            // cart to SAP's SOAP web service
        }
    }

    public class ShoppingCartHibernateDao
        implements ShoppingCartRepository {
            @Override
            public List<ShoppingCart> cartsPaidToday() {
                // a Hibernate query to get the list of all
                // invoices that were paid today
        }

        @Override
        public void persist(ShoppingCart cart) {
            // a hibernate code to persist the cart
            // in the database
        }
    }
```

为什么端口-适配器模式能改善软件系统的可测试性呢？原因在于，如果系统中的领域类所依赖的只是一些端口，我们就可以通过对端口对象的模拟和插桩轻松操作业务逻辑的所有行为。在 PaidShoppingCartsBatch 类的例子中，我们可以对 ShoppingCartRepository、DeliveryCenter、CustomerNotifier 和 SAP 等 4 个端口进行插桩和模拟，这样就可将测试的关注点放在 PaidShoppingCartsBatch 类的主要行为上面。这时我们并不关心 DeliveryCenter 适配器能否正常工作，会由专门测试 DeliveryCenter 类的测试集来验证。

PaidShoppingCartsBatch 类的测试代码如代码清单 7.5 所示，其中只有一个测试用例，但在实际工作中，大家需要应用所有的测试技术，为能想到的行为和边角场景都设计相应的测试用例。这样，即使是系统的一些异常行为也可以轻松地覆盖到。

代码清单 7.5 PaidShoppingCartsBatchTest 测试代码，对端口进行模拟

```
import static org.mockito.Mockito.*;

@ExtendWith(MockitoExtension.class)
public class PaidShoppingCartsBatchTest {
  @Mock ShoppingCartRepository db;
  @Mock private DeliveryCenter deliveryCenter;
  @Mock private CustomerNotifier notifier;
  @Mock private SAP sap;

  @Test
  void theWholeProcessHappens() {
    PaidShoppingCartsBatch batch = new PaidShoppingCartsBatch(db,
      ➥ deliveryCenter, notifier, sap);

    ShoppingCart someCart = spy(new ShoppingCart());
    LocalDate someDate = LocalDate.now();

    when(db.cartsPaidToday()).thenReturn(Arrays.asList(someCart));
    when(deliveryCenter.deliver(someCart)).thenReturn(someDate);

    batch.processAll();

    verify(deliveryCenter).deliver(someCart);
    verify(notifier).sendEstimatedDeliveryNotification(someCart);
    verify(db).persist(someCart);
    verify(sap).cartReadyForDelivery(someCart);
    verify(someCart).markAsReadyForDelivery(someDate);
  }
}
```

@ExtendWith 和@Mock 注解是 Mockito 提供的扩展方法。Mockito 框架通过这些字段实例化一个模拟对象，代替了这样的代码：Mockito.mock(...)

实例化被测试类并把模拟对象作为依赖项传入

ShoppingCart 是一个简单的实体类，不需要进行模拟，但我们还是需要使用间谍对象监视它，以便随后通过断言来验证和它的交互

验证与依赖项的交互符合预期

这里只测试了应用程序的代码，但实际上我们也应该对适配器的代码进行测试。ShoppingCartRepository 接口的实际实现也称为 ShoppingCartHibernateDao (因为使用了 Hibernate 框架)，包含了复杂的 SQL 查询，很容易产生缺陷，所以我们应该为它编写一个专门的测试集。真正的 SAPSoapWebService 类将包含复杂的代码用来调用 SOAP Web Service，因此也需要进行专门的测试。根据本书第 1 章中对测试金字塔的讨论，我们应该对这些适配器的类进行集成测试。本书后续章节中将介绍如何编写集成测试。

注意： 尽管我们也可以对 ShoppingCart 类进行模拟，但根据本书第 6 章中给出的建议，尽量不要模拟实体类，除非这些实体类比较复杂。建议大家使用间谍对象监视这些实体类，而不是模拟它们。

这种将基础设施与领域代码分离的理念不仅出现在 Cockburn 的六边形架构中，也出现在许多其他有价值的软件设计著作中；如 Evans 所著的《领域驱动设计》和 Martin 所著的《架构简洁之道》。他们在谈到软件设计和可测试性时都认同这个理念，我也赞同这两位作者的观点。

对于刚接触六边形架构(或者领域驱动设计、整洁架构)的开发者来说，他们常问的一个问题是：我是否需要为每个端口创建接口？这要根据具体情况来定，没有对错之分，关键是秉承务实的态度。当然，我们没必要为软件系统中的所有对象都创建接口，而应该为那些会有多个实现的端口这样做。即使我们不创建接口来表示一个抽象行为，也应该确保端口的具体实现不暴露任何基础设施的实现细节。总之，根据实际情况进行决策并坚持实用主义才是王道。

总之，从可测试设计的角度看，基础设施代码和业务代码分离是我们在架构层面需要坚持的主要原则。我们不应该经不起诱惑而选择这样做："只是简单调用一下数据库而已，这很容易实现！"编写不可测试的代码总是比较容易，但这样做的话，我们将备受困扰。

7.2 依赖注入和可控制性

通过上一节的讨论我们已经知道，在架构层面，我们需要重点关注应用(或领域)代码与基础设施代码的完全分离。在类的层面，最重要的是确保被测试类是可控制的(即，我们可以很容易地控制被测试类的行为)和可观察的(即，我们可以查看被测试类的状态，并对输出结果进行检查)。

实现可控制性最常见的策略是我们在第 6 章中介绍过的：如果一个类依赖于另一个类，要让被依赖的对象很容易被替换成模拟对象、伪对象或桩对象。让我们回顾一下代码清单 7.2 中的 PaidShoppingCartsBatch 类，它依赖于其他 4 个类。PaidShoppingCartsBatch 类通过构造函数接收所有的依赖项，所以我们可以很容易地将模拟对象注入该类。但如果像代码清单 7.6 那样，PaidShoppingCartsBatch 类不接收这些依赖项，而是直接实例化它们，那怎么在不依赖数据库、Web Service 以及其他外部系统的情况下测试这个类呢？大家可以看到，两段实现代码几乎相同，后者却变得难以测试。由此可见，让代码变得不可测试是很容易的。

代码清单 7.6 PaidShoppingCartsBatch 类的糟糕实现代码

```
public class VeryBadPaidShoppingCartsBatch {

  public void processAll() {

    ShoppingCartHibernateDao db = new ShoppingCartHibernateDao();
    List<ShoppingCart> paidShoppingCarts = db.cartsPaidToday();
    for (ShoppingCart cart : paidShoppingCarts) {
    DeliveryCenterRestApi deliveryCenter =
      new DeliveryCenterRestApi();
    LocalDate estimatedDayOfDelivery = deliveryCenter.deliver(cart);

    cart.markAsReadyForDelivery(estimatedDayOfDelivery);
    db.persist(cart);

    SMTPCustomerNotifier notifier = new SMTPCustomerNotifier();
    notifier.sendEstimatedDeliveryNotification(cart);

    SAPSoapWebService sap = new SAPSoapWebService();
    sap.cartReadyForDelivery(cart);
    }
  }
}
```

实例化数据库适配器。不利于可测试性!

通知配送系统开始发货，但我们首先需要实例化它的适配器。不利于可测试性!

标记为待发货状态并进行持久化

直接使用适配器发送通知。不利于可测试性!

直接使用适配器通知 SAP 系统。不利于可测试性!

在传统的代码开发方式中，大家习惯于直接实例化一个类的依赖关系。但这会降低我们控制类的内部和使用模拟对象编写单元测试的能力。为了让一个类具备可测试性，我们必须允许那些依赖项(特别是我们计划用桩对象替代的依赖项)被注入。

一个简单的实现方式是通过构造函数接收依赖项，而复杂的方式是通过 setter 方法接收依赖项。确保依赖能够被注入(通常被称为“依赖注入”，在第 6 章中已经介绍过)可以在很多方面完善代码：

- 能够在测试中对依赖项进行模拟或者插桩，提升测试阶段的效率。
- 所有的依赖关系都需要被注入(如通过构造函数)，因此依赖关系更加明确。
- 在关注点分离方面做得更好：由于所有的依赖项是被注入一个类中，所以不必考虑如何为类构建依赖项。
- 类的扩展性变得更好。这一点与测试无关，但类的客户端可以通过构造函数向该类传递任何依赖项。

注意：一个 Java 开发者可能知道一些支持依赖注入的框架和类库，例如著名的 Spring 框架和 Google Guice。如果我们开发的类允许依赖项被注入，Spring 和 Guice 会自动实例化这些类及其依赖树。虽然在测试中用不到这样的框架(我们通常编写代码将模拟对象传递给被测试类)，但是它们有助于我们在生产环境中实例化类及其依赖项。建议大家多了解这类框架。

通过设计接口来表示领域类和基础设施类之间的抽象交互(即端口)，我们可以更好地分离关注点，减少代码层之间的耦合，让代码层之间的交互更简单。在我们的例子中，PaidShoppingCartsBatch 领域类不直接依赖适配器，而是依赖一个接口，接口以抽象的方式定义了适配器应有的行为。SAP 端口的接口对于实际的 SAP 系统如何工作一无所知，只给领域类提供了一个方法 cartReadyForDelivery。这就完全分离了领域代码和外部基础设施如何工作的细节。

依赖反转原则(注意是“反转”，而不是“注入”)可以帮助我们把相关的概念规范化：

- 高层次模块(例如业务类)不应该依赖于低层次模块，二者都应该依赖于抽象(如接口)。
- 抽象不应该依赖于细节，细节(具体实现)应该依赖于抽象。

图 7.3 说明了什么是依赖反转原则。领域对象，被认为是高层次的类，不依赖于低层次类的细节，如数据库或 Web Service 通信，而是依赖于这些低层次类的抽象。在图中，这些抽象通过接口来表示。

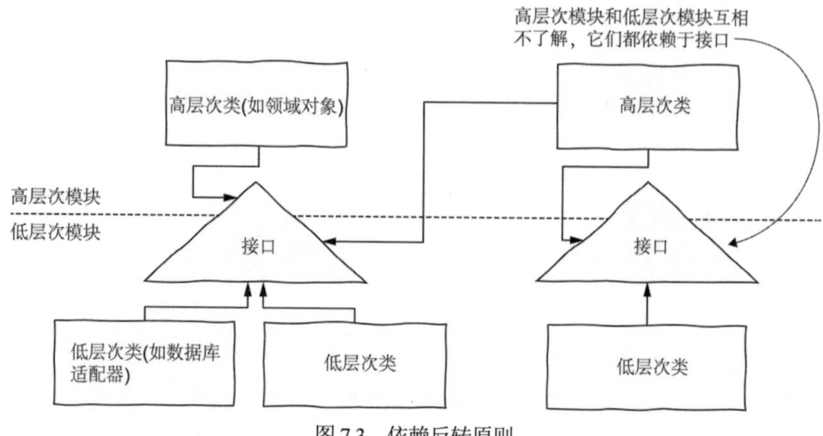

图 7.3 依赖反转原则

代码应该尽可能多地依赖于抽象，尽可能少地依赖于具体实现，这是我们需要关注的模式。这样带来的好处是，与低层次模块的细节相比，抽象更稳定并且不会轻易变化。当一个低层次模块的具体实现发生变化时，我们肯定不希望业务代码也随之变更。

需要再次强调的是，为所有对象都定义接口是一项繁重的工作，我们应该确保所有的类都为它们的使用者提供一个清晰的接口——不公开这些类的内部实现细节。对于熟悉面向对象编程的开发者们来说，这里指的是适当的封装。

让代码依赖抽象对测试有什么帮助呢？当我们对一个类进行单元测试时，可能会用模拟对象和桩对象代替实际的依赖项。在创建模拟时，我们当然要依赖被模拟的类作为契约所提供的信息。越是复杂的类，就越难以编写测试。在我们了解了端口、适配器、依赖反转原则等概念后，一个端口的接口自然会让测试变得更容易。端口提供的方法通常很简洁并具有良好的内聚性。

在本章的例子中，ShoppingCartRepository 类包含一个 List <ShoppingCart> cartsPaidToday()方法。该方法的作用很明确，就是返回所有当天已经付款的购物车列表。模拟这个方法的工作量是微不足道的。在适配器具体实现中该方法可能比较复杂，含有与数据库相关的很多代码和 SQL 查询。接口避免了测试 PaidShoppingCartsBatch 类的所有复杂性。因此，用简单的方式设计端口可以让代码测试起来更容易，而复杂的端口和接口会增加测试的工作量。

当程序比较复杂时，坚持依赖注入的原则可能不像本章所说的那么简单，不这样做反而更容易。但我们必须说服自己，额外的付出会从测试中得到回报。

注意： 本章只是简要介绍了六边形架构和依赖反转原则，建议大家阅读相关著作了解更多细节。这里推荐 Marin 所著的《架构简洁之道》，以及 Freeman 和 Pryce 所著的《测试驱动的面向对象软件开发》。另外，还可阅读 Schuchert 在 Martin Flower 的 Wiki 上特邀发表的文章，文中解释了依赖反转和依赖注入之间的区别，并列举很多例子讲解如何在实际开发中应用这一原则。

7.3　让类和方法具有可观察性

在类的层面上，可观察性是指通过断言检查一个功能的行为符合预期的难易程度。为实现可观察性，我们开发的类应该能通过简单的方式断言其状态。比如，我们想确认一个类有没有生成需要逐一断言的对象列表，就可以在该类中创建一个方法 getListOfSomething，然后在测试中调用该方法获取生成的对象列表；再比如，我们想确认一个类在运行时是否调用了其他类，就需要确保被调用的这些依赖项在测试中可以被模拟，并且我们可以断言类和模拟对象之间的交互；再比如，一个类没有为每个属性提供 getter 方法，或者提供不了，而我们想了解这个类的属性在运行中是否发生了内部改变，就可以在该类中创建一个简单的 isValid 方法，用于返回该类是否处于有效状态。

测试代码必须能够很方便地检查类的行为，如果难以观察到程序的行为是否符合预期，就需要考虑被测试的类是否具有可观察性。在产品代码中大家可以放心引入 getter 或其他简单的方式让测试变得更容易。程序的行为易于观察会让测试代码变得更简单。下面让我们一起来看看，如何通过对代码的修改来改善类和方法的可观察性。

7.3.1　示例 1：引入有助于断言的方法

让我们回顾一下代码清单 7.5 中的 processAll()方法及其测试代码。测试代码中的大部分断言是检查和端口的交互，通过 Mockito 提供的基本功能就很容易实现这类断言。让我们仔细看看其中的一个断言：verify(someCart).markAsReadyForDelivery(someDate)。

ShoppingCart 类的实例对象 someCart 不是模拟对象，而是间谍对象。为了确认购物车的状态已经被标记为待发货，必须对 ShoppingCart 对象进行监视。利用 Mockito 提供的 API，用一行代码就可实现这个功能。然而，无论什么时候，只要在断言对象行为时用到间谍对象，就必须清楚这样做的原因，并需要想一想还有没有更简单的方法。

在这个例子中，需要检查 ShoppingCart 对象在执行 processAll()方法之后是否被标记成待发货状态。为改善 ShoppingCart 类的可观察性(换句话说，让购物车的预期行为变得更容易观察)，可在该类中创建一个方法，即 isReadyForDelivery，用来返回该类的状态是否为待发货。ShoppingCart 类的新的实现代码如代码清单 7.7 所示。

代码清单 7.7 改善 ShoppingCart 类的可观察性

```
public class ShoppingCart {
  private boolean readyForDelivery = false;
  // more info about the shopping cart...

  public void markAsReadyForDelivery(Calendar estimatedDayOfDelivery) {
      this.readyForDelivery = true;
      // ...
  }

  public boolean isReadyForDelivery() {
     return readyForDelivery;
  }
}
```

新创建的 isReadyForDelivery 方法的作用是改善 ShoppingCart 类的可观察性

现在，我们可以很容易地查询到 ShoppingCart 类的状态，因此不需要在测试代码中创建一个间谍对象，用一个普通的断言就可以了。新的测试代码如代码清单 7.8 所示。

代码清单 7.8 在测试 PaidShoppingCartsBatch 类时避免使用间谍对象

```
@Test
void theWholeProcessHappens() {
  PaidShoppingCartsBatch batch = new PaidShoppingCartsBatch(db,
    ➥ deliveryCenter, notifier, sap);
```

```
  ShoppingCart someCart = new ShoppingCart();
  assertThat(someCart.isReadyForDelivery()).isFalse();

  Calendar someDate = Calendar.getInstance();
  when(db.cartsPaidToday()).thenReturn(Arrays.asList(someCart));
  when(deliveryCenter.deliver(someCart)).thenReturn(someDate);

  batch.processAll();

  verify(deliveryCenter).deliver(someCart);
  verify(notifier).sendEstimatedDeliveryNotification(someCart);
  verify(db).persist(someCart);
  verify(sap).cartReadyForDelivery(someCart);

  assertThat(someCart.isReadyForDelivery()).isTrue();
}
```

不再需要一个间谍对象，类的行为变得容易观察

用简单的 vanilla 断言语句代替 Mockito 断言

建议大家不要把这个特定的代码修改方案(即代码中增加一个 getter 方法)当成解决一切可观察性问题的法宝。相反，我们需要根据这个例子进行提炼总结：我们注意到，通过断言检查购物车的状态不太方便，因为需要创建一个间谍对象才能实现。于是我们重新审查代码并试图找到更简单的方式。在这个例子中，在代码中加入 getter 方法是一个比较简单的实现方式。

7.3.2　示例 2：观察 void 方法的行为

如果一个方法返回的是一个对象，我们自然可以通过断言检查返回对象是否符合预期。但如果是一个 void 方法，就不能直接进行断言了。如果一个方法没有返回值，怎么进行断言呢？如果需要断言的内容驻留在方法中，那就更复杂了。让我们来看一个例子，在代码清单 7.9 中，generateInstallments 方法基于 ShoppingCart 类生成一组分期付款(Installments)。

代码清单 7.9　InstallmentGenerator

```
public class InstallmentGenerator {

  private InstallmentRepository repository;
```

```
    public InstallmentGenerator(InstallmentRepository repository) {
        this.repository = repository;
    }

    public void generateInstallments(ShoppingCart cart,
      ➥ int numberOfInstallments) {
      LocalDate nextInstallmentDueDate = LocalDate.now();

      double amountPerInstallment = cart.getValue() / numberOfInstallments;

      for(int i = 1; i <= numberOfInstallments; i++) {
        nextInstallmentDueDate =
        nextInstallmentDueDate.plusMonths(1);

        Installment newInstallment =
         new Installment(nextInstallmentDueDate, amountPerInstallment);
        repository.persist(newInstallment);
      }
    }
}
```

这里可以注入 InstallmentRepository 的桩对象

创建一个变量存储最后付款日期

计算每期的付款金额

在月份上加 1

创建一组分期付款，间隔为 1 个月

创建 installment 实例对象并持久化

在测试 generateInstallments 方法时，我们需要检查新创建的 Installments 实例中设置的金额和日期是否正确。可问题是，Installment 类是在 generateInstallments 方法中被实例化并传递给存储库进行持久化，怎么比较容易地获取到 Installments 实例对象呢？如果大家比较了解 Mockito，就知道有一种方法可以获取传递给一个模拟对象的所有实例，即 Mockito 的 ArgumentCaptor 功能。总体想法是请求模拟对象返回测试期间传入的所有实例对象，在获取到这些实例之后就可通过断言进行检查了。在这个例子中是请求 repository 的模拟对象返回所有 Installments 实例，然后断言这些实例对象是否都被传递给 persist 方法。

测试代码如代码清单 7.10 所示，其中创建了一个付款金额为 100 的 ShoppingCart 实例，并请求 generator 对象生成 10 笔分期付款。一共应该生成了 10 笔分期付款，每笔分期的金额为 10.0，这就是我们希望通过断言检查的内容。在代码中先执行了 generateInstallments 方法，然后通过 ArgumentCaptor 收集所有的分期付款信息。我们可以看到代码中调用了 capture()和 getAllValues()两个方法。这时我们已经获取到分期付款的列表，于是采用传统的 AssertJ 断言对列表中的内容进行检查。

代码清单 7.10　InstallmentGenerator 类的测试代码，用到 ArgumentCaptor 功能

```
public class InstallmentGeneratorTest {

  @Mock private InstallmentRepository repository;

  @Test
  void checkInstallments() {

    InstallmentGenerator generator =
        new InstallmentGenerator(repository);

    ShoppingCart cart = new ShoppingCart(100.0);
    generator.generateInstallments(cart, 10);

    ArgumentCaptor<Installment> captor =
      ArgumentCaptor.forClass(Installment.class);

    verify(repository,times(10)).persist(captor.capture());
    List<Installment> allInstallments = captor.getAllValues();

    assertThat(allInstallments)
        .hasSize(10)
        .allMatch(i -> i.getValue() == 10);

    for(int month = 1; month <= 10; month++) {
      final LocalDate dueDate = LocalDate.now().plusMonths(month);
      assertThat(allInstallments)
          .anyMatch(i -> i.getDate().equals(dueDate));
    }
  }
}
```

- 创建 repository 的模拟对象
- 实例化被测试类，模拟对象作为依赖项被传递给被测试类
- 调用被测试方法。注意，该方法返回 void，因此我们需要找到一个好的方式对该方法的行为进行断言
- 创建一个 ArgumentCaptor 实例
- 使用参数捕获器获取传递给 repository 的所有 installment 实例
- 断言检查 installment 实例对象是否正确，所有 installment 实例的金额都应该是 10.0
- 断言分期付款的间隔期为 1 个月

我们已经看到，Mockito 的 ArgumentCaptor 功能让我们可以为 InstallmentGenerator 类编写测试用例。每当测试返回值为 void 的方法时，ArgumentCaptor 都可以派上用场。

但如果我们崇尚至简，可能想知道是不是还有比 ArgumentCaptor 更好的方案。如果有一个方法能够“获取所有生成的 Installment 实例对象”，那就简单多了。如果能让 generateInstallments 方法返回 Installment 实例对象列表，测试就会更简单。需要在 InstallmentGenerator 类中做的改动很小，

就是把所有 Installment 实例对象记录到一个列表中。InstallmentGenerator 类新的实现如代码清单 7.11 所示，其测试代码如代码清单 7.12 所示。

代码清单 7.11　InstallmentGenerator 返回 Installment 列表

创建一个列表用来记录所有生成的 Installment 实例对象

```
public List<Installment> generateInstallments(ShoppingCart cart,
  ➥ int numberOfInstallments) {

  List<Installment> generatedInstallments = new ArrayList<Installment>();

  LocalDate nextInstallmentDueDate = LocalDate.now();

  double amountPerInstallment = cart.getValue() / numberOfInstallments;

  for(int i = 1; i <= numberOfInstallments; i++) {
    nextInstallmentDueDate = nextInstallmentDueDate.plusMonths(1);

    Installment newInstallment =
      new Installment(nextInstallmentDueDate, amountPerInstallment);
    repository.persist(newInstallment);

    generatedInstallments.add(newInstallment);

  }

  return generatedInstallments;
}
```

存储每个生成的 Installment 实例对象

返回 Installment 实例对象列表

代码清单 7.12　不使用 ArgumentCaptor 的测试代码 InstallmentGeneratorTest

```
public class InstallmentGeneratorTest {

  @Mock
  private InstallmentRepository repository;

  @Test
  void checkInstallments() {

    ShoppingCart cart = new ShoppingCart(100.0);
    InstallmentGenerator generator =
```

```
        new InstallmentGenerator(repository);

    List<Installment> allInstallments =
      generator.generateInstallments(cart, 10);

    assertThat(allInstallments)
         .hasSize(10)
         .allMatch(i -> i.getValue() == 10);

    for(int month = 1; month <= 10; month++) {
      final LocalDate dueDate = LocalDate.now().plusMonths(month);
      assertThat(allInstallments)
         .anyMatch(i -> i.getDate().equals(dueDate));
    }
  }
}
```

被测试方法返回 Installment 实例对象列表，不需要使用 ArgumentCaptor

与之前的断言语句相同

同样，请大家不要从字面意义上去理解这个例子，我们需要记住，在设计代码时一些小小的改动就可以提升代码的可测试性。有时很难说一个改动是否让代码变得更糟糕了，但我们还是要大胆尝试，如果不喜欢所做的改动，放弃就是了，实用和有效才是关键。

7.4　构造函数的依赖项，还是使用方法的参数

在代码设计中，我们经常面临一个选择，是通过构造函数将依赖项传递给一个类(类通过依赖项获得所需的返回值)，还是直接将数值传递给方法？这两种方式没有对错之分，我们必须知道如何进行权衡，根据实际情况选择合适的方式。

还是用 ChristmasDiscount 类作为例子，非常适合用它来说明我们正在讨论的问题，实现代码如代码清单 7.13 所示。

代码清单 7.13　ChrismasDiscount 类

```
public class ChristmasDiscount {

  private final Clock clock;

  public ChristmasDiscount(Clock clock) {
    this.clock = clock;
  }
```

这里可注入 Clock 的桩对象

```
  public double applyDiscount(double rawAmount) {
    LocalDate today = clock.now();

    double discountPercentage = 0;
    boolean isChristmas = today.getMonth()== Month.DECEMBER
              && today.getDayOfMonth()==25;

    if(isChristmas)
      discountPercentage = 0.15;

    return rawAmount - (rawAmount * discountPercentage);
  }
}
```

调用 now()方法获取当前日期

ChristmasDiscount 类需要当前日期来判断今天是不是圣诞节，以及是否使用圣诞折扣。该类调用了一个用来获取当前日期的依赖项，即 Clock 类。测试 ChristmasDiscount 类很容易，因为可以在测试中为 Clock 类插桩并模拟我们想要的任何日期。

但是，为一个类插桩肯定比不插桩更复杂。如果我们想避免在 ChristmasDiscount 类的代码中调用依赖项 Clock 类，还有一个方法对 ChristmasDiscount 类及其预期行为进行建模，就是把日期数据作为方法的一个参数传入。新的实现代码如代码清单 7.14 所示，其中，applyDiscount() 方法接收了 2 个参数：rawAmount 和 today，today 就是今天的日期。

代码清单 7.14　不依赖于 Clock 类的 ChrismasDiscount 类

```
public class ChristmasDiscount {

  public double applyDiscount(double rawAmount, LocalDate today) {
    double discountPercentage = 0;
    boolean isChristmas = today.getMonth()== Month.DECEMBER
              && today.getDayOfMonth()==25;

    if(isChristmas)
      discountPercentage = 0.15;

    return rawAmount - (rawAmount * discountPercentage);
  }
}
```

该方法多了一个 LocalDate 类型的参数

测试 applyDiscount()也很容易，不需要使用模拟对象进行测试，因为我们可以把任何 LocalDate 对象传递给这个方法。现在的问题是，如果通过方法参数传递数据更容易，为什么还要采用通过构造函数接收依赖项的方式呢？

首先，让我们探讨一下通过方法参数直接传递数据的方式有何利弊。一般来说这对于代码实现和测试来说都是最简单的解决方案。因为，在代码实现方面，我们不再需要通过构造函数传入依赖项；在测试方面，我们可通过对方法的调用来传递不同的数据。但它的缺点是，其他类在调用该类时都需要提供这个参数。在这个例子中，ChristmasDiscount 类期望 today 作为一个参数被传递进来，这意味着 applyDiscount() 方法的客户端都必须向该方法传递当前日期数据。但客户端类怎么获得当前日期的信息呢？其实它们还是要调用 Clock 类。所以，虽然 ChristmasDiscount 类不再依赖 Clock 类，但调用它的其他类还是会依赖 Clock 类。在某种程度上，我们把对 Clock 类的依赖推高了一个层次。那么，这个依赖关系是放在现在建模的类中更好，还是放在调用它的类中更好？

现在，让我们再来尝试通过构造函数传递依赖项，再由依赖项获取所需的数据。在代码清单 7.13 中我们采取了这种方式，让 ChristmasDiscount 类依赖于 Clock 类。applyDiscount()方法调用 clock.now()方法获取当前日期。虽然这比采用方法参数传递数据的方式要复杂，但我们可以方便地给依赖项插桩，就像我们在第 6 章所做的那样。

对于那些依赖于 ChristmasDiscount 的类，为它们编写测试也很简单，可以模拟 ChristmasDiscount 类中的 applyDiscount(double rawAmount)方法，而不需要直接调用 Clock 类。ChristmasDiscount 类的一个通用使用者如代码清单 7.15 所示，代码中通过构造函数接收了 ChristmasDiscount 类，所以我们可在测试中创建该类的桩对象。

代码清单 7.15 ChrismasDiscount 类的通用使用者

```
public class SomeBusinessService {

  private final ChristmasDiscount discount;

  public SomeBusinessService(ChristmasDiscount discount) {   ← 这里注入 ChristmasDiscount 的桩对象
    this.discount = discount;
  }

  public void doSomething() {
    // ... some business logic here ...
```

```
    discount.applyDiscount(100.0);

    // continue the logic here...
  }
}
```

SomeBusinessService 类的测试代码如代码清单 7.16 所示，其中，为依赖项 ChristmasDiscount 类创建了一个桩对象。需要注意，该测试代码中不需要处理 Clock 类。尽管 Clock 类是 ChristmasDiscount 类的一个依赖项，但在对 ChristmasDiscount 类插桩时我们并不必关注 Clock 类。所以，在某种程度上，ChristmasDiscount 类的代码虽然变得复杂一些，但对其使用者的测试得到了简化。

代码清单 7.16 ChristmasDiscount 类的使用者的测试代码

```
@Test
void test() {
  ChristmasDiscount discount = Mockito.mock(ChristmasDiscount.class);
  SomeBusinessService service = new SomeBusinessService(discount);

  service.doSomething();

  // ... test continues ...
}
```

模拟 ChristmasDiscount。注意，不需要模拟 Mock

总之，通过构造函数接收一个依赖项让一个类及其单元测试的实现代码更加复杂，但是会简化该类的客户端的实现代码。通过方法参数接收数据会简化一个类及其单元测试的实现代码，但该类的客户端的实现代码会变得更复杂。

根据经验，我会尝试简化自己开发的类的调用者要做的工作。是简化正在测试的类(比如，让 ChristmasDiscount 类通过方法参数接收日期数据)，让所有的调用者变得更复杂(必须自己获取当前日期)，还是反过来(比如，CristmasDiscount 类更加复杂并依赖于 Clock 类，但是它的调用者们不需要额外的工作)呢？如果必须在二者之间做出选择，我通常选择后者。

7.5 实际工作中的可测试性设计

在开发过程中编写测试有一个主要的优点，如果我们关注测试(就是开发者们常说的“倾听它们”），在被测试代码的设计方面，测试能给我们提供好的建议。在复杂的面向对象系统中，对类进行良好的设计对我们来说是一个挑战，能得到的帮助越多越好。

测试之所以能对代码的设计提供反馈，其原因在于，测试代码要做的就是操作产品代码中的类，包括以下步骤：

(1) 将被测试类实例化。实例化过程可以像 new A()一样简单，也可以像 A(dependency1, dependency2, ...)一样复杂。如果一个类需要多个依赖项，其测试代码也需要对这些依赖项进行实例化。

(2) 调用被测试方法。调用过程可以像 a.method()一样简单，也可以像 a.precall1(); a.precall2(); a.method(param1, param2, ...);一样复杂。如果一个方法在被调用和/或接收参数之前需要满足某些前置条件，测试代码也应该对这些条件进行验证。

(3) 通过断言检查被测试方法的行为是否符合预期。断言语句可以像 assertThat(return).isEqualTo(42);一样简单，或者复杂到用几十行代码来观察系统行为。需要再强调一次，测试代码应该负责所有的断言检查。

我们应该不断审视上述步骤的执行难度。例如，实例化一个被测试类有没有难度？也许有一种设计可以减少被测试类的依赖项。调用一个被测试方法有没有难度？也许有一种设计可以简化对方法的前置条件的处理。通过断言检查被测试方法的结果有没有难度？也许有一种设计能让我们更容易地观察该方法的行为。

接下来，我们来讨论在编写测试代码时需要注意的事项，让我们在代码设计和类的可测试性方面能够获得反馈。

7.5.1　被测试类的内聚性

内聚性是指一个模块、类、方法或者软件架构中的任何元素只承担单一职责。职责多的类自然比职责少的类更复杂，更难以理解，所以要尽量让每个类和方法只承担一项职责。定义清楚什么是单一职责不是一件容易的事情而且高度依赖上下文。不过，如果一个元素中存在多项职责，有时候很容易看出来，例如，一个方法既负责计算特定税款又负责更新所有发票的金额。

至于我们从测试中可以得到什么启示，这里给大家提供一些思路。需要注意的是，这些技巧只提供了一些线索，提示我们产品代码中可能存在一些问题，最终要靠我们自己进行分析和判断。另外，这些技巧来自于我自身的开发经验，并没有经过科学论证。

- 如果一个类的内聚性差，其对应的测试集一般都比较庞大，因为这些类包含了大量的行为，都需要被测试。因此，我们需要关注一个类和/或方法的测试用例数量。如果测试用例数量超出合理范围，也许就应该重新评估对应的类或方法承担的职责。常见的代码重构策略是将 1 个类拆分成 2 个。
- 如果一个类的内聚性差，其测试集的规模可能会一直增长。我们希望测试集在某个阶段能够稳定下来。然而，如果我们注意到，我们总是需要回到同一个测试类中添加新的测试用例，对应的被测试类在设计上可能比较糟糕。通常情况下，这和被测试类没有进行合理的抽象有关。

一个测试集永远在增长的类同时违反了 SOLID 原则中的单一职责原则(SRP)和开闭原则(OCP)。常见的代码重构策略是为每一个职责创建一个抽象，并将处理计算规则的代码放到各自的类中。大家可以通过 Google 搜索“Strategy design pattern”(策略模式)查看这方面的代码示例。

7.5.2 被测试类的耦合

多个内聚性好的类可以被组合在一起来构建复杂行为，但这样做可能会导致设计上的高度耦合。如果类之间过度耦合，不利于软件系统进行迭代。因为其中一个类发生变更，可能会直接或间接地影响其他类。因此，类之间的耦合度越低越好。

测试代码能够帮助我们发现耦合度高的类。

- 如果某个类的测试代码中需要实例化多个依赖项，这可能就是类之间过度耦合的一个信号，我们也许要考虑重新设计这个类。有多个重构策略可供选择，例如，把实现复杂行为的 1 个类拆分成 2 个。

有时类之间的耦合不可避免，我们能做的就是更好地管理它。把类进行拆分有助于开发者更容易地进行测试。在后续章节中，我们会讨论这方面的具体实例。

- 如果我们观察到 ATest 类的一个测试用例失败了，但我们在排查原因时发现是类 B 的问题导致的。这可能是类之间过度耦合的另一个提示信号。很明显这是和 ATest 的依赖项有关的问题，类 B 的问题以某种方式泄露到类 A。现在我们需要重新评估这些类之间是怎么耦合在一起的，又是怎么进行交互的，然后设法在新的软件版本中避免这种泄露。

7.5.3　复杂条件与可测试性

在本书前面的章节中，我们看到，有的代码中包含了非常复杂的条件(例如由多个布尔运算组成的 if 语句)，测试它们的工作量比较大。举个例子，在引入了边界测试或条件+分支覆盖标准之后，我们需要为此设计很多测试用例。为了降低代码中条件的复杂性，可以把一个条件拆分成多个简单的条件。这样虽然并不能降低该问题导致的总体复杂性，但至少可以将复杂性分散开。

7.5.4　私有方法的可测试性

开发者们经常面临的一个问题是，是否需要对代码中的私有(private)方法进行测试。原则上，我们应该只通过公共(public)方法来测试私有方法。然而，测试者们经常有一种冲动，觉得需要单独对某个特定的私有方法进行测试。

这通常是由于该私有方法的内聚性差或者复杂度高。换句话说，这个方法所承担的职责和访问它的公共方法有很大的不同，并且(或者)要处理的任务非常复杂，必须单独进行测试。在设计方面，这可能意味着该私有方法所在的位置不合理。一个常见的重构策略是将该方法提取出来，也许是提取到一个新的类中，并重新定义成一个公共方法，然后对它进行正常的测试。原来的类，也就是私有方法所在的类，会依赖于这个新的类。

7.5.5　静态方法、单例模式与可测试性

在第 6.3.3 节中我们已经看到，代码中的静态方法对可测试性会产生不利影响。因此，一个好的经验是尽可能避免创建静态方法。但 utility 方法是例外，因为我们一般不需要对 utility 方法进行模拟。如果软件系统必须依赖一个特定的静态方法，可能是因为该方法来自于程序所依赖的框架。在静态方法上添加一个抽象，类似于我们在上一章中对 LocalDate 类所做的那样，这也许是一个改善可测试性的好办法。

当软件系统需要调用外部代码或外部依赖关系时，上面的方法同样适用，即创建代码层和类把依赖项抽象出来，这样可以改善代码的可测试性。不用担心增加了额外的代码层，尽管这好像是增加了整体架构的复杂性，但有助于代码可测试性的提升。

系统的单例设计模式同样不利于可测试性。单例架构的系统中只有一个类的实例，当我们向该系统请求一个类的实例时，单例系统永远会返回同一个实例。单例系统就像有一个在程序的整个生命周期中持续存在的全局变量，这让测试难以进行。在测试单例架构的软件系统时，我们不得不编写额外的测试代码在不同的测试用例中重置或替换这个单例系统的实例。此外，单例模式还对系统的可维护性不利。如果大家不了解什么是单例模式，建议查阅相关文档。

7.5.6　六边形架构与设计技术中的模拟

我们已经对六边形架构和端口-适配器的概念有所了解，现在可以讨论一下作为一种设计技术的模拟。简单来说，当模拟技术的拥护者们开发一个特性(或一个领域对象)时，如果该特性需要从外部组件获取信息，就会定义一个端口。正如我们所看到的，这个端口是一个接口，帮助开发者们专注于开发特性本身，而不用关心适配器的具体实现。模拟技术的拥护者们把这当作一种设计活动：考虑端口应该向应用程序的核心提供什么样的契约，并尽可能建立最佳的接口模型。

每次我为一个类(或一组类)编写代码并注意到需要其他一些信息时，就会定义一个代表“其他信息”的接口。我会思考正在开发的类需要什么信息，建立最佳的接口模型，然后继续开发这个类。等这个类开发完毕，才去实现具体的适配器。这是我喜欢的开发方式，因为这样可以抽象现在无需关心的事情(如适配器的具体实现)，而专注于开发当前的类。

7.5.7　延伸阅读

关于可测试性设计这个主题可以写一整本书。事实上，已经有一些著作专门讨论了这个问题。

- Michael Feather 所著的 *Working Effectively with Legacy Code* 是一本讨论遗留系统的书，但其中很多内容是关于不可测试的代码(在遗留系统中很常见)以及如何提高遗留系统的可测试性。另外，Feather 在 YouTube 有一个不错的演讲视频，探讨设计良好的产品代码和可测试性之间的深度协同。

- Steve Freeman 和 Nat Pryce 所著的《测试驱动的面向对象软件开发》，是指导我们编写可测试性代码的入门书籍。
- Robert Martin 所著的《架构整洁之道》的观点和本书中讨论的思想是一致的。

7.6 练习题

1. 可观察性和可控制性是软件测试中的两个重要概念。假设有 3 位开发者正在测试他们开发的系统/类，如果系统/类的可观察性和可控制性得到改善，他们将从中受益。但每位开发者都遇到了一个问题。

请确认下列问题中哪些和可观察性或可控制性有关。

A. 开发者 1："我没有办法通过断言检查被测试方法的运行是否良好。"

B. 开发者 2："我需要确认一个类在开始执行时是不是有一个布尔值被设置为 false，但无法确认这一点。"

C. 开发者 3："我实例化了模拟对象，但无法把它注入被测试类中。"

2. Sarah 加入一个移动 App 的开发团队，该团队一直在尝试开展自动化测试。他们打算为一部分代码编写单元测试，但一些团队成员告诉 Sarah："这很困难"。通过代码评审，开发者们列举出代码中存在的问题：

A. 很多类将基础设施代码和业务规则代码混在一起。

B. 数据库包含庞大的数据表但没有建立索引。

C. 代码需要调用很多类库和外部 API。

D. 一些类中包含太多属性/字段。

为提高可测试性，该团队已经拿到预算去解决这 4 个问题中的两个。Sarah 应该建议他们首先解决哪些问题？

上面这 4 个问题都应该被解决，但要优先解决其中两个最严重的问题。哪两个问题对可测试性的影响最大？

3. OrderDeliveryBatch 类的实现代码如下所示，如何改善这个类的可测试性？

```java
public class OrderDeliveryBatch {

  public void runBatch() {
  OrderDao dao = new OrderDao();
  DeliveryStartProcess delivery = new DeliveryStartProcess();

  List<Order> orders = dao.paidButNotDelivered();

  for(Order order : orders) {
    delivery.start(order);

     if(order.isInternational()) {
       order.setDeliveryDate("5 days from now");
     } else {
        order.setDeliveryDate("2 days from now");
     }
    }
   }
  }

  class OrderDao {
  // accesses a database
  }

  class DeliveryStartProcess {
    // communicates with a third-party web service
}
```

4. KingsDayDiscount 类的实现代码如下所示：

```java
public class KingsDayDiscount {

  public double discount(double value) {

    Calendar today = Calendar.getInstance();

    boolean isKingsDay = today.get(MONTH) == Calendar.APRIL
         && today.get(DAY_OF_MONTH) == 27;

    return isKingsDay ? value * 0.15 : 0;

  }
}
```

如何改善这个类的可测试性？

5. 想一想你目前正在参与开发的系统，有没有哪些组件难以测试？原因是什么？你打算如何让该系统具有可测试性？

7.7 本章小结

- 为产品代码编写测试可能很容易，也可能很困难。无法测试的代码会让我们陷入困境，我们应该努力让代码变得易于测试(或者至少变得容易一些)。
- 将基础设施代码与领域代码分离。基础设施代码让测试变得困难，领域代码和基础设施分离让我们更容易编写针对业务逻辑的单元测试。
- 确保类是可控制和可观察的。可控制性一般是通过控制被测试类的依赖关系来实现的。可观察性是通过被测试类提供的简单方式让我们可以断言预期行为来实现的。
- 开发者们应该采用自己信服的方式来修改代码，应该秉承务实的原则。我完全支持这种通过修改产品代码促进可测试性的做法。

第 8 章

测试驱动的开发

本章主要内容：

- 理解什么是测试驱动的开发
- 如何通过 TDD 提高开发效率
- 了解什么情况下不适合采用 TDD

软件开发者们一般都习惯于传统的开发过程：先编写代码实现某个功能，等代码编写完毕后才开始进行测试。但为什么不反其道而行呢？换句话说，为什么不先编写测试代码，然后实现产品代码？

在本章中，我们就来讨论著名的软件开发方式：测试驱动的开发(TDD)。简而言之，TDD 对传统的开发方式，即“写完代码再进行测试”，提出了挑战。TDD 模式中的开发步骤是这样的：从编写测试代码开始，用于验证将要实现的一个小功能。这时如果执行测试自然是失败的，因为对应的功能还没有实现；接下来编写产品代码让测试通过，当测试通过了，意味着对应的功能已经实现了；然后对产品代码和测试代码进行重构。

TDD 是一种被普遍采用的开发方式，特别是在敏捷实践中。在深入探讨 TDD 的优点以及针对 TDD 的具体实践之前，让我们一起来看一个例子。

8.1 第一个 TDD 练习

在这个例子中我们将开发一个程序，将罗马数字转换为十进制整数。

罗马数字中采用七个符号代表数字，如下所示：

- I, *unus*, 1
- V, *quinque*, 5
- X, *decem*, 10
- L, *quinquaginta*, 50
- C, *centum*, 100
- D, *quingenti*, 500
- M, *mille*, 1000

为表示所有可能的数字，罗马人通过以下两条规则对上述符号进行组合：

- 大数字在相同或者小的数字左边，所代表的数字为这些数字相加得到的数。
- 小数字在大的数字左边，所代表的数字为大的数字减去小的数字得到的数。例如，罗马数字 XV 代表的阿拉伯数字是 15(10+5)，罗马数字 XXIV 代表的阿拉伯数字是 24(10 + 10 - 1 + 5)。

这个 TDD 练习的目标是实现以下需求：

开发一个程序，接收一个罗马数字(一个字符串)，然后返回在阿拉伯数字体系中所代表的数字(一个整数)。

列举出程序支持哪些实例是 TDD 模式下需要完成的工作之一，所以我们需要想一想有哪些不同的输入和预期返回结果。例如，当输入罗马数字 I，期望返回值为 1；当输入罗马数字 XII，期望返回值为 12。我能想到的用例包括：

- 单个字符的罗马数字。
  - 如果输入 I，程序返回 1。
  - 如果输入 V，程序返回 5。
  - 如果输入 X，程序返回 10。
- 由两个以上的字符组成的数字(不适用减法规则)。
  - 如果输入 II，程序返回 2。
  - 如果输入 III，程序返回 3。
  - 如果输入 VI，程序返回 6。
  - 如果输入 XVII，程序返回 17。
- 适用简单的减法规则的数字。

  - ◆ 如果输入 IV，程序返回 4。
  - ◆ 如果输入 IX，程序返回 9。
- 由多个字符组成并适用减法规则的数字。
  - ◆ 如果输入 XIV，程序返回 14。
  - ◆ 如果输入 XXIX，程序返回 29。

注意：大家可能还会想到其他一些边角场景，例如，输入一个空字符串，或者输入无效值。在测试中这些确实都应该覆盖。然而，在开展 TDD 时，我们首先需要关注正常路径和业务规则。边角场景和边界值的情况以后再考虑。

请记住，我们现在不是从测试的角度，而是从开发的角度设计输入和输出(或测试用例)，用来指导应用程序的实现过程。在图 1.4 中描述的开发流程中，TDD 是用来指导开发的测试。在应用程序的实现过程结束后，就可以利用之前讨论过的测试技术对程序进行严格测试。

现在我们有了一个简短的实例列表，可根据这个列表开始编写代码，需要执行的步骤如下：

(1) 从实例列表中选择一个最容易实现的实例。

(2) 编写一个自动化测试用例，根据选中的实例，用指定的输入执行应用程序并断言输出结果。因为对应的产品功能还没有实现，所以这时候不需要编译测试代码，即使编译也会失败。

(3) 编写产品代码，直到上一步编写的测试用例可以通过。

(4) 停下来对目前为止所做的工作进行反思，想想产品代码和测试代码有哪些地方需要改进，或者实例列表中是不是需要添加新的实例。

(5) 重复上述步骤。

在该循环的第一次迭代中，程序需要完成的任务是：如果输入为 I，程序的输出结果是 1。代码清单 8.1 中，RomanNumeralConverterTest 类包含了第一条测试用例。

代码清单 8.1　第一个测试方法

```
public class RomanNumberConverterTest {
  @Test
  void shouldUnderstandSymbolI() {
    RomanNumeralConverter roman = new RomanNumeralConverter();
    int number = roman.convert("I");
    assertThat(number).isEqualTo(1);
```

这里会出现编译错误，因为 RomanNumeralConverter 类并不存在

```
  }
}
```

此刻，测试代码还无法编译通过，因为 RomanNumberConverter 类及其 convert()方法并不存在。为了解决这个编译错误，让我们创建一段不包含真正实现的骨架代码。

代码清单 8.2 RomanNumeralConverter 类的骨架实现代码

```
public class RomanNumeralConverter {
  public int convert(String numberInRoman) {
    return 0;
  }
}
```

我们并不打算让程序返回 0，但这样写可以让测试代码编译通过

测试代码现在可以编译通过了，但运行会失败，因为测试的预期输出结果为 1，但程序返回值为 0。这不是问题，因为我们本来就预计测试会失败。循环中的第 1 步和第 2 步已经完成，为了让测试通过，我们需要在 RomanNumeralConverter 类中增加更多代码，实现代码如代码清单 8.3 所示，但看起来很奇怪。

代码清单 8.3 让测试通过的程序代码

```
public class RomanNumeralConverter {
  public int convert(String numberInRoman) {
     return 1;
  }
}
```

返回结果为 1，测试可以通过。但这样的实现代码是我们想要的吗？

测试虽然通过了，但只有在输入是 I 时才能通过。到这里整个过程也没有问题，我们仍然在努力实现程序功能，只是采取了分步前进的方式。

现在进入下一个循环，在实例列表中下一个最简单的实例是：如果输入 V，程序返回 5。让我们再次从编写一条测试用例开始，如代码清单 8.4 所示。

代码清单 8.4 第二个测试方法

```
@Test
void shouldUnderstandSymbolV(){
  RomanNumeralConverter roman=new RomanNumeralConverter();
  int number=roman.convert("V");
```

```
  assertThat(number).isEqualTo(5);
}
```

新的测试代码编译后执行失败了，现在让我们修改代码让测试能够通过。在实现代码中，可让方法 convert()验证需要转换的罗马数字。如果输入是 I，该方法返回 1；如果输入是 V，该方法返回 5。convert()方法的实现代码如代码清单 8.5 所示。

代码清单 8.5　让两个测试都通过的程序代码

```
public int convert(String numberInRoman){
  if(numberInRoman.equals("I"))return 1;
  if(numberInRoman.equals("V"))return 5;
  return 0;
}
```

通过 if 语句指定返回值是让两个测试都能通过的最简单方法

这两个测试通过了，接下来可在输入为 X、L、C、M 时分别重复这个循环，但我们已经很清楚，在程序的实现代码中需要归纳的第一件事是，当输入的罗马数字只有一个字符时，就返回与之相关的整数。如何实现这个算法呢？下面列出 3 种实现方式：

- 编写一组 if 语句，需要处理的字符数量并不多。
- 编写一个 switch 语句，类似于 if 语句的实现方式。
- 使用一个 Map 集合，在其中初始化所有罗马数字和对应的整数。

大家可以根据个人喜好选择其中一种方式，我一般会选择自己比较喜欢的第三种方式，相应的实现代码如代码清单 8.6 所示。

代码清单 8.6　处理单个字符的 RomanNumeralConverter 类

```
public class RomanNumeralConverter {
private static Map<String, Integer>table =
  new HashMap<>() {{
    put("I", 1);
    put("V", 5);
    put("X", 10);
    put("L", 50);
    put("C", 100);
    put("D", 500);
    put("M", 1000);
  }};

public int convert(String numberInRoman) {
```

声明一个转换表，其中包含罗马数字及对应的十进制数字

```
    return table.get(numberInRoman);
  }
}
```

从转换表中获取数字

如何确保实现代码可以正常工作？现在有两条测试用例可以执行，而且都通过了。产品代码已经足够通用，可以对单个字符的罗马数字进行转换，但测试代码还不够通用。我们现在有两个测试特定输入值的测试方法，分别是 shouldUnderstandSymbolI 和 shouldUnderstandSymbolV，最好用一个参数化的测试方法替换它们，即代码清单 8.7 中的测试方法 shouldUnderstandOneCharNumbers。

代码清单 8.7　第一个通用的测试方法

```
public class RomanNumeralConverterTest {

  @ParameterizedTest
  @CsvSource({"I,1","V,5", "X,10","L,50",
  "C, 100", "D, 500", "M, 1000"})
  void shouldUnderstandOneCharNumbers(String romanNumeral,
    ➥ int expectedNumberAfterConversion) {
    RomanNumeralConverter roman = new RomanNumeralConverter();
    int convertedNumber = roman.convert(romanNumeral);
    assertThat(convertedNumber).isEqualTo(expectedNumberAfterConversion);
  }
}
```

将每个输入参数用逗号分隔传递给参数化测试方法，然后 Junit 针对每个输入运行测试方法

注意：测试代码和产品代码中有重复代码，测试代码中的输入、输出和产品代码中 Map 集合里的键值对是相同的。这是实例化测试中常见的现象，当我们编写更复杂的测试时这种重复就不明显了。

现在已经为第 1 组实例实现了应用程序的功能，接下来考虑第 2 组实例：输入为两个以上字符的罗马数字，如 II、XX。同样，我们从测试代码开始编写，如代码清单 8.8 所示。

代码清单 8.8　多字符罗马数字的测试方法

```
@Test
void shouldUnderstandMultipleCharNumbers() {
  RomanNumeralConverter roman = new RomanNumeralConverter();
  int convertedNumber = roman.convert("II");
  assertThat(convertedNumber).isEqualTo(2);
}
```

让测试能够通过的一个简单方法是，在程序代码的 Map 集合中添加一个字符串 II，如代码清单 8.9 所示。

代码清单 8.9　包含多个罗马数字的 Map 集合

```
private static Map<String, Integer> table =
  new HashMap<>() {{
     put("I", 1);

     put("II", 2);

     put("V", 5);
     put("X", 10);
     put("L", 50);
     put("C", 100);
     put("D", 500);
     put("M", 1000);
}};
```

Map 集合中加入了 II，但这意味着我们还需要加入 III、IV 等所有包含两个以上字符的罗马数字，这不是一个好的实现方式！

如果在程序代码中这样修改了 Map 集合，代码清单 8.8 中的测试就会通过，但这并不是一个好的实现方式，因为我们必须在 Map 集合中加入所有可能的罗马数字和对应的十进制数字。现在需要再次对程序的实现代码进行改进。首先可以想到的实现方式是，遍历需要转换的罗马数字中的每一个符号，把对应的十进制数值进行累加，然后返回这些数值的和。通过一个简单的循环语句就可以实现，如代码清单 8.10 所示。

代码清单 8.10　遍历罗马数字中的每个字符

```
public class RomanNumeralConverter {
  private static Map<Character, Integer> table =
    new HashMap<>() {{
      put('I', 1);
      put('V', 5);
      put('X', 10);
      put('L', 50);
      put('C', 100);
      put('D', 500);
      put('M', 1000);
    }};

  public int convert(String numberInRoman) {
    int finalNumber = 0;
```

转换表中只包含唯一的罗马数字

该变量用来汇总每个罗马字符对应的数值

```
        for(int i = 0; i < numberInRoman.length(); i++) {
          finalNumber += table.get(numberInRoman.charAt(i));
        }

        return finalNumber;
      }
    }
```

获取每个字符对应的十进制数值，并将其加入总和中

注意，Map 集合中键的类型从 String 变成 Character。代码中通过 charAt()方法遍历字符串 numberInRoman 中的每个字符，返回 char 类型的数值。虽然返回值的类型也可以转换为 String，但这样会增加额外的而且不必要的步骤。

前面的几条测试用例现在都可以通过。我们需要认识到，这次循环的重点是让算法支持两个以上字符的罗马数字，但并没有考虑已经实现的第一组实例。这就是先有测试后有程序代码的主要优点之一：可以确保所做的每一步都是正确的。在之前的开发过程中引入的任何错误(这里指回归错误)都能通过测试发现。

现在可将代码清单 8.8 中的测试代码再次归纳为一个通用测试方法，并且覆盖其他类似的实例。因为参数化方法能够很好地满足我们的测试目标，所以我们再次使用它编写测试代码，如代码清单 8.11 所示。

代码清单 8.11　多字符罗马数字的参数化测试方法

```
@ParameterizedTest
@CsvSource({"II,2","III,3", "VI, 6", "XVIII, 18",
"XXIII, 23", "DCCLXVI, 766"})
void shouldUnderstandMultipleCharNumbers(String romanNumeral,
  ➥ int expectedNumberAfterConversion) {
  RomanNumeralConverter roman = new RomanNumeralConverter();
  int convertedNumber = roman.convert(romanNumeral);
  assertThat(convertedNumber).isEqualTo(expectedNumberAfterConversion);
}
```

用多个字符的罗马数字进行测试，CSVSource 是最简单的实现方式

注意： 这里随机选择了一些实例进行测试，目的不是为了全面系统地覆盖各种实例，而是把这些测试用例作为程序开发的安全网。在程序的特性被实现之后，我们还需要对程序进行系统测试。

合并成一个测试方法还是保留多个测试方法？

代码清单 8.11 和代码清单 8.7 中的测试方法非常相似，可以把它们合并成一个测试方法，如下所示。

```
@ParameterizedTest
@CsvSource({
  // single character numbers
  "I,1","V,5", "X,10","L,50", "C, 100", "D, 500", "M, 1000",
  // multiple character numbers
  "II,2","III,3", "V,5","VI, 6", "XVIII, 18", "XXIII, 23", "DCCLXVI, 766"
})
void convertRomanNumerals(String romanNumeral,
  ➥ int expectedNumberAfterConversion) {
  RomanNumeralConverter roman = new RomanNumeralConverter();
  int convertedNumber = roman.convert(romanNumeral);
  assertThat(convertedNumber).isEqualTo(expectedNumberAfterConversion);
}
```

来自两个测试方法的所有输入被合并到一个方法中

大家可以根据所在团队的习惯决定是否合并成一个测试。在本章接下来的内容中，我们将继续采用编写多个测试方法的方式。

下一步是让罗马数字转换的减法规则发挥作用，例如，在输入为 IV 的情况下，程序返回 4。像以前一样，先从编写测试代码开始。这一次，让我们一次性覆盖多个实例。因为我们已经理解了 TDD 的要点，步子可以迈得大一些。如果出现问题，随时可以往回退。测试代码如代码清单 8.12 所示。

代码清单 8.12　减法符号规则的测试方法

```
@ParameterizedTest
@CsvSource({"IV,4","XIV,14", "XL, 40",
"XLI,41", "CCXCIV, 294"})
void shouldUnderstandSubtractiveNotation(String romanNumeral,
  ➥ int expectedNumberAfterConversion) {
  RomanNumeralConverter roman = new RomanNumeralConverter();
  int convertedNumber = roman.convert(romanNumeral);
  assertThat(convertedNumber).isEqualTo(expectedNumberAfterConversion);
}
```

用多个输入测试减法符号规则

与加法规则相比，减法规则的算法更复杂，需要我们多想一想怎么实现。罗马数字中的字符，从右到左把对应的十进制数值进行累加。但当一个数字小于位于右边的数字时，必须用右边的数字减去该数字而不是相加。代码清单 8.13 中通过一个技巧实现了这一功能：从右到左，如果当前数字(也就是当前字符)小于上一个相邻数字(也就是上一个字符)，那么 multiplier 变量值变成-1。再用 multiplier 乘以当前数字，让该数字变成一个负数。

代码清单 8.13　减法符号规则的实现代码

```
public int convert(String numberInRoman) {
  int finalNumber = 0;
  int lastNeighbor = 0;

  for(int i = numberInRoman.length() - 1; i >= 0; i--) {

    int current = table.get(numberInRoman.charAt(i));

    int multiplier = 1;
    if(current < lastNeighbor) multiplier = -1;
    finalNumber +=
        table.get(numberInRoman.charAt(i)) * multiplier;

    lastNeighbor = current;
  }
  return finalNumber;
}
```

用来保存上一个遍历到的罗马字符对应的十进制数字

从右到左遍历罗马数字中的每个字符

获取当前罗马数字的十进制数值

如果上一个数字大于当前数字，则将当前数字乘以-1，让其变成负数，然后累加到 finalNumber 变量中。当前数字是正数还是负数，取决于应该相加还是相减

将变量 lastNeighbor 的值更新为当前数字

这时再执行代码清单 8.12 中的测试方法，测试就会通过。现在，我们看看在程序代码中还有什么需要改进的。在计算变量 finalNumber 时，代码中使用了 numberInRoman.charAt(i)，但是 numberInRoman.charAt(i)对应的数值已经存储在变量 current 中，因此可以复用。另外，在当前数字 current 乘以 1 或-1 之后，可以创建一个变量来保存它，这样有助于开发者们更好地理解这里的算法。重构后的程序代码如代码清单 8.14 所示。最后，再次运行测试代码。

代码清单 8.14　重构后的产品代码

```
public int convert(String numberInRoman){
  int finalNumber=0;
  int lastNeighbor=0;

  for(int i=numberInRoman.length()-1;i>=0;i--){

    int current=table.get(numberInRoman.charAt(i));

    int multiplier=1;
    if(current<lastNeighbor)multiplier=-1;

    int currentNumeralToBeAdded=current*multiplier;
```

用来保存上一个遍历到的罗马字符对应的十进制数字

使用 current 变量并引入 currentNumeralToBeAdded 变量

```
        finalNumber+=currentNumeralToBeAdded;

        lastNeighbor=current;
      }

      return finalNumber;
    }
```

现在我们已经实现了本节开头列举的所有实例，可以考虑需要覆盖的其他情况了。例如，我们没有在程序中考虑如何处理输入值无效的情况。当输入值为 VXL、ILV 时，应用程序必须拒绝这类输入。当我们增加了新的实例，就需要再次重复整个 TDD 循环，直到所有功能被实现。我们把这个实例作为练习留给大家。到目前为止我们已经做了足够多的练习，可以开始对 TDD 进行比较正式的讨论了。

8.2　针对 TDD 练习的思考

在上一节的开发过程中，我们重复执行的循环概括起来共有 3 步：

(1) 为将要实现的产品功能编写一个单元测试，测试执行失败。

(2) 编写程序代码实现功能，测试执行通过。

(3) 重构产品代码和测试代码。

这个 TDD 过程也称为红-绿-重构(red-green-refactor)循环。图 8.1 采用了一种被广泛使用的方式来表示 TDD 循环过程(可扫封底二维码下载彩图)。

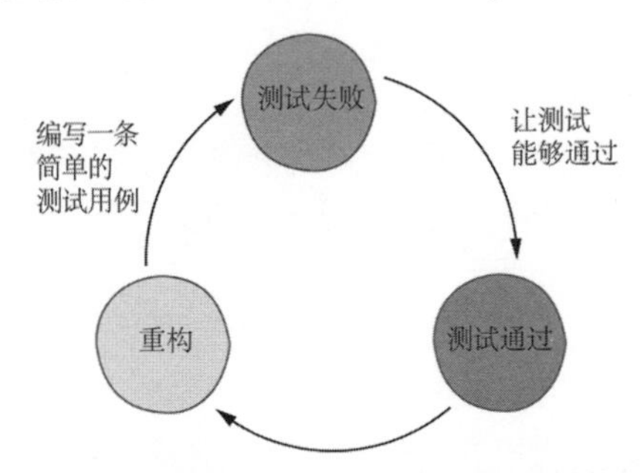

图 8.1　TDD 开发过程示意图(也称为红-绿-重构循环)

TDD 模式的实践者们认为这种方式对开发过程很有帮助。TDD 具有以下优点。

- 首先从需求角度看，在 TDD 循环中，我们为支持程序开发而编写的测试用例基本上代表了可执行的需求。在每次编写一条测试用例时，都会思考程序应该做什么、不应该做什么。
- 这种方式让我们专注于为需要解决的特定问题编写代码，避免开发一些不必要的代码。对需求要做的系统性探索迫使我们进行深入思考。因此，在 TDD 实践中，开发者们经常会和负责需求的工程师们讨论并澄清不明确的需求。
- 产品代码的开发速度自主可控。如果我们对实现一个需求有信心，可以迈出一大步，为一些比较复杂实例编写一条测试用例；如果我们不确定如何实现一个需求，可以把它拆分成几个小的需求，然后为这些比较简单的需求编写几条测试用例。
- 为代码质量提供快速反馈。没有采用 TDD 模式的开发者们在没有获得任何反馈之前已经开发出大量的产品代码。在 TDD 实践中，开发者们被要求每次只完成一步：编写一条测试用例，让它通过，然后反思是否需要改进产品代码和测试用例。在每一次新的循环中，我们都只是在前面所开发的代码已经测试通过的基础上编写了少量的新代码，这让我们在每次反思中都能比较轻松并及时地发现代码中的问题。
- 可测试的产品代码。先写测试代码，再写产品代码，促使我们在实现产品代码之前就思考哪种实现方式可以让测试更容易。而在传统的开发流程中，开发者们往往在一个功能的开发后期才会考虑如何测试。到了那个时候，为提高可测试性对代码进行修改的成本可能很高。
- 为代码设计提供反馈。测试代码常常是我们正在开发的类或组件的第一个用户。测试方法首先需要实例化被测试的类，然后向方法传递所需的参数并调用它，最后断言检查该方法是否输出了预期结果。如果这个过程难以进行，就可能有更好的方法设计被测试的类。在进行 TDD 时，这些代码涉及的问题在功能开发的早期就能被发现。我们越早发现这些问题，修复的成本就越低。

注意：TDD 在复杂的软件开发中最能发挥优势。推荐大家观看 James Shore 在 YouTube 上关于 TDD 的视频(2014 年)，他在整个软件系统的开发过程中都采用了 TDD 实践。另外推荐大家阅读 Freeman 和 Pryce 合著的《测试驱动的面向对象软件开发》(2009)，两位作者也在整个系统的开发过程中采用了 TDD 模式，另外在该书里他们深入讨论了如何通过测试来指导代码设计。

8.3　实际工作中的 TDD

在这一节我们会围绕 TDD 最常见的话题进行讨论。有些开发者非常喜欢并坚决捍卫 TDD 模式，另一些开发者则建议大家不要使用它。

一如既往，软件工程实践中没有银弹。我分享的经验都来自个人思考，没有经过科学论证。如果想知道 TDD 是否对我们有帮助，最好的办法就是实践它。

8.3.1　采用 TDD 还是不采用 TDD

对 TDD 持怀疑态度的读者可能会想，“不采用 TDD 我也能得到同样的好处。例如，我可以对我要实现的需求进行更多的思考，强迫自己只实现必须实现的功能，并从一开始就考虑类的可测试性。不写测试用例我也能做到这些！”这的确是行得通的。但我向大家推荐 TDD 模式的原因在于它让每一位开发者可以把控开发的节奏。找到下一个需要实现的最简单功能，为它写一条测试用例，只实现必需的功能点，然后进行反思。这种开发节奏完全是我们自己可以掌控的，帮助我们避免陷入困惑和挫折而难以自拔。

明确定义的开发循环提醒我们经常审查自己的代码。TDD 循环中提供了一个自然的反思时刻。当所有测试都变成绿色，就是我们开始反思当前的代码是否需要改进的时候。

对软件工程师来说，对类进行设计是最具挑战性的任务之一。TDD 循环迫使我们从一开始就使用自己正在开发的代码。设计一个类的想法和使用这个类的感觉会有所不同，我们在工作中应该结合这两个角度，选择最好的方式对一个类进行建模。

如果在产品代码写完后再写测试用例，而不是像 TDD 那样先写测试用例再开发产品代码，就要确保编写代码和测试之间间隔的时间足够短，这样才能向开发者提供及时反馈。不要写了一整天代码后才开始测试，那样可能就太滞后了。

8.3.2 需要100%的 TDD 吗

在一个软件系统的开发过程中，应该全程都采用 TDD 模式吗？其实不需要。我经常使用 TDD 模式进行开发，但并没有在所有开发中都使用 TDD。这取决于对正在开发的功能需要学习的程度。

- 当我们对如何设计一个类和系统架构，或者实现一个特定的需求没有明确的思路时，最好使用 TDD 模式进行开发。因为这种情况适合一步步来，通过测试来实验不同的实现方式。如果我们对于要实现的功能比较熟悉，并且已经知道用什么方式来实现它，就可以跳过一些 TDD 循环。
- 当我们需要实现一个复杂的需求或者缺乏相关的专业知识时，就应该使用 TDD。在实现一个功能遇到困难的时候，TDD 可以帮助我们后退一步重新理解需求，因为我们可以选择编写粒度更小的测试用例。
- 当开发过程中我们没有什么需要学习和了解的，就可以不用 TDD。如果我们已经很清楚需求并且知道如何实现它，可以直接编写代码(即使不采用 TDD，也需要及时编写测试用例。不要把测试用例留到一天结束时甚至是一个敏捷冲刺结束时再开始写。我们应该一边开发生产代码，一边开发测试代码。一旦遇到问题，就后退一步，把开发速度放慢)。

TDD 让我们有机会从代码实现的角度(是否实现了产品需求？)以及设计的角度(代码结构是否符合预期？)来了解正在开发的代码。但是对于一些复杂的特性，我们甚至很难确定第 1 个测试应该是什么样子，这种情况下不要采用 TDD 开发模式。

我们需要利用一些手段让我们停下来对正在做的事情进行反思。从这个角度看，TDD 是一个完美的开发方式，但并非唯一的方式。什么时候采用 TDD 需要我们根据经验来判断。大家在实践中很快就会知道什么方式最有效。

8.3.3 TDD 适用于所有应用程序和领域吗

TDD 适用于多种类型的应用程序和业务领域，甚至还有一些书介绍了如何在嵌入系统的开发中实践 TDD，例如，Grenning 所著的《测试驱动的嵌入式 C 语言开发》(2011)。在嵌入式领域中实践 TDD 自然更具挑战性。总之，只要能为应用程序编写自动化测试，就可以采用 TDD 开发模式。

8.3.4　学术研究对 TDD 的观点

TDD 是软件开发的重要组成部分，因此一些研究者们尝试用科学方法评估其有效性。现在很多人把 TDD 当作软件开发的银弹，其实大家应该多了解对于 TDD 的不同看法，包括实践 TDD 的开发者们的看法、我的看法，以及目前学术研究对 TDD 的认知。研究表明，TDD 在几种情况下有助于改善类的设计。

- Janzen 的研究(2005)表明，与非 TDD 实践者们相比，TDD 实践者们开发的算法复杂度更低，编写的测试集覆盖率更高。
- Janzen 和 Saiedian 的研究(2006)表明，采用 TDD 模式的团队开发的代码更好地体现了面向对象的概念，类之间的职责划分更合理。相比之下，其他团队开发出来的代码更多是面向过程的。
- George 和 Williams 的研究(2003)表明，尽管 TDD 在一开始会降低对此没有经验的开发者的工作效率，但在一项定性分析中，92%的开发者认为 TDD 有助于提高代码质量。
- Dogsa 和 Batic 的研究(2011)也发现，采用 TDD 有助于改善类的设计。根据两位学者的观点，这是由于 TDD 简化了开发流程。
- Erdogmus 等人设计了一个由 24 名本科生参与的实验(2005)，结果表明，TDD 提高了参与者们的开发效率，但并没有改变代码的质量。
- Nagappan 和同事们在微软研究了 3 个案例(2008)，结果显示，采用 TDD 的项目在产品发布前的缺陷密度与没有采用 TDD 的项目相比减少了 40%~90%。

Fucci 等人(2016)认为，TDD 中最重要的实践是编写测试用例(无论是在产品代码开发之前还是之后)。Gerosa 和我(2015)在采访了许多 TDD 实践者后也得出类似结论。很多 TDD 实践者的看法也是如此。这里引用一下 Michael Feathers(2008)的话：“这就是神奇之处，也是单元测试发挥作用的原因。无论是 TDD 模式下先写单元测试，还是在开发了代码之后再写单元测试，你都会仔细检查和认真思考。这样做通常可以预防产品中出现缺陷，甚至不会遇到测试失败的情况”。

然而，其他学术研究显示 TDD 的作用并不确定。

- Mueller 和 Hagner(2002)在针对参加极限编程研究生课程的 19 名学生进行实验之后，观察到与传统的开发模式相比，测试优先的策略并没有提高开发效率，TDD 模式下编写的代码也没有变得更加可靠。
- Siniaalto 和 Abrahamsson(2007)使用不同的代码度量指标比较了 5 个小规模的软件项目，结果显示采用 TDD 模式的好处并不明显。
- Shull 和他的同事们(2010)在总结了 14 篇关于 TDD 的研究成果后得出结论：TDD 对提升代码质量没有显示出一致的效果。这篇论文很浅显易懂，建议大家看一看。

作为一个读过关于 TDD 的大部分著作的学者，我发现许多学术研究的实验方法都不够完美，无论是那些显示 TDD 带来了积极效果的研究，还是显示 TDD 没有带来积极效果的研究。有些实验让学生作为参与者，而他们并不是软件开发或 TDD 方面的专家。还有一些采用没有实际价值的玩具项目来证明 TDD 的好处。一些研究中使用的代码度量指标，如代码耦合度和内聚性，不能全面衡量代码质量。当然，设计实验来衡量一个软件工程实践的作用确实有一定的难度，学术界目前仍在努力寻找最佳的实验方法。

最新的一些论文中表达了这样的观点：TDD 的作用可能不是因为“先编写测试”，而是一步一步靠近最终目标。Fucci 等人(2016)认为，“TDD 声称的好处可能不是由于其独特的测试优先原则，而是由于 TDD 这样的实施过程鼓励细化目标和分步实现的开发方式，这改善了开发者的专注度和开发流程”。

建议大家在工作中尝试一下 TDD，看看它是否适合自己的工作方式和编程风格。然后决定是全程采用 TDD(像我的许多同事一样)，还是只在某些情况下使用(像我这样)，或者放弃使用它(像我另外的许多同事一样)。总之，决定权完全在每个人手中。

8.3.5 TDD 的其他学派

TDD 并没有告诉我们从一个程序的哪里开始或者编写什么样的测试，这种灵活性催生了各种不同的 TDD 学派。如果大家对 TDD 比较了解，可能听说过 TDD 伦敦学派，该学派也称为模拟主义(mockist)TDD 学派、由外向内(outside-in)TDD 学派；还可能听说过古典主义(classicist)TDD 学派，本节总结了这些学派之间的区别，还提供了一些参考资料，以加深大家对 TDD 不同学派的了解。

在 TDD 古典主义学派(又称为 TDD 底特律学派、由内向外 TDD)中，开发者们从构成整个功能的不同单元开始 TDD 循环。通常情况下，TDD 古典主义者(以下简称古典主义者)会从负责主要业务规则的实体类开始实现代码，慢慢地向功能的外部扩展，将这些实体类与控制器、UI 和 Web Service 等连接起来。换句话说，古典主义者选择由内(实体和业务规则)向外(与用户的接口)实现一个软件系统。

古典主义者会尽量避免使用模拟。例如，当实现一个业务规则需要和两个或更多的类交互时，古典主义者选择一次性测试所有类的行为(让所有的类在一起工作)，而不是对依赖项进行模拟，也不追求对每个代码单元独立进行测试。古典主义者认为，模拟会降低测试集的有效性，并让测试集更加脆弱。我们在第 6 章中讨论过类似的否定观点。

伦敦学派(又称为由外向内 TDD、模拟主义 TDD)正好相反，倾向于从系统的外部开始(例如，UI 或处理 Web Service 的控制器)实现代码，然后慢慢向负责业务功能的单元扩展。为做到这一点，会致力于实现不同对象之间的协作。而为了让协作以由外而内的方式实现，开发者们使用模拟对象来探索对象之间的协作，并且喜欢测试独立的单元。

这两个学派都通过测试代码来了解正在开发的产品代码的设计。我喜欢《测试替身》(2018)一书中的说法："底特律学派认为，如果一个对象难以测试，就意味着难以使用；而伦敦学派认为，如果一个依赖项难以被模拟，就难以被其他对象调用。"

我的风格介于两个学派之间。我习惯从系统内部开始，先开发实体类和业务规则，然后慢慢向外扩展，让外部的代码层能够调用这些实体类。然而，我会尽可能进行单元级别的测试，不喜欢单元 A 的测试由于单元 B 的错误而失败。我会在测试中使用模拟对象并遵循我们在第 6 章讨论过的所有实践。

建议大家多了解一下这两个学派，这两个学派都给出了很好的观点，比较合理的做法是将二者的观点结合起来。推荐大家听一下 Mancuso 在 2018 年的演讲，其中详细介绍了 TDD 各学派之间的差异，以及如何使用各学派提供的方法。

8.3.6 TDD 和彻底的测试

一些研究表明，TDD 实践者们编写的测试用例在数量上要比非 TDD 实践者更多。然而，TDD 过程中生成的测试集不够系统化，肯定不会和我们应用前几章的测试方法设计出的测试集一样强大。道理很简单：在实施 TDD 的时候，我们的注意力并不在测试上面。TDD 只是一个帮助我们进行开发的工具，而不是帮助我们做测试。

让我们重温一下第 1 章中的图 1.4，TDD 属于“用于指导开发的测试”这一部分。换句话说，当我们希望通过测试指导开发过程时，就应该使用 TDD。在我们完成了 TDD 的开发过程，并且代码看起来已经不错了，下一步就需要开展图 1.4 中所描述的“有效和系统的测试”了。这时重点会转向测试，并在测试中应用基于需求规格的测试、结构化测试和基于属性的测试等技术。

那么可在测试阶段复用 TDD 过程中创建的测试用例吗？可以，而且理当如此。

如果 TDD 和有效的测试都能及时进行，将二者结合起来的效果会更好。在 TDD 完成后，我们不应该等一个星期以后才开始进行彻底的测试。可以把每次的 TDD 循环与“有效和系统的测试”循环结合起来吗？答案是肯定的! 一旦我们掌握了所有技术，就可以将它们结合在一起使用。我们在本书中讨论的实践不是让大家按顺序逐一实施，而是要把它们作为可随时利用的工具。

8.4 练习题

1. 测试驱动开发的循环如下图所示，请填写图中每一处编号所代表的含义。

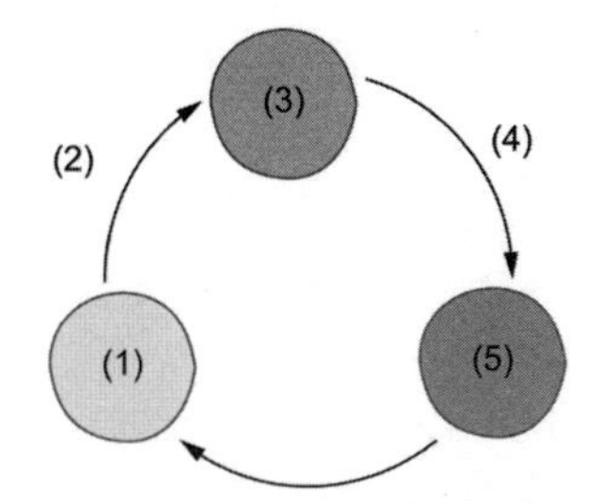

2. 下面列出的采用 TDD 模式的理由中，哪一项最不重要？

A. TDD 实践者们可以从测试提供的反馈中获得关于代码设计的提示信息。

B. TDD 的实践让开发者们在开发过程中稳定地并且循序渐进地取得进展。

C. 作为 TDD 实践的结果，TDD 让软件系统被全面地测试。

D. 使用模拟对象可以帮助开发者们理解对象之间的关系。

3. TDD 已经在开发者中被广泛采用，他们认为 TDD 能带来几个好处。以下哪一项不是他们认为的好处？(从开发者的角度看，可能和实证研究的结果不完全一致)。

A. 小步走的开发方式。开发者们可以在必要的时候采用更小的开发步骤。

B. 更好的团队协作。编写测试是一种社会活动，让开发团队更关注代码质量。

C. 重构。TDD 循环促使开发者们不断改进自己的代码。

D. 可测试性设计。TDD 迫使开发者们从一开始就编写可测试的代码。

4. 现在让我们来做一个 TDD 的练习。这是一个很常见的练习，开发一个程序计算保龄球比赛的最后得分。

在保龄球比赛中，每一局比赛分为 10 轮。在每一轮中，每个选手有 1 个计分格，每一格中选手有两次机会尝试用保龄球击倒 10 个球瓶。每 1 格的分数是被击倒的球瓶的数量，如果结果是 strike 或 spare，则有奖励。

strike 是指选手在一轮中第 1 次投球就击倒了所有的球瓶，即全中。除了这 1 轮的 10 分之外，还可得到一个奖励分：下一轮中投球击倒的球瓶的总数。举一个例子，[X] [1 2](每组[ ]代表一格，X 表示一次全中)表示，选手在这两格中共积累了 16 分。第 1 格得 10+3 分(10 分是全中得分，3 分是接下来的两次击球得分之和，1+2)，第 2 格得 3 分(两次击球得分之和)。

spare 是指选手在一轮中第 1 次击球没有全中，第 2 次击球击倒了第一次余下的所有球瓶，即补中。作为奖励，下一次击球得分会加到这一格的分数上。例如，[4 /][3 2](/表示补中)表示，选手在第 1 格得分是 13 分(第 1 个补中得分+下一次击球得分 3 分)，加上第 2 格的击球得分 5 分，总共是 18 分。

在第 10 轮(也就是最后一轮)，如果选手第 1 次击球全中，就会再获得 2 次击球的机会，如果是补中，就会再获得 1 次击球的机会，但这一轮中击球次数不能超过 3 次(也就是说，即使在额外获得的某次击球机会中把球瓶全部击倒，也不会再获得额外的击球机会)。

请编写一个程序，接收 10 轮的结果并返回比赛的最终得分。请应用 TDD 循环进行程序开发：先写一个测试用例，再写程序代码让它通过，然后重复这两个步骤。

8.5　本章小结

- 先编写一个执行会失败的测试用例，然后编写产品代码让测试通过，最后对代码进行重构。这就是测试驱动的开发(TDD)的全部内容。
- TDD 中红-绿-重构循环给开发过程带来了多方面的好处，例如，对开发节奏更好的把控，以及对代码质量的快速反馈。
- 所有 TDD 学派的观点都是有价值的，我们需要根据具体情况综合运用他们提供的方法。
- 实证研究并没有发现 TDD 能带来哪些明显的好处。目前的共识是，因为 TDD 提倡每次实现一小部分功能并取得稳定进展，这种方式让开发者们的效率更高。因此，虽然是否采用 TDD 取决于个人喜好，但采取短周期的开发方式和单元测试是正确的做法。
- 是否全程使用 TDD 也属于个人选择，在 TDD 能让我们在开发中更有效率时，就是采用 TDD 的好时机。
- 小步走的开发方式是 TDD 模式的关键所在。当我们不确定下一步应该怎么做时，不要害怕，一步一步慢慢来。当我们对下一步有信心时，也不要害怕，将步子迈得大一些。

第 9 章

编写大型测试

本章主要内容：

- 决定什么时候编写大型测试
- 设计可靠的集成测试和系统测试

我们在前面章节测试过的大多数代码都可以通过单元测试来完成。当遇到某些不太好进行单元测试的场景时，比如某些类存在依赖项，我们使用了桩对象和模拟对象来代替依赖项，这样就可以编写单元测试了。正如在第 1 章里讨论测试金字塔时所讲的，在测试业务规则时，我倾向于尽可能使用单元测试。

但是并不是系统里的所有内容都适合使用单元测试。为某些代码片段编写单元测试就是在浪费时间。当我们强行为它们编写单元测试时，会导致测试集并不能很好地发现缺陷，很难编写，或者当产品代码有微小的变更时，我们的测试代码会变得非常脆弱。

本章讨论了如何确定系统的哪些部分应该使用集成测试或系统测试。接着会讨论如何为以下三种常见情况编写测试：①应该在一起被执行的组件或类集(否则测试集会非常脆弱)；②与外部基础设施通信的组件，如与数据库通信且包含很多 SQL 查询的类；③端到端的系统。

9.1 什么时候使用大型测试

在以下两种情况下应该使用大型测试。

(1) 每个类已经被单独执行，但是整体行为是由许多类构成，并且我们期望看到它们是一起工作的。比如考虑一组计算购物车里的最终价格的类，我们已经对负责业务规则 1 和业务规则 2 的类进行了单元测试，但是我们仍然需要看到所有这些规则被应用后购物车的最终价格。

(2) 我们要测试的类是一个更大的即插即用架构中的一个组件。面向对象设计最大的好处之一就是我们可以封装和抽象可重复的复杂性，因此只需要实现那些重要的东西。想象一个我们最喜欢的 IDE(如 IntelliJ)的插件，我们可以开发插件的逻辑，但是许多动作只有当 IntelliJ 调用插件并将参数传递给它时才会发生。

接下来会列举这两种情况的例子，以帮助我们更好地理解它们。

9.1.1 测试大型组件

让我们从一个具体例子开始，假设我们有如下的需求。

给定一个具有商品、商品数量和相应单价的购物车，其最终价格计算如下：

(1) 每种商品的最终价格可以用单价乘以数量来计算。

(2) 运费规则具体如下：

a. 如果购物车里有 1～3 件商品(包含 3 件)，额外收取 5 美元。

b. 如果购物车里有 4～10 件商品(包含 10 件)，额外收取 12.5 美元。

c. 如果购物车里有大于 10 件的商品，则额外收取 20 美元。

(3) 如果购物车里有一件电子产品，则额外收取 7.5 美元。

注意： 这里关于运费的业务规则是不切实际的。作为开发者，当我们发现了类似不一致时，应该和干系人、产品负责人或任何负责这个功能的人沟通。为简单起见，这里保持了业务规则的简单性。

在开始写代码之前，我们先来思考一下如何解决这个问题。商品的最终价格是由一系列规则应用在购物车上计算出来的。基于我们对软件设计和可测性设计的经验，如果把所有规则都放在一个类里面，会导致一个庞大的类，且需要大量的测试，所以每一个规则都应该是单独的类。我们倾向于只需要少量测试的小型类。

假设 ShoppingCart 类和 Item 类已经存在于现有的代码中，它们都是简单的实体类。ShoppingCart 包含一系列 Item。每个 Item 都由商品名称、数量、单价和标注是否为电子产品的类型等构成。

我们先定义所有价格共有的契约。代码清单 9.1 展示了所有价格规则都要遵守的 PriceRule 的接口。它会接收 ShoppingCart 作为输入，返回购物车最终价格的汇总值。汇总所有的价格规则是另一个类的职责，我们会稍后再讨论。

代码清单 9.1　PriceRule 接口

```
public interface PriceRule {
    double priceToAggregate(ShoppingCart cart);
}
```

先来实现 DeliveryPrice 价格规则，如代码清单 9.2 所示。其实现代码比较简单，因为 DeliveryPrice 的值只依赖于购物车里的商品数量。

代码清单 9.2　DeliveryPrice 的实现

```
public class DeliveryPrice implements PriceRule {
  @Override
  public double priceToAggregate(ShoppingCart cart) {

    int totalItems = cart.numberOfItems();     ← 获得购物车里的商品数量，运费在此基础上得出

    if(totalItems == 0)                         ← 这些基于需求的 if 语句足以用来返回相应的运费价格
       return 0;
    if(totalItems >= 1 && totalItems <= 3)
       return 5;
    if(totalItems >= 4 && totalItems <= 10)
       return 12.5;

    return 20.0;
  }
}
```

注意：出于示例目的，这里使用 double 类型来表示价格，但是像之前讨论的，在实际工作中这是很糟糕的选择。我们更倾向于使用 BigDecimal、Integer 或 Long 等类型来表示价格。

代码实现后，接下来按照学过的方法(即单元测试)来测试它。该类比较小和集中，因此使用单元测试更有意义。在单元测试中，我们将运用基于需求规格的测试方法，以及更重要的边界测试方法(在第 2 章中讨论的)。该需求有清晰的边界，而且这些边界是连续的(1 到 3 件，4 到 10 件，和大于 10 件)。这意味着，可测试每个规则的上点和离点。

- 0 件
- 1 件
- 3 件
- 4 件
- 10 件
- 大于 10 件(如 11 件等)

注意：这里对 0 件商品做了处理，需求里没有提到 0 件商品的情况。但是考虑到 DeliveryPrice 类的前置条件，如果购物车里没有商品，运费应该为 0。在测试中我们应该考虑到这种边角场景。

我们使用参数化测试和逗号分隔值(CSV)作为数据源来实现 Junit 测试代码，如代码清单 9.3 所示。

代码清单 9.3 DeliveryPrice 的测试

```
public class DeliveryPriceTest {

  @ParameterizedTest
  @CsvSource({
    "0,0",
    "1,5",
    "3,5",
    "4,12.5",
    "10,12.5",
    "11,20"})
  void deliveryIsAccordingToTheNumberOfItems(int noOfItems,
    ➥ double expectedDeliveryPrice) {

    ShoppingCart cart = new ShoppingCart();
    for(int i = 0; i < noOfItems; i++) {
     cart.add(new Item(ItemType.OTHER, "ANY", 1, 1));
    }

    double price = new DeliveryPrice().priceToAggregate(cart);

    assertThat(price).isEqualTo(expectedDeliveryPrice);
  }
}
```

执行 6 个边界值，第一个值是购物车里的商品数量，第二个值是预期的运费

创建购物车，并将指定数量的商品添加进去。这里商品类型、名称、数量和单价不重要

调用 DeliveryPrice 规则

断言其返回值

重构代码以实现 100%的代码覆盖率

这个例子说明了为什么我们不能盲目使用代码覆盖率。如果我们运行

代码覆盖率工具生成报告，就会发现所用的工具会认为测试没有实现 100%的分支覆盖率。事实上，5 个条件中只有 3 个被执行到了，而 totalItems>=1 和 totalItems>=4 的情况没有被执行到。

为什么呢？让我们以 totalItems >=1 为例来说明。在 DeliveryPriceTest 测试方法中好几个测试用例的商品数量都是大于 1 的，所以条件分支为 true 的分支已经被执行了。但是如何验证条件分支是 false 的情况呢？我们需要一个商品数量小于 1 的场景。我们有一个商品数量为 0 的测试，但由于在 totalItems ==0 的条件中方法已经返回，所以没有机会运行到 false 分支。实际上，我们已经覆盖了所有分支，但是测试工具不能理解这些。

一种想法就是重写 priceToAggregate()方法的代码使其不再是问题。在下面的代码中，该方法的实现几乎是一样的，但是 if 语句按照这样的顺序编写就可以让工具报告 100%的分支覆盖率。

```
public double priceToAggregate(ShoppingCart cart) {

  int totalItems = cart.numberOfItems();

  if(totalItems == 0)
   return 0;
  if(totalItems <= 3)
   return 5;
  if(totalItems <= 10)
   return 12.5;

  return 20.0;
}
```

不需要检查 totalItems >= 1，因为只要执行到这个 if 语句，条件就必然成立

这里也一样，不需要检查 totalItems >= 4

接下来，我们来实现 ExtraChargeForElectronics，这里的实现也很简单，我们要做的就是检查购物车里是否包含电子产品。如果有，就增加额外的运费，如代码清单 9.4 所示。

代码清单 9.4　ExtraChargeForElectronics 的实现

```
public class ExtraChargeForElectronics implements PriceRule {
  @Override
  public double priceToAggregate(ShoppingCart cart) {

    List<Item> items = cart.getItems();

    boolean hasAnElectronicDevice = items
```

```
            .stream()
            .anyMatch(it -> it.getType() == ItemType.ELECTRONIC);   ← 查找那些产品类型为 ELECTRONIC
                                                                       的商品
        if(hasAnElectronicDevice)   ← 只要有一件电子产品，就
          return 7.50;                返回额外的费用

        return 0;   ← 否则，就不增加
      }               额外运费
    }
```

我们有 3 种情况要测试：购物车里没有任何电子产品、有一个或多个电子产品、空的购物车。让我们用 3 种不同的测试方法来分别测试这 3 种情况。首先，代码清单 9.5 中测试了一个或多个电子产品的情况，我们可以使用参数化测试来实现。

代码清单 9.5　对电子产品额外收费的测试

```
public class ExtraChargeForElectronicsTest {

  @ParameterizedTest
  @CsvSource({"1", "2"})   ← 参数化测试会执行两条测试用例：购物车里有一个电子产品
                             的测试，和购物车里有两个电子产品的测试。我们要确保在
                             购物车里有多件电子产品时，不会错误地收取额外运费
  void chargeTheExtraPriceIfThereIsAnyElectronicInTheCart(
    ➥ int numberOfElectronics) {
    ShoppingCart cart = new ShoppingCart();

    for(int i = 0; i < numberOfElectronics; i++) {   ← 一个简单的循环语句用来添加指定数量的电子产品。我们也
      cart.add(new Item(ItemType.ELECTRONIC, "ANY ELECTRONIC", 1, 1));   可以添加非电子类产品，这会让测试更加全面吗？
    }

    double price = new
 ExtraChargeForElectronics().priceToAggregate(cart);

    assertThat(price).isEqualTo(7.50);   ← 断言收取了额外电子产品的费用
  }
}
```

还需要测试当购物车里没有电子产品时，没有额外费用的场景(见代码清单 9.6)。

注意： 如果大家读过第 5 章，可能会想，在这个例子中我们是否应该编写一个基于属性的测试。被测方法的代码实现非常简单，电子产品的数量也不会显著影响算法的运行方式，所以这里还是使用了基于实例的测试。

代码清单 9.6　对多个电子产品没有额外收费的测试

```
@Test
void noExtraChargesIfNoElectronics() {
  ShoppingCart cart = new ShoppingCart();
  cart.add(new Item(ItemType.OTHER, "BOOK", 1, 1));
  cart.add(new Item(ItemType.OTHER, "CD", 1, 1));
  cart.add(new Item(ItemType.OTHER, "BABY TOY", 1, 1));

  double price = new ExtraChargeForElectronics().priceToAggregate(cart);
  assertThat(price).isEqualTo(0);
}
```

创建一个购物车，随机地添加一些商品，但不包括任何电子产品

断言没有额外的收费

最后，我们来测试一下购物车为空的情况，如代码清单 9.7 所示。

代码清单 9.7 对空购物车不收取电子产品费用的测试

```
@Test
void noItems() {
  ShoppingCart cart = new ShoppingCart();
  double price = new ExtraChargeForElectronics().priceToAggregate(cart);
  assertThat(price).isEqualTo(0);
}
```

购物车是空的，所以运费应该为 0

最后要实现的一个规则是 PriceOfItems，用来浏览商品列表并为每件商品计算其单价乘以商品数量的结果。为节省篇幅，这里就不展示其实现代码和测试代码了，它们都可以在本书的代码库里找到。

让我们再来看一下集合所有的价格规则并计算最终价格的 FinalPriceCalcalator 类(见代码清单 9.8)。该类在它的构造函数中接收了一个 PriceRule 列表。calculate 方法接收一个 ShoppingCart 对象， 把它传递给列表中所有的价格规则，然后返回合计价格。

代码清单 9.8　执行所有 PriceRule 的 FinalPriceCalculator

```
public class FinalPriceCalculator {

  private final List<PriceRule> rules;

  public FinalPriceCalculator(List<PriceRule> rules) {
     this.rules = rules;
  }
```

在构造函数中接收一组价格规则。这个类实现很灵活，可接收任何价格规则的组合

```
  public double calculate(ShoppingCart cart) {
    double finalPrice = 0;

    for (PriceRule rule : rules) {     ← 针对每个价格规则，将对应的价格加到最终价格里
      finalPrice += rule.priceToAggregate(cart);
    }

    return finalPrice;     ← 返回最后的合计价格
  }
}
```

可以很容易地对这个类进行单元测试，要做的只是为一组 PriceRules 创建桩对象。在代码清单 9.9 中，我们创建了价格规则的 3 个桩对象，每个桩对象返回不同的值，包括返回 0(因为 0 是可能出现的)。然后我们创建了一个简单的购物车，因为我们对价格规则进行了模拟，所以购物车里有什么商品并不重要。

代码清单 9.9　测试 FinalPriceCalculator

```
public class FinalPriceCalculatorTest {

  @Test
  void callAllPriceRules() {
    PriceRule rule1 = mock(PriceRule.class);     ← 创建不同价格规则的 3 个桩对象
    PriceRule rule2 = mock(PriceRule.class);
    PriceRule rule3 = mock(PriceRule.class);

    ShoppingCart cart = new ShoppingCart();     ← 创建一个简单的购物车
    cart.add(new Item(ItemType.OTHER, "ITEM", 1, 1));
    when(rule1.priceToAggregate(cart)).thenReturn(1.0);     ← 针对给定的 cart，使桩对象返回不同的结果
    when(rule2.priceToAggregate(cart)).thenReturn(0.0);
    when(rule3.priceToAggregate(cart)).thenReturn(2.0);

    List<PriceRule> rules = Arrays.asList(rule1, rule2, rule3);     ← 将桩对象传递给规则计算器并运行它
    FinalPriceCalculator calculator = new FinalPriceCalculator(rules);
    double price = calculator.calculate(cart);

    assertThat(price).isEqualTo(3);     ← 基于定义的桩对象，我们期望最终的值是 3
  }
}
```

在看到本节开头提出的需求时，如果大家所设想的实现方式和上面一样，就表明大家已经理解了我对程序设计和测试的思考方式了。但大家可能会想，即使单独测试了每种价格规则，也使用桩对象测试了不同规则下的价格计算，我们仍然无法确定如果将所有这些都叠加在一起，程序是否正常工作。

这种怀疑是对的，为什么不编写更多测试？因为测试已经涵盖了所有需求。从结构上来说，我们已经测试了所有场景。这些情况下，我们建议编写大型测试将所有的类放在一起执行。这里，大型测试会将所有的 PriceRule 组合在一起执行 FinalPriceCalculator。首先在产品代码中创建一个工厂类，负责实例化计算器对象及其所有依赖项，如代码清单 9.10 所示。

代码清单 9.10　FinalPriceCalculatorFactory

```
public class FinalPriceCalculatorFactory {

  public FinalPriceCalculator build() {
    List<PriceRule> priceRules = Arrays.asList(
      new PriceOfItems(),
      new ExtraChargeForElectronics(),
      new DeliveryPrice());

    return new FinalPriceCalculator(priceRules);
  }
}
```

手动传递 PriceRule 的列表，这里也可以使用依赖注入框架来实现同样的操作

现在要做的就是使用工厂模式来构建一个真实的 FinalPriceCalculator，向它传递参数。让我们先从编写一个购物车的测试开始，该购物车有 4 件商品(运费是 12.5)和 1 件电子产品(最终价格将包含额外费用)，如代码清单 9.11 所示。

代码清单 9.11　FinalPriceCalculator 的大型测试

使用真实的 FinalPriceCalculator，所有 PriceRule 也都是真实的

```
public class FinalPriceCalculatorLargerTest {

  private final FinalPriceCalculator calculator =
  ➥ new FinalPriceCalculatorFactory().build();
```

```
@Test
void appliesAllRules() {                              创建一个购物车实例
  ShoppingCart cart = new ShoppingCart();  ◀
  cart.add(new Item(ItemType.ELECTRONIC, "PS5", 1, 299));
  cart.add(new Item(ItemType.OTHER, "BOOK", 1, 29));
  cart.add(new Item(ItemType.OTHER, "CD", 2, 12));
  cart.add(new Item(ItemType.OTHER, "CHOCOLATE", 3, 1.50));

  double price = calculator.calculate(cart);

  double expectedPrice =                         商品价格
    299 + 29 + 12 * 2 + 1.50 * 3 +  ◀
    7.50 +  ◀
    12.5;          包含电子产品

运费
  assertThat(price)                        断言购物车的最终
    .isEqualTo(expectedPrice);  ◀          价格符合预期
  }
}
```

就测试代码而言，这与编写单元测试没有什么不同。事实上，根据我们在第 1 章给出的定义，我们不认为这是集成测试，因为它没有超出系统的边界。这是一个可以执行很多单元的大型测试。

从测试的角度看，我们可以用同样的方式来使用基于需求规格的测试、边界测试或结构化测试等技术。与单元测试的区别仅在于大型测试的粒度更粗一些。在测试 DeliveryPrice 这个单元时，我们只考虑了与配送相关的规则。而现在，我们把所有行为放在一起测试(计算加价格规则)，需要覆盖的组合数量就更大了。

大型测试中基于需求规格的测试

我们一起来看一下这里如何使用基于需求规格的测试。我们可将每个价格规则当作一个独立执行的类别，类似于在单独测试一个类时给方法传递输入值。因此我们可以把类别定义为：每种商品的价格、运费和电子产品的额外费用。每个类别都有自己的分区。商品本身可以不同，类别和分区如下所示：

- 购物车
  - 空的购物车

    - 只有一种商品
    - 有多种商品
- 每种单独的商品
    - 一件
    - 多件
    - 单价乘以数量，四舍五入
    - 单价乘以数量，没有四舍五入
- 运费
    - 1~3 件商品
    - 4~10 件商品
    - 超过 10 件商品
- 电子产品
    - 有电子产品
    - 没有电子产品

可将有意义的分区组合起来，设计出不同的测试用例，并将它们编写为自动化的 Junit 测试。我将自动化测试的编写留给大家做练习。

该示例显示了将几组类放在一起测试所需的工作。我会在有价值的场合下使用这种方法，比如调试生产环境中发生的问题。但是，我是在单元测试的基础上进行大型测试，而且不会对单元测试覆盖的每条用例都重新测试一遍。另外，我喜欢把大型组件测试用在具有真实输入的组件上。

9.1.2　测试超出代码库的大型组件

在前面的示例中，大型测试使得我们对组件的整体行为充满信心，但是我们仍然可以单独测试每个单元。有些场景下，我们没有办法为某些单元单独编写测试。更确切地说，虽然也可以编写，但是没有实际意义。我们来看一下我编写的两个小型开源项目的示例。

测试 CK 工具

第一个示例是一个名为CK 的项目(https://github.com/mauricioaniche/ck)，可以在我的 GitHub 页面上找到。CK 是一个计算 Java 代码度量指标的工具。它依赖于 Eclipse JDT(www.eclipse.org/jdt/)，这是 Eclipse IDE 的组成部分。在 JDT 的诸多功能中有一项功能，支持我们构建 Java 代码的抽象语法树

(AST)。CK 使用 JDT 来构建抽象语法树，然后通过访问这些语法树来计算不同的指标。

可以想象，CK 高度依赖于 JDT 的工作方式。基于 AST，JDT 给客户端提供了一种访问语法树的方法。客户端需要创建一个从 ASTVisitor 继承的类；访问者(Visitor)是一种非常常见的设计模式，用来浏览复杂的数据结构。CK 实现了很多 AST 访问者，每个访问者负责计算一个度量指标。

CK 实现的指标之一是对象之间的耦合度(CBO)，该指标计算当前类所依赖的其他类的数量。设想有一个虚构的类 A，如代码清单 9.12 所示，这个类声明了一个类型为 B 的字段并实例化了类 C。CK 检测到 A 对 B 和 C 的依赖，于是返回 2 作为其耦合度。

代码清单 9.12　CK 中 CBO 类的实现代码

```
class A {
  private B b;

  public void action() {
     new C().method();
  }
}
```

代码清单 9.13 中展示了计算耦合度指标的一种简化实现代码(完整的代码可以在我的 GitHub 上找到)。该实现会查找类中所有声明和使用的对象类型，并将其加入一个集合中。之后， 返回集合中类型的数量。注意所有的 visit 方法，只要有方法调用或字段声明，JDT 就会调用 visit 方法。

代码清单 9.13　CK 中 CBO 类的实现代码

我们实现了自己的接口，而不是使用 JDT 的 ASTVisitor，但是两者是一样的

```
public class CBO implements CKASTVisitor {

  private Set<String> coupling = new HashSet<String>();

  @Override
  public void visit(MethodInvocation node) {
     IMethodBinding binding = node.resolveMethodBinding();
     if(binding!=null)
       coupleTo(binding.getDeclaringClass());
  }
```

声明一个集合来保存该类中使用的所有唯一类型

如果存在方法调用，则获取被调用方法的类的类型

```
    @Override
    public void visit(FieldDeclaration node) {      ← 如果存在字段声明，
        coupleTo(node.getType());                     则获取字段类型
    }

    // this continues for all the possible places where a type can appear...

    private void coupleTo(Type type) {
      // some complex code here to extract the name of the type.
      String fullyQualifiedName = ...;

      addToSet(fullyQualifiedName);     ← 将类型的全名加入集合中
    }

    private void addToSet(String name) {
       this.coupling.add(name);
    }
}
```

那么如何为 CBO 类编写单元测试呢？一旦 JDT 基于真正的 Java 代码构建出抽象语法树，CBO 类则提供多个 visit 方法供 JDT 调用。我们可尝试模拟这些 visit 方法接收的所有类型，例如 MethodInvocation 和 FieldDeclaration，然后对这些方法进行一系列调用。但在我看来，这与我们真正运行 JDT 时所发生的事情相去甚远。

除非启动 JDT、请求 JDT 基于真正的 Java 类来构建抽象语法树，并使用 CBO 类来访问生成的 AST，然后对比结果，否则无法对 CBO 类进行单元测试。所以，这种情况下，我们应该执行的是真实的集成测试。

在代码清单 9.14 中，测试类在一个特定目录下运行包含 JDT 的 CK 类。这个目录包含我们为测试目的所伪造的 Java 类。在代码中，目录名称为 cbo，而每个指标都有自己的目录。由于运行 JDT 需要一点时间，所以为整个测试类运行一次(参阅@BeforeAll 方法)。随后测试方法为指定的类请求测试报告。在 countDifferentDependencies 类的测试中，我们感兴趣的是伪 Coupling1 类的耦合度，我们断言它的耦合度是 6。

代码清单 9.14　CBOTest

```
public class CBOTest extends BaseTest {     ← BaseTest 类为所有测试
                                              类提供了基础功能
  @BeforeAll
  public void setUp() {
```

```
      report = run(fixturesDir() + "/cbo");
    }

    @Test
    public void countDifferentDependencies() {
      CKClassResult result = report.get("cbo.Coupling1");

      assertEquals(6, result.getCbo());
    }
  }
```

针对 cbo 目录下的所有代码运行 JDT，该目录包含了只为测试目的而创建的 Java 代码

CK 返回报告，我们用其来获取为此测试创建的特定 Java 类的结果(参考代码清单 9.15)

我们期望这个类和其他 6 个类耦合

为帮助大家更好地理解为什么 Coupling1 类的耦合度是 6，代码清单 9.15 展示了该类的代码。这组代码没有什么实际意义，但是足够我们用来计算依赖项。该类使用了类 A、B、C、D、C2 和 CouplingHelper，这就构成了 6 个依赖项。

代码清单 9.15　Coupling1 类

```
public class Coupling1 {

  private B b;          // ← B

  public D m1() {       // ← D
    A a = new A();      // A →
    C[] x = new C[10];  // ← C

    CouplingHelper h = new CouplingHelper();   // ← CouplingHelper
    C2 c2 = h.m1();     // C2 →

    return d;
  }
}
```

CBOTest 类还包含其他很多测试方法，每种方法执行不同的用例。比如，在一个依赖项的代码还没有完成之前，CBOTest 会测试 CK 是否可以计算该依赖项(假设类 A 的代码不在 cbo 目录中)。另外，它还会测试 CK 是否可以计算接口、继承的类、方法参数的类型等。

在这里设计出好的测试用例是很困难的，而且也不容易使用基于需求规格的测试，因为输入可以是任何 Java 类。为即插即用架构实现类时，我们会面临类似的挑战。这是一个很好的例子，说明我们需要在特定环境下学习如何测试。相关的问题(如测试编译器)也是一个很重要的研究领域。

测试 Andy 工具

我的助教和我曾经一起编写了一个用来评估学生设计的测试集的工具，这是另一个我们无法编写独立单元测试的例子。这个工具的名字是 Andy(https://github.com/cse1110/andy)，用来编译学生提供的测试代码，运行其中所有的 JUnit 测试用例，计算代码覆盖率，运行静态分析，并检查测试集是否足够强大，能捕获(Kill)被测代码的变异。之后 Andy 会给出评分和详细的评估说明。

每个步骤都是在一个单独的类中实现的，比如 CompilationStep 类负责编译学生的代码，RunJUnitTestsStep 类负责执行学生提交的单元测试，而 RunMetaTestsStep 类检查测试集是否捕获了我们期望捕获的那些人为设计的变异。图 9.1 展示了 Andy 工具的整体流程。

如果要对 Andy 工具的每个单元都进行单元测试，那么我们需要对编译步骤进行单元测试，再对 JUnit 运行做单元测试，依此类推。但是我们如何在没有对代码进行编译的情况下来执行“运行 Junit”的步骤？这显然是不现实的。

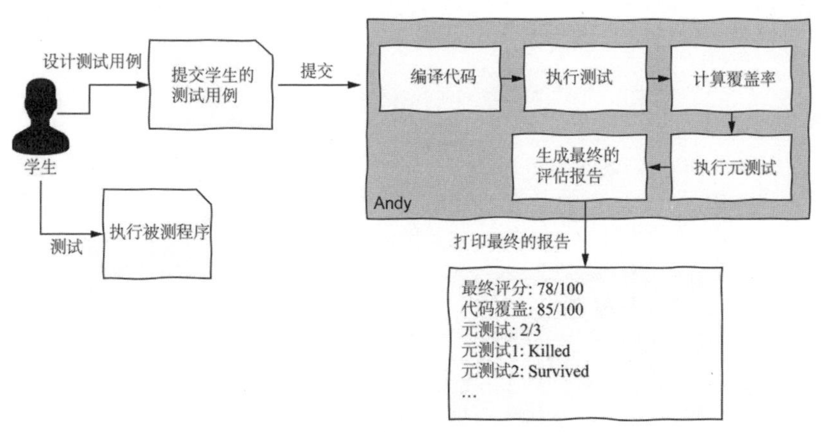

图 9.1　Andy 的简化工作流

我们决定使用大型测试对 Andy 工具进行测试。由于覆盖 RunMeta-TestsStep 类的测试用例会执行我们为工具开发的整个引擎。因此，我们的测试提供了一个真实的 Java 文件来模拟学生提交的测试代码，和另一个包含被测试类的 Java 文件。Andy 工具获取这些文件后，编译它们，运行 JUnit

测试，最后执行元测试。

代码清单 9.16 展示了测试集中的一个测试。run()方法是在测试基类 IntegrationTestBase 中实现的，所有测试类可以使用它来运行整个 Andy 引擎。真实的 Java 文件的参数如下：

- NumberUtilsAddLibrary.java 包含被测试类的代码。
- NumberUtilsAddOffiialSolution.java 包含学生提交的一种可能的测试方案(在本例中，就是正式的方案)。
- NumberUtilsAddConfiguration.java 是由教师提供的一个配置类。

run()方法会返回 Result 类，一个包含每步测试结果的实体类。因为我们的测试用例聚焦于元测试，断言也关注元测试。在该方法中，我们期待 Andy 工具运行以下四种元测试并通过这些测试：AppliesMultiple-CarriesWrongly、DoesNotApplyCarryAtAll、DoesNotApplyLastCarry 和 DoesNot-CheckNumbersOutOfRange， 如代码清单 9.16 所示。

代码清单 9.16 MetaTests 的集成测试步骤

```
public class MetaTestsTest extends IntegrationTestBase {

  @Test
  void allMetaTestsPassing() {
    Result result =
        run(
        "NumberUtilsAddLibrary.java",
        "NumberUtilsAddOfficialSolution.java",
        "NumberUtilsAddConfiguration.java");

  assertThat(result.getMetaTests().getTotalTests())
      .isEqualTo(4);
  assertThat(result.getMetaTests().getPassedMetaTests())
      .isEqualTo(4);
  assertThat(result.getMetaTests())
      .has(passedMetaTest("AppliesMultipleCarriesWrongly"))
      .has(passedMetaTest("DoesNotApplyCarryAtAll"))
      .has(passedMetaTest("DoesNotApplyLastCarry"))
      .has(passedMetaTest("DoesNotCheckNumbersOutOfRange"));
  }
}
```

运行完整的 Andy 引擎

断言按预期来执行元测试的步骤

注意：你可能会好奇这个测试中的 passedMetaTest 方法。AssetJ 允许我们扩展断言集，因此我们为元测试专门创建了一个断言。我们将在第 10 章展示如何创建断言。

这两个例子说明，孤立地对一个类进行单元测试是没有意义的。一般来说，我的建议是尽量多使用单元测试，正如我们之前多次说过的，单元测试成本低又容易编写。但是当我们相信大型测试可以给我们带来更多信心时，也不要害怕编写大型测试。

9.2　数据库与 SQL 测试

在本书的很多示例中，DAO (数据访问对象)类负责在数据库中检索或持久化信息。每当这种类出现的时候，我们要快速地为它们编写桩对象或模拟对象。然而，有时我们需要测试这些类。这些数据访问对象经常要执行复杂的 SQL 查询语句，它们封装了大量的业务知识，需要测试者耗费一些精力来确保它们产生预期的结果。接下来的部分介绍了在 SQL 查询中要测试的内容，如何为 SQL 查询编写自动化测试用例，以及所涉及的挑战和最佳实践。

9.2.1　SQL 查询中测试的内容

SQL 是一种强大的语言，包含了我们可以使用的各种功能。我们可以将查询简化，将其当作谓词的组合。以下是一些示例：

- select * from invoice where value<50
- select * from invoice i join customer c on i.customer_id = c.id where c.country = 'nl'
- select * from invoice where value > 50 and value < 200

在这些例子中，value<50、i.customer_id=c.id、c.country='NL'和 value > 50 and value < 200 都是构成不同查询的谓词。作为测试人员，其中一个要求就是执行谓词并检查当谓词评估为不同的结果时，SQL 查询是否返回预期的结果。

本书中讨论的所有测试技术都可以应用在这里：

- 基于需求规格的测试——SQL 查询源于需求，测试人员可以分析需求，并得出需要测试的等效区间。
- 边界分析——包含 SQL 查询的程序是有边界的，我们预期边界是出错概率较高的地方，所以对边界进行测试很重要。
- 结构化测试——SQL 查询包含谓词，测试人员可以使用 SQL 的结构来派生出测试用例。

现在让我们把关注点集中在结构化测试。如果查看上述第三个 SQL 示例，并根据我们之前讨论过的结构化测试进行类推，会发现该 SQL 查询包含由两个谓词组成的单一分支(value > 50 and value < 200)。这意味着这两个谓词有四种不同的组合：(true, true)、(true, false)、(false, true)和(false, false)。我们可以设定以下任一目标：

- 分支覆盖——这种情况下，两个测试就足以实现 100%分支覆盖(一个是使整体判定为 true，一个是使其判定为 false)。
- 条件+分支覆盖——这种情况下，三个测试就足以实现 100%条件加分支覆盖，如 T1=150、T2=40、T3=250。

Tuya、Suarez-Cabal 和 De La Riva 在 2006 年发表的论文 A practical guide to SQL white-box testing 中，作者提出了设计 SQL 测试的如下 5 项准则。

- 对 SQL 条件采用修正条件判定覆盖(MC/DC)——判定发生在 SQL 查询的三个位置：join、where 和 having 条件。我们可以使用 MC/DC 等指标充分地覆盖 SQL 查询的谓词。如果不记得 MC/DC 覆盖是如何工作的，请重温第 3 章。
- 调整 MC/DC 指标来处理 null 值——因为数据库会提供处理/返回 null 的特殊方法，所以任何覆盖标准都应该适应三值逻辑(true、false 和 null)。换句话说，我们需要考虑查询中值为 null 的可能性。
- 对选择数据进行类别分区——SQL 可以被认为是一种声明性规范，我们可以为它定义要测试的分区。从 Tuya 等人的论文中，我们直接定义出以下内容：
  - 检索的行——设计一个测试状态来强制查询时不选择任何行。
  - 合并的行——输出结果中存在不需要的重复行是某些查询常见的错误。我们设计一个测试状态以选择相同的行。

- ♦ 分组的行——针对每个 group-by 列设计测试状态以获得至少两个不同的组作为输出，这样用于分组的值是相同的，但是其他的值都是不同的。
- ♦ 在子查询中选择的行——针对每个子查询设计返回零个或多个行的不同测试状态，在所选列中至少有一个 null 值和两个不同的值。
- ♦ 聚合函数的值——为每个聚合函数(不算 count)至少设计两个测试状态。一个测试状态中，函数计算两个相等的值；另一个测试状态中，函数计算两个不同的值。
- ♦ 其他表达式——为包含这些情况的 SQL 表达式设计测试状态：like 谓词、时间管理、字符串管理、数据类型转换，或使用类别分区和边界检查的其他函数。

- 检查输出——不仅要检查输入域，还要检查输出域。SQL 查询可能会在特定列返回 null 或空值，这可能会中断程序的其余部分。
- 检查数据库约束——数据库有约束，要确保数据库强制执行这些约束。

正如我们所看到的，SQL 查询在很多地方可能出错，而确保错误不会发生是测试人员工作的一部分。

9.2.2 为 SQL 查询写自动化测试

我们可以使用 JUnit 来编写 SQL 测试，步骤如下：

(1) 与数据库建立连接

(2) 确保数据库处于正确的初始状态

(3) 执行 SQL 查询

(4) 检查结果

考虑如下的场景。

- Invoice 表，包含 name 字段(varchar 类型，长度为 100)和 value 字段(double 类型)。
- InvoiceDao 类，使用 API 与数据库进行通信，API 精准与否在这里不重要。DAO 执行三个操作：save()将发票信息持久保存到数据库；all()返回数据库中的所有发票；allWithAtLeast()返回至少一个具有指定值的所有发票，具体来说：

- save()执行 INSERT INTO invoice(name,value) VALUES(?,?)。
- all()执行 SELECT*FROM invoice 。
- allWithAtLeast()执行 SELECT*FROM invoice WHERE value >=?。

代码清单 9.17、代码清单 9.18 和代码清单 9.19 展示了 InvoiceDAO 类 JDBC 的简化实现。

代码清单 9.17 InvoiceDAO 类 JDBC 的简化实现，第一部分

```
import java.sql.*;
import java.util.ArrayList;
import java.util.List;

public class InvoiceDao {

  private final Connection connection;

  public InvoiceDao(Connection connection) {
    this.connection = connection;
  }

  public List<Invoice> all() {
    try {
      PreparedStatement ps = connection.prepareStatement(
          ➥ "select * from invoice");
      ResultSet rs = ps.executeQuery();

      List<Invoice> allInvoices = new ArrayList<>();
      while (rs.next()) {
        allInvoices.add(new Invoice(rs.getString("name"),
        ➥ rs.getInt("value")));
      }

      return allInvoices;

    } catch(Exception e) {
        throw new RuntimeException(e);
    }
  }
```

DAO 保持与数据库的连接

准备和执行 SQL 查询

遍历结果，为每项结果创建新的 Invoice 实例

JDBC API 抛出受查型异常，为简化起见，将它们转化为非受查型异常

代码清单 9.18　InvoiceDAO 类 JDBC 的简化实现，第二部分

```
public List<Invoice> allWithAtLeast(int value) {
  try {
      PreparedStatement ps = connection.prepareStatement(
        ➥ "select * from invoice where value >= ?");
      ps.setInt(1, value);
      ResultSet rs = ps.executeQuery();

      List<Invoice> allInvoices = new ArrayList<>();
      while (rs.next()) {
        allInvoices.add(
          new Invoice(rs.getString("name"), rs.getInt("value"))
        );
      }
      return allInvoices;
    } catch (Exception e) {
      throw new RuntimeException(e);
    }
  }
```

同样，我们准备并执行 SQL 查询，然后为每行结果创建 Invoice 实体类

代码清单 9.19　InvoiceDAO 类 JDBC 的简化实现，第三部分

```
public void save(Invoice inv) {
  try {
    PreparedStatement ps = connection.prepareStatement(
      "insert into invoice (name, value) values (?,?)");

    ps.setString(1, inv.customer);
    ps.setInt(2, inv.value);
    ps.execute();

    connection.commit();
   } catch(Exception e) {
    throw new RuntimeException(e);
   }
  }
}
```

准备 INSERT 语句，并执行它

注意：这是一种访问数据库的简单实现。在更复杂的项目中，我们应该使用更专业的满足产品发布要求的数据库 API，如 JOOQ、Hibernate 或 SpringData 等。

我们来测试 InvoiceDao 类。记住，我们希望应用到目前为止所讨论的相同想法，差异在于循环中有一个数据库。让我们从 all()开始，该方法将

语句 SELECT * FROM invoice 发送到数据库并获取结果。要让这个查询返回内容，我们必须先往数据库中插入一些发票信息。InvoiceDao 类提供了 save()方法，可以发送 INSERT 查询。这对于第一个测试就足够了，测试代码如代码清单 9.20 所示。

代码清单 9.20 SQL 测试的第一步

```
public class InvoiceDaoIntegrationTest {

  private Connection connection;   // 该测试需要有数据库的连接和 InvoiceDao 的实例
  private InvoiceDao dao;

  @Test
  void save() {
    Invoice inv1 = new Invoice("Mauricio", 10);   // 创建一组发票
    Invoice inv2 = new Invoice("Frank", 11);

    dao.save(inv1);   // 持久化第一个发票实例

    List<Invoice> afterSaving = dao.all();   // 从数据库中获得所有的发票，确保数据库中只有我们刚插入的发票信息
    assertThat(afterSaving).containsExactlyInAnyOrder(inv1);

    dao.save(inv2);
    List<Invoice> afterSavingAgain = dao.all();   // 插入第二个发票信息，确保数据库现在有两个发票信息

    assertThat(afterSavingAgain)
      .containsExactlyInAnyOrder(inv1, inv2);
  }
}
```

测试方法创建了两个发票实例(inv1 和 inv2)，使用 save()方法将第一个发票信息持久保存到数据库中，从数据库中检索发票，断言它只返回一个发票信息。接着我们再持久化第二个发票实例，再次检索数据库，断言判断现在数据库中应该有两个发票信息。该测试确保 save()和 all()方法的行为是正确的。AssertJ 提供的 containsExactlyInAnyOrder 断言确保列表中包含了我们传递给它的精确发票信息，数据库中发票的顺序是任意的。为此，Invoice 类需要正确地实现 equals()方法。

从测试方面，我们的实现是正确的，但是对于数据库，我们还有一个额外的问题。首先，不要忘了，数据库中持久化的数据是永久的。假设我们从一个空的数据库开始，第一次运行测试时，它会在数据库中持久化两个发票信息。第二次再运行的时候，它会再持久化两个新发票信息，这样就共有 4 张发票了。这将使我们的测试失败，因为它预期数据库里只有一张和两张发票。

在之前的单元测试里，这都不是问题，因为我们在内存中创建的每个对象，在测试执行结束后就消失了。但在使用真实的数据库进行测试时，必须确保数据库处于清空状态。

- 执行测试前，打开数据库连接，清空数据库，在执行被测 SQL 查询之前，将其置于我们需要的状态(可选)。
- 执行测试后，关闭数据库连接。

如代码清单 9.21 中展示的，这里非常适合采用 JUnit 中的@BeforeEach 和@AfterEach。

代码清单 9.21　建立与清除数据库

```
public class InvoiceDaoIntegrationTest {

  private Connection connection;
  private InvoiceDao dao;

  @BeforeEach
  void openConnectionAndCleanup() throws SQLException {

    connection = DriverManager.getConnection("jdbc:hsqldb:mem:book");

    PreparedStatement preparedStatement = connection.prepareStatement(
      ➥ "create table if not exists invoice (name varchar(100),
      ➥ value double)");
    preparedStatement.execute();
    connection.commit();

    connection.prepareStatement("truncate table invoice").execute();

    dao = new InvoiceDao(connection);
  }
```

连接数据库，为简单起见，我们用了内存数据库 HSQLDB。在真实系统中，我们需要连接到生产环境中相同类型的数据库

确保数据库有正确的表和模式(schema)。在本例中，我们创建了表 invoice，在实际的应用中，我们需要更高级的实现方式

清空表以确保数据库中没有原来的测试遗留的数据。同样，在更复杂的系统中，我们可能使用更高级的实现方式

创建 InvoiceDAO 的实例 DAO

```
  @AfterEach
  void close() throws SQLException {
    connection.close();   ◄── 关闭连接。也可在整个测试集完成后再关闭连接。那样，我
  }                           们可以使用 JUnit 的@BeforeAll 和@AfterAll

  @Test
  void save() {   ◄── 我们编写的测试
    // ...
  }
}
```

openConnectionAndCleanup 方法被注解为@BeforeEach，这意味着 JUnit 会在每个测试方法运行前执行清理数据库的动作。目前的实现很简单，向数据库发送清空表的 SQL 语句。

注意： 在大型系统中，我们更倾向于使用框架来帮助我们处理数据库。我建议使用 Flyway(https://flywaydb.org)或 Liquibase (https://www.liquibase.org)。除了可以改进数据库模式之外，这些框架还包含清理数据库并确保使用正确模式(如所有的表、约束和索引都存在)的辅助方法。

我们也可以使用 JDBC 最基本的 API 调用 getConnection 来手动打开数据库的连接(在真实的软件系统中，我们可能使用 Hibernate 或 SpringData 来保持活跃的数据库连接)。最后，我们在每次测试方法执行之后调用 close()方法来关闭连接。

现在来测试另一个方法 allWithAtLeast()。这个方法更有趣，因为 SQL 查询包含一个谓词 where value >= ?，这意味着我们有不同的场景要执行。这里，我们要使用关于边界测试的所有知识，并像在第 2 章中所做的那样考虑上点和离点。

图 9.2 展示了边界分析，上点是正好在边界上的点。本例中，它指的是我们传递给 SQL 查询的任何具体数字。离点是使得条件翻转的最接近上点的点。本例中，它指的是我们在 SQL 查询中传递的具体数字减一的值，它会使条件判定为 false。

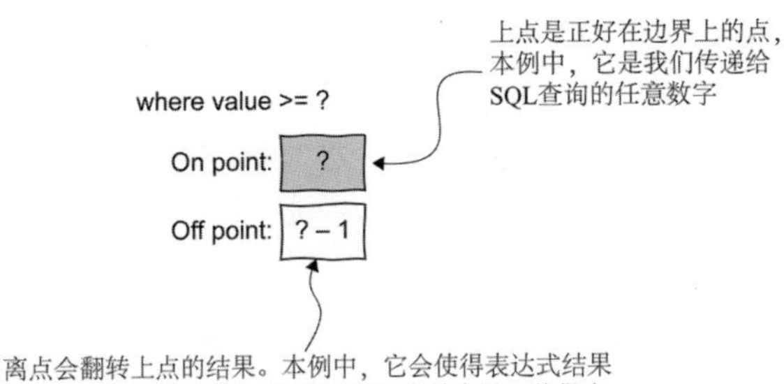
上点是正好在边界上的点，本例中，它是我们传递给SQL查询的任意数字
where value >= ?
On point: ?
Off point: ? – 1
离点会翻转上点的结果。本例中，它会使得表达式结果为false，如我们传递给SQL查询的任意数字减一使得表达式为false

图 9.2　allWithAtLeast()SQL 查询中的上点和离点

代码清单 9.22 展示了 atLeast 方法的 JUnit 测试代码。注意，我们在测试集中加了一个内点。虽然它不是必需的，但很容易实现且使得测试更易读。

代码清单 9.22　atLeast 方法的集成测试

```
@Test
void atLeast() {
  int value = 50;

  Invoice inv1 = new Invoice("Mauricio", value - 1);
  Invoice inv2 = new Invoice("Arie", value);
  Invoice inv3 = new Invoice("Frank", value + 1);

  dao.save(inv1);
  dao.save(inv2);
  dao.save(inv3);

  List<Invoice> afterSaving = dao.allWithAtLeast(value);
  assertThat(afterSaving)
     .containsExactlyInAnyOrder(inv2, inv3);
}
```

value >= x 的边界上点是 x，离点是 x-1，内点是 x+1

将它们持久保存在数据库中

我们预期本方法只返回 inv2 和 inv3

我们设计测试用例的策略与我们之前看到的非常类似，我们执行了上点和离点，并确保结果是正确的。对于表达式 where value>= ?，我们用具体的值 50 来替换“?”(就是 value 变量和 inv2 变量)，这样 50 就是上点，49 是离点(inv1 就是 value -1 的值)。

此外，测试了一个内点，虽然这样做不是必需的，但就像我们在第 2

章边界测试部分所讨论的，多一个测试用例是很容易的，也使得测试策略更加完备。

注意：测试应该在测试数据库(一个专门为测试设置的数据库)中运行。当然我们也不想针对生产环境中的数据库进行这样的测试。

9.2.3 为 SQL 测试设置基础设施

在我们的示例中，测试方法可以很简单地打开数据库连接、重置数据库状态等，但当数据库模式很复杂时，这些操作会更加复杂、冗长。我们需要对测试基础设施进行投入，使得 SQL 测试更便捷，并确保开发者想要编写集成测试时，不需要手动设置连接或处理事务。这些都应该由测试集类来提供。

我经常使用的一个策略是为集成测试创建一个基类，如 SqlIntegrationTestBase。这个基类会处理所有的基础工作，如创建连接、清理数据库和关闭连接。InvoiceDaoTest 等测试类可以扩展 SqlIntegrationTestBase，专注于测试 SQL 查询。JUnit 允许我们将 BeforeEach 和 AfterEach 放在基类中，执行它们就像在子测试类中执行一样。

把所有的数据库逻辑都包含在测试基类的另一个优点是未来的变动只需要在一个地方进行修改。代码清单 9.23 展示了测试基类的实现代码。注意 InvoiceDaoIntegrationTest 代码是如何重点关注测试的。

代码清单 9.23 实现数据库相关逻辑的基类

```
public class SqlIntegrationTestBase {

  private Connection connection;
  protected InvoiceDao dao;

  @BeforeEach
  void openConnectionAndCleanup() throws SQLException {
   // ...
  }

  @AfterEach
  void close() throws SQLException {
    // ...
  }
```

将 InvoiceDao 声明为保护属性，这样我们就可以在子类中访问它

这些方法和之前是一模一样的

```
    }
    public class InvoiceDaoIntegrationTest extends SqlIntegrationTestBase{
    @Test
    void save() {          ◄──┐
       // ...               │ 由于基类已经处理了数
    }                       │ 据库基础设施相关的操
                            │ 作，测试类可以聚焦在
    @Test                   │ 测试对象本身
    void atLeast() {       ◄──┘
       // ...
    }
}
```

此处没有提供完整的代码清单，是因为它会因项目而异。然而，下面列出了我们在此类集成测试的基类里做的事。

打开数据库连接

可以打开 JDBC 连接，也可以打开 Hibernate 连接或任何持久化框架的连接。某些情况下，可为每个测试集(而不是每个测试方法)打开一个连接。这时，我们需要将打开连接的方法声明为静态方法，并使用 JUnit 的 BeforeAll 来打开连接，使用 AfterAll 来关闭连接。

打开和提交事务

在更复杂的数据库操作中，通常将一系列操作包含在一个事务范围内。在某些系统中，框架可自动处理这些(比如，Spring 框架及其@Transactional 注解)。在其他系统中，开发者需要手工完成，调用开始事务的命令，再调用提交事务的命令。

需要决定如何在测试中处理事务。一种常见的方法是打开事务，在测试方法结束时提交事务。有些人从来不提交事务，而是在测试结束后将其回滚。因为这是集成测试，我们建议为每个测试方法(而不是整个测试类)提交事务。

重置数据库状态

我们需要让所有测试都从一个干净的数据库状态开始。这意味着要确保数据库处于正确的模式，而且表中没有意外数据。最简单的方法是在每个测试方法开始的时候对表执行清空动作。如果有多个表，需要将它们都清空。可以手动执行此操作(在代码里手动为每个表添加清空指令)，或使用一个比较智能的框架来自动执行此操作。

有些开发者喜欢在执行测试方法之前对表进行清空，而另外一些喜欢在执行测试方法之后清空。在前一种情况下，我们已经确信在执行测试之前，数据库是干净的。而后一种情况下，我们确信测试之后一切都是干净的，这帮助我们确认下次运行测试时数据库是干净的。我个人更倾向于在测试方法之前进行清空以避免混淆。

减少测试代码量的辅助方法

SQL 集成测试方法的代码可能很长。我们需要创建很多实体类，并执行非常复杂的断言。如果代码可被其他许多测试用例重用，我们可将其提取到一个公用的方法中，并放在基类里。这样所有的测试类都可以继承这个 utility 方法并使用它。对象构建器、常用断言和特定的数据库操作经常被重用，因此它们都可以成为放在基类中的方法。

9.2.4 最佳实践

最后，我们来讨论一些为 SQL 查询编写测试的终极技巧。

使用测试数据构建器

在前面的示例中，创建发票是一项简单的任务。该实体类很小，仅包含两个属性。然而，真实系统中的实体类比这个更复杂，并且我们需要更多的工作实例化它们。我们不想编写 15 行代码，传递 20 个参数才能创建一个简单的发票对象。这时，应该使用实例化测试对象的辅助类。众所周知，这些测试数据构建器可以帮助我们快速构建所需的数据结构。我们将在第 10 章展示如何实现测试数据构建器。

使用良好且可重用的断言 API

多亏了 AssertJ，在示例代码中编写断言变得很容易。然而，许多 SQL 查询返回对象列表，AssertJ 提供了多种不同的方法来做断言。如果多个测试方法都需要一个特定的断言，就应该创建一个封装这个复杂断言的 utility 方法。正如之前讨论的，将它们放在测试基类是常用的方法。

最小化所需数据

确保输入数据最小化。我们不希望加载数十万个元素执行 SQL 查询。

如果测试只需要两个表中的数据，那只在这两个表中插入数据就可以了。如果测试需要表中不超过 10 行数据，就只需要插入 10 行数据。

考虑模式的演化

真实的软件系统中，数据库模式的演化很快，因此我们要确保测试集能够兼容这些变化。换句话说，数据库模式的演化不应该破坏原有的测试集。当然我们也不可能将代码与数据库完全解耦。如果我们正在编写测试，并且注意到未来的变化可能导致测试不工作，那么我们应该考虑减少需要修改的测试代码。此外，如果生产环境中的数据库发生了变化，我们也需要将这些变化同步到测试数据库。如果我们正在使用框架(如 Flyway 或 Liquibase)来帮助迁移，框架可帮助我们完成这些。

考虑内存数据库(也可能不考虑这一点)

我们应当决定，在测试中我们是使用与生产环境中的数据库类型相同的真实数据库，还是更简单的数据库(如内存数据库)。通常，这两种方式各有利弊。一方面，使用与生产环境相同的数据库可使测试更加真实，我们的测试会使用与生产环境完全相同的 SQL 引擎。另一方面，在测试中使用强大的 MySQL 比使用简单的内存数据库更昂贵。总体来说，在编写 SQL 集成测试时，我个人更倾向于使用真实的数据库。

9.3　系统测试

有时，代码的类、业务规则、持久化层等会组合在一起构成一个 Web 应用程序。我们先考虑一下传统的 Web 应用程序是如何工作的。用户访问网页(浏览器向服务器发送请求，服务器处理请求并返回浏览器显示的响应)，并与页面上的元素进行交互。这样的交互通常会触发其他请求和响应。假设有一个宠物诊所应用程序，用户访问今天可以预约的页面，单击“新预约”按钮，填写他们的宠物及其主人的姓名，然后选择一个可用的时间段。之后，网页会把用户再带回预约页面，网页中会显示新添加的预约请求。

如果这个宠物诊所的 Web 应用程序使用了测试驱动的开发以及之前章节讨论的内容，那么开发者已经为软件中的每个部分编写了系统化的单元测试代码了。例如，Appointment 类已经有了它的单元测试。

在本节中，会讨论 Web 应用程序需要测试哪些东西，以及可以使用哪些工具来自动打开浏览器并与网页进行交互。我们还会讨论一些编写系统测试的最佳实践。

注意：虽然我们使用一个 Web 应用程序作为如何编写系统测试的例子，但这一节的思想适用于任何其他类型的软件系统。

9.3.1 Selenium 简介

在深入研究最佳实践之前，让我们熟悉一下编写此类测试的机制。为此， 我们将依赖于 Selenium。Selenium 框架(http://www.selenium.dev)是一个众所周知的工具，它帮助开发者测试 Web 应用程序。Selenium 可以连接到任何浏览器并对其进行控制。通过 Selenium API，可执行多个命令，如“打开 URL”“在页面中查找此 HTML 元素并获取其内部文本”和“单击按钮”等。我们可以使用此类命令来测试 Web 应用程序。

在本节中，我们使用 Spring PetClinic Web 应用程序(https://projects.spring.io/spring-petclinic)作为示例。如果我们是 Java Web 开发者，我们可能熟悉 Spring Boot。Spring Boot 是 Java 中最先进的 Web 开发框架。Spring PetClinic 是一个简单的 Web 应用程序，但它展示了 Spring Boot 的强大和易用性。我们只需要使用它的代码库的两行命令就可以下载(通过 Git)并运行(通过 Maven)Web 应用程序。之后，通过访问 localhost:8080 来查看 Web 应用程序，如图 9.3 和图 9.4 所示。

图 9.3　Spring PetClinic 应用程序的第一张快照

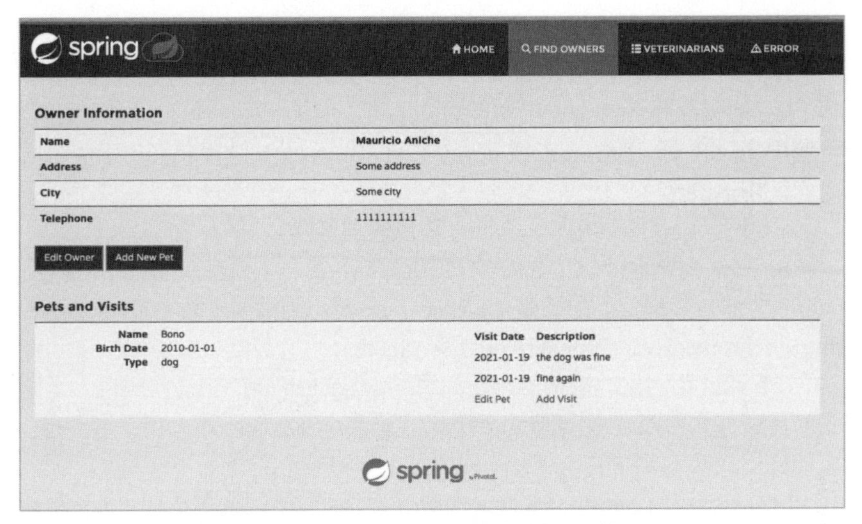

图 9.4　Spring PetClinic 应用程序的第二张快照

在讨论测试技术和最佳实践之前，先来看一下 Selenium。Selenium API 非常直观且易用。代码清单 9.24 展示了基于 Selenium 的第一个测试。

代码清单 9.24　第一个 Selenium 测试

```
public class FirstSeleniumTest {
  @Test
  void firstSeleniumTest() {
    WebDriver browser = new SafariDriver();

    browser.get("http:/ /localhost:8080");

    WebElement welcomeHeader = browser.findElement(By.tagName("h2"));

    assertThat(welcomeHeader.getText())
        .isEqualTo("Welcome");

    browser.close();
  }
}
```

- `WebDriver browser = new SafariDriver();`：选择要运行的某类浏览器驱动程序
- `browser.get(...)`：访问给定 URL 的页面
- `browser.findElement(...)`：查找页面上的 HTML 元素
- `.isEqualTo("Welcome")`：断言页面上包含我们期望的内容
- `browser.close()`：关闭浏览器和 Selenium 会话

下面逐行查看上面的测试脚本。

(1) 第一行 WebDriver browser = new SafariDriver()实例化 Safari 浏览器，WebDriver 是各种浏览器实现的抽象类。如果想用一个不同的浏览器，可使用 new FirefoxBrowser()或 new ChromeBrowser()。这里我们出于两个原因而使用 Safari。

a. 我是 macOS 的用户，Safari 是首选浏览器。

b. 其他浏览器(如 Chrome)会要求我们下载一个外部应用程序从而使 Safari 能够与其通信。如果是 Chrome 浏览器，则需要下载 ChromeDriver (https://chromedriver.chromium.org/downloads)。

(2) 通过实例化的浏览器，我们用 browser.get("url")来访问网页。无论我们传递什么 URL，浏览器都会访问。记住，Selenium 不会模拟浏览器，而是使用真实的浏览器。

(3) 测试访问 Spring PetClinic Web 应用程序的主页(图 9.3)。这个网站非常简单地显示简短的信息(Welcome)和一张很可爱的狗与猫的照片。为了测试可以从正在访问的页面中提取数据，我们要确保 Welcome 信息在屏幕上。为此，首先必须找到包含该消息的元素，这里需要了解 HTML 和 DOM 的知识。

如果检查 Spring PetClinic 的 HTML 代码，我们会发现该消息处于 h2 标记内。稍后将讨论定位页面元素的最佳方法。但是现在，我们找到了唯一的 h2 元素。为此，我们使用了 Selenium 的 findElement()函数，该函数会接收 Selenium 用来查找元素的一种策略，即通过名称、ID、CSS 类和标签名等其中一种策略来查找元素。By.tagName("h2")返回一个 WebElement 和一个代表网页元素的抽象元素。

(4) 我们提取了该元素的一些属性，特别是 h2 标签内的文本内容。为此，我们调用了 getText()方法。因为我们期望它返回 Welcome，所以我们用习惯的方式编写了一个断言。记住，这是一个自动化测试，如果 Web 元素不包含 Welcome，测试将失败。

(5) 关闭浏览器，这是一个非常重要的步骤，它将断开 Selenium 与浏览器的连接。关闭在测试中使用的任何资源始终是个好习惯。

如果运行测试，我们会发现 Safari(或者是我们选择的任何浏览器)打开，由 Selenium 自动控制，然后关闭。当我们开始填写表单时，这将变得更有趣。

9.3.2　设计页面对象

对于 Web 应用程序和系统测试，我们不只是执行系统的一小部分，而是整个系统。我们想进行第 1 章所定义的“系统测试”。在所有组件一起工作并且有无数种不同测试路径的 Web 应用程序中，我们应该测试哪些内容？

按照我们在测试金字塔中讨论的内容，Web 应用程序的所有组件此时都已经通过了单元或集成层面的测试。Spring PetClinic 中的实体，如 Owner 类或 Pet 类都已经做了单元测试，DAO 中所有可能存在的查询也都通过了类似我们刚才所做的集成测试。

但是如果一切都已经测试过了，那还需要测试什么呢？可通过 Web 测试来测试不同的用户旅程(user journey)。Flower 对用户旅程测试的定义是：“用户旅程测试是一种面向业务的测试形式，旨在模拟典型用户穿行系统的旅程(类似端到端的业务测试)。这样的测试通常会涵盖用户在实现某个目标的过程中与系统的所有交互。它们充当用例中的一条路径。”

想想 Spring PetClinic 应用程序中可能的用户旅程。一种可能是用户试图寻找宠物主人。其他可能的旅程包括用户添加新的主人、给主人添加新的宠物或者是在宠物看完兽医后添加宠物的日志条目等。

下面测试这个寻找宠物主人的旅程。我们将使用页面对象模式对这个测试进行编码。页面对象(Page Object，PO)帮助我们编写更易维护和可读的 Web 测试。页面对象模式的想法是定义一个类来封装操作页面涉及的 Selenium 的所有逻辑。

例如，如果应用程序有一个显示所有主人的列表页面，我们将创建一个 ListOfOwnersPage 类来处理它(例如从 HTML 中提取主人的名称)。如果应用程序有一个添加主人的页面，我们会创建一个 AddOwnerPage 类来处理它(例如用新的主人姓名填写表格并单击保存按钮)。稍后，我们会将所有这些页面对象放在 JUnit 测试中，模拟整个过程，并断言它是否按预期进行。

当编写 Selenium Web 测试时，我更倾向于从设计这些页面对象开始。让我们从这个旅程的第一页 Find Owners 开始建模。如图 9.5 所示，可通过单击菜单中的 Find Owner 链接来访问该页面。

图 9.5　Find Owners 页面

该页面主要包含要建模的一件有趣的事："查找主人"功能。为此，我们需要在输入框填写主人姓氏，单击 Find Owner 按钮。让我们开始实现具体的内容，如代码清单 9.25 所示。

代码清单 9.25　页面对象

所有页面对象的构造函数接收 Selenium driver。页面对象需要这个 driver 来操作整个 Web 页面

```
public class FindOwnersPage extends PetClinicPageObject {

  public FindOwnersPage(WebDriver driver) {
    super(driver);
  }

  public ListOfOwnersPage findOwners(String ownerLastName) {
    driver.findElement(By.id("lastName")).sendKeys(ownerLastName);

    WebElement findOwnerButton = driver
        .findElement(By.id("search-owner-form"))
        .findElement(By.tagName("button"));
    findOwnerButton.click();

    ListOfOwnersPage listOfOwnersPage=new ListOfOwnersPage(driver);
    listOfOwnersPage.isReady();
    return listOfOwnersPage;
  }
}
```

该方法根据姓氏查找主人

找到 ID 是 lastName 的 HTML 元素，然后输入我们要查找的主人的姓氏

单击 Find Owner 按钮(通过 ID 可以找到它)

跳转到其他页面，使页面对象返回新的页面

在返回前等待页面加载好

让我们逐行分析这段代码。

(1) 新创建的 FindOwnersPage 类代表 Find Owners 页面，它继承自 PetClinicPageObject 类，将作为页面对象的通用抽象。稍后会展示它的源代码。

(2) 页面对象总有一个接收 WebDriver 的构造函数，我们对 Selenium 所做的一切都是从 WebDriver 类开始的，稍后将在 JUnit 测试方法中实例化它。

(3) 该页面对象的方法代表我们可以对正在建模的页面执行的操作。第一个建模的动作是 findOwners()，给 LastName 输入的值传递给 ownerLastName 字符串参数。

(4) 该方法的实现很简单。首先定位 HTML 输入元素，通过检查 Spring PetClinic 页面，可看到该字段有 ID。带有 ID 的元素易于查找，因为 ID 在页面中是唯一的。有了元素之后，可以调用 sendKeys()函数用 ownerLastName 作为输入。Selenium API 很流畅，我们可以使用链式调用，如 findElement(…)sendKeys(…)。

(5) 使用 Find Owner 按钮进行搜索。在检查页面时，我们看到这个按钮没有特定的 ID。这意味着需要找到另一种方法在 HTML 页面上定位该按钮。我们的第一反应是看这个按钮的 HTML 表单是否有 ID，我们找到了 search-owner-form。可定位到这个表单，然后定位到其中的按钮(因为该表单只有一个按钮)。

注意：我们为 findElement 方法进行了链式调用。记住，HTML 元素中可能还包含其他 HTML 元素。因此，第一个 findElement()方法返回表单，而第二个 findElement 只会搜索第一个 findElement 返回元素内的元素。找到了按钮后，调用 click()方法来单击按钮。现在表单被提交了。

(6) 网站将跳转到根据姓氏来搜索主人列表的页面。这里不再是 Find Owners 页面，所以我们应该使用另一个页面对象来代表当前页面。这就是我们让 findOwners()方法返回 ListOfOwnersPage 的原因：一个页面会跳转到另一个页面。

(7) 在返回新的实例化的 ListOfOwnersPage 之前，我们调用了 isReady()方法。该方法会等待 Owners 页面就绪。这是 Web 应用程序，所以请求和响应可能需要一些时间。如果尝试从页面中查找元素，而该元素还不存在，测试就会失败。Selenium 有一系列 API 可以让我们等待元素出现，很快你就会看到这样的例子。

为整个旅程编写测试之前，我们还有许多页面对象要建模。如图 9.6 所示，我们为 Owners 页面建模。该页面包含一个表格，其中每一行代表一个主人的信息。

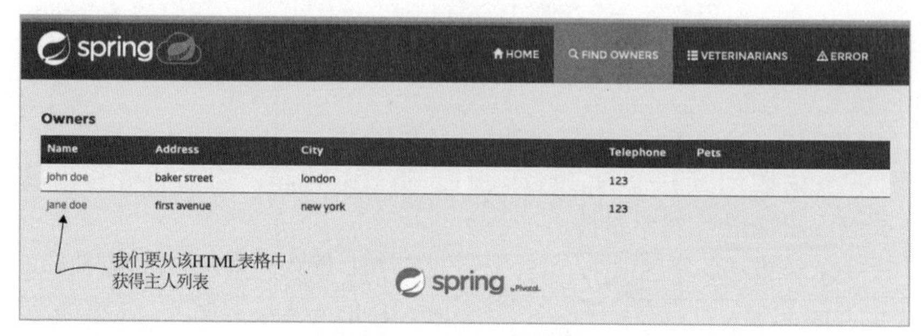

图 9.6 Owners(主人)页面

ListOfOwnersPage 页面对象模拟了一个对后续测试非常重要的操作，即获取表格中的主人列表。代码清单 9.26 展示了源代码。

代码清单 9.26 ListOfOwnersPage 对象

如我们所知，在构造函数中所有的页面对象都会接收 WebDriver

```
public class ListOfOwnersPage extends PetClinicPageObject {
  public ListOfOwnersPage(WebDriver driver) {
     super(driver);
  }

  @Override
  public void isReady() {
    WebDriverWait wait=new WebDriverWait(driver, Duration.ofSeconds(3));
    wait.until(
      ExpectedConditions.visibilityOfElementLocated(
      By.id("owners")));
  }
  public List<OwnerInfo> all() {

    List<OwnerInfo> owners = new ArrayList<>();
```

isReady 方法可以确认页面是否在浏览器中加载完成，以决定是否可以开始操作它。当某些页面的加载时间比其他页面更长时，这点就很重要

主人列表加载后，Owners 页面就算就绪了，然后我们通过 ID 找到主人表格元素。最多等待 3 秒就可实现该目标

创建一个包含所有主人信息的列表，为此，我们创建了 OwnerInfo 类

```
      WebElement table = driver.findElement(By.id("owners"));  ◄── 获取 HTML 表格和它所有的行。表格的
                                                                     ID 是 owners，按 ID 查找就比较方便
      List<WebElement> rows = table.findElement(By.tagName(
        ➥ "tbody")).findElements(By.tagName("tr"));

      for (WebElement row : rows) {  ◄── 针对表中的每一行

        List<WebElement> columns = row.findElements(By.tagName("td"));  ◄── 获取 HTML 行内容

        String name = columns.get(0).getText().trim();        ◄── 获取每一个 HTML
        String address = columns.get(1).getText().trim();         单元格的值，第一列
        String city = columns.get(2).getText().trim();            是姓名，第二列是地
        String telephone = columns.get(3).getText().trim();       址，以此类推
        String pets = columns.get(4).getText().trim();
        OwnerInfo ownerInfo = new OwnerInfo(
          ➥ name, address, city, telephone, pets);  ◄── 一旦从 HTML 中收集
        owners.add(ownerInfo);                           完所有信息，我们就
      }                                                  可以构建 OwnerInfo
                                                         类的实例
      return owners;  ◄── 返回 OwnerInfos 列表，该对
    }                     象对 HTML 页面一无所知
}
```

我们看一下这段代码。

(1) 这个类是一个页面对象，从 PetClinicPageObject 扩展而来，这使得该类必须具有接收 WebDriver 的构造器。这里还没有看到 PetClinicPage-Object 类的代码，但是很快就可以看到了。

(2) isReady()方法(通过@Override 注解，可以知道此方法是在基类中定义的)知道页面何时加载结束。怎么做到的？最简单的方法就是等待几秒钟使得特定的元素出现在页面上。这种情况下，我们就等待 ID 为 owners 的元素(包含所有主人信息的表格)出现在页面上。WebDriverWait 最多等待 3 秒钟，让 owners 元素可见。如果 3 秒之后，元素还没有出现，该方法将引发异常。为什么是 3 秒？基于猜测。在实战中，我们必须找到最适合测试的数字。

(3) 回到主操作 all()方法。目标是提取所有主人的姓名。在 HTML 表格中，我们知道每一行都是一个 tr 元素。我们可以忽略表头。因此，我们定位#owners>tbody>tr。换句话说，tbody 内的所有 tr 都在 owners 元素中。

可通过嵌套的 findElement()和 findElements()的调用来达成目标。注意这两个方法的区别，前者只返回一个元素，而后者返回多个元素(在这种情况下很有用，因为我们知道有多个 tr 要返回)。

(4) 行的列表就绪后，我们遍历每个元素。我们知道 tr 是由 td 构成的，因此先找到当前 tr 下的所有 td，然后提取每个 td 中的文本。第一个单元格是姓名，第二个单元格是地址，以此类推。然后我们构建了 OwnerInfo 类这样的对象来保存这些信息。这是一个只有 getter 方法的简单类。我们还要用 trim()方法来去除 HTML 中字符串的所有空格。

(5) 返回表格中的主人列表信息。

现在，搜索主人的姓氏后，将跳转到下一页，我们可在其中提取主人列表。图 9.7 展示了到目前为止已实现的两个页面对象，以及建模的 Web 应用程序页面。

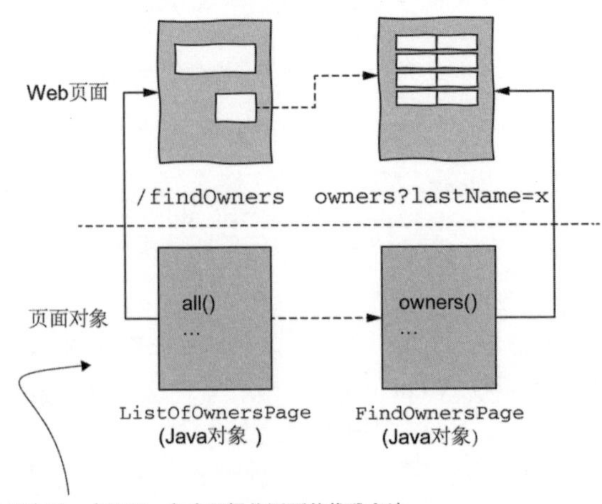

图 9.7 网页和对应的页面对象的示例图

我们还缺少两件事，首要的事是搜索主人，那主人必须在应用程序中。如何添加新的主人呢？我们要使用 Add Owner(添加主人)页面，因此需要对这个页面对象建模。另外，我们还需要一种首次访问这些页面的方式。

注意：为单个旅程编写测试所花费的工作量比传统执行单元测试要大得多。系统测试的创建成本也相应增加。但是我们也发现，一旦有了初始创建的页面对象结构，添加新测试会变得很容易。所以在创建初始基础设施时，成本是很高的。

我们来添加一个主人信息，代码清单 9.27 展示了 AddOwnerPage 对象。

代码清单 9.27　AddOwnerPage 对象

```
public class AddOwnerPage extends PetClinicPageObject {
  public AddOwnerPage(WebDriver driver) {    ◄── 同样，页面对象构造器接收 WebDriver
      super(driver);
  }

  @Override
  public void isReady() {
    WebDriverWait wait = new WebDriverWait (driver,
Duration.ofSeconds(3));
    wait.until(
      ExpectedConditions.visibilityOfElementLocated(
      By.id("add-owner-form")));    ◄── 当表单现出现在屏幕上时，HTML 页面加载完毕
  }

  public OwnerInformationPage add(AddOwnerInfo ownerToBeAdded) {
    driver.findElement(By.id("firstName"))
      .sendKeys(ownerToBeAdded.getFirstName());    ◄── 使用 AddOwnerInfo(特意创建的类)中提供的数据来填充所有 HTML 表单元素。我们通过其 ID 来查找表单元素
    driver.findElement(By.id("lastName"))
     .sendKeys(ownerToBeAdded.getLastName());
    driver.findElement(By.id("address"))
     .sendKeys(ownerToBeAdded.getAddress());
    driver.findElement(By.id("city"))
     .sendKeys(ownerToBeAdded.getCity());
    driver.findElement(By.id("telephone"))
     .sendKeys(ownerToBeAdded.getTelephone());
    driver.findElement(By.id("add-owner-form"))
     .findElement(By.tagName("button"))
     .click();    ◄── 单击添加按钮

    OwnerInformationPage ownerInformationPage =
      new OwnerInformationPage(driver);    ◄── 添加主人后，Web 应用程序跳转到主人信息页面。该方法返回跳转网页的页面对象
    ownerInformationPage.isReady();
    return ownerInformationPage;
  }
}
```

这个实现不足为奇。isReady()方法等待表单准备好。与之相关的 add()方法找到输入元素(由于它们都有特定的 ID，我们的工作变得非常容易)，把信息填充好，找到 Add Owner 按钮，并返回在添加主人后跳转页面的页

面对象 ownerInformationPage。为节省空间，我们没有展示它的代码，但这个页面对象与我们看到的其他页面对象非常类似。

最后，我们需要一种访问这些页面的方法。这些页面对象里都有 visit()方法，帮我们跳转到对应的页面。让我们给需要访问的 Find Owner 页面和 Add Owner 页面的页面对象添加 visit()方法。

代码清单 9.28 给所有页面对象添加 visit()方法

```
// FindOwnersPage
public void visit() {
   visit("/owners/find");
}

// AddOwnersPage
public void visit() {
  visit("/owners/new");
}
```

注意：这些 visit()方法会调用超类中的 visit()方法。

是时候展示页面对象的基类了，如代码清单 9.29 所示，这里放置着所有页面对象的通用行为。这样的基类支持并简化了测试。

代码清单 9.29 页面对象基类的初始代码

```
public abstract class PetClinicPageObject {

  protected final WebDriver driver;          // 基类保存着对 WebDriver 的引用

  public PetClinicPageObject(WebDriver driver) {
   this.driver = driver;
  }

  public void visit() {                      // visit 方法应该由子类来覆盖
   throw new RuntimeException("This page does not have a visit link");
  }

  protected void visit(String url) {         // 为基类提供 helper 方法来协助访问网页
    driver.get("http:/ /localhost:8080" + url);   // 硬编码的 URL 可以从配置文件中读取
    isReady();
  }
```

```
  public abstract void isReady();
}
```

所有的页面对象都要被迫实现 isReady 方法，定义抽象方法是为了强制所有的页面对象实现其最少所需行为的好方法

我们根据实际需求使这个页面对象基类变得复杂。涉及的应用越多，基类就越复杂并充满 helper 方法。现在，我们有一个接收 WebDriver 的构造器(强制所有页面对象使用相同的构造器)，一个会被子类页面对象覆盖的 visit()方法，一个使用 localhost 补齐 URL 的辅助 visit()方法，以及一个强制所有页面对象实现该功能的 isReady()抽象方法。

现在我们有足够的页面对象来模拟第一个旅程，代码清单 9.30 展示了 JUnit 测试。

代码清单 9.30　第一个旅程：查找主人

```
public class FindOwnersFlowTest {

  protected static WebDriver driver = new SafariDriver();

  private FindOwnersPage page = new FindOwnersPage(driver);

  @AfterAll
  static void close() {
    driver.close();
  }

  @Test
  void findOwnersBasedOnTheirLastNames() {
    AddOwnerInfo owner1 = new AddOwnerInfo(
      ➥ "John", "Doe", "some address", "some city", "11111");
    AddOwnerInfo owner2 = new AddOwnerInfo(
      ➥ "Jane", "Doe", "some address", "some city", "11111");
    AddOwnerInfo owner3 = new AddOwnerInfo(
      ➥ "Sally", "Smith", "some address", "some city", "11111");
    addOwners(owner1, owner2, owner3);

    page.visit();

    ListOfOwnersPage listPage = page.findOwners("Doe");
    List<OwnerInfo> all = listPage.all();

    assertThat(all).hasSize(2).
```

创建一个具体的 WebDriver(SafariDriver)，稍后，我们会用更灵活的方式使得测试可以运行在多个浏览器中

创建 Find Owners 页面对象，测试将从这里开始

当测试集完成时，我们需要关闭 Selenium 驱动。该方法也适合移到基类中

创建一系列要添加的主人信息，在测试主人列表页面之前我们需要有主人信息

访问 Find Owners 页面

查找所有姓 Doe 的主人

```
        containsExactlyInAnyOrder(
        owner1.toOwnerInfo(), owner2.toOwnerInfo());
  }
     private void addOwners(AddOwnerInfo... owners) {
        AddOwnerPage addOwnerPage = new AddOwnerPage(driver);
        for (AddOwnerInfo owner : owners) {
          addOwnerPage.visit();
          addOwnerPage.add(owner);
     }
  }
}
```

断言我们从 Doe 家族中找到了 John 和 Jane

addOwners 辅助方法通过添加主人页面增加了主人信息

下面分析这段代码。

(1) 在类的开头，我们定义了静态实例 SafariDriver，并将其包含在@AfterAll 方法中。为了节省每次测试打开和关闭浏览器的时间，只需要为这个类中的所有测试提供一个 WebDriver 实例。目前，我们的测试只能在 Safari 浏览器上运行。稍后将讨论如何使其更灵活，以便可以在多个浏览器上运行测试集。

(2) findOwnersBasedOnTheirLastNames()方法包含测试旅程。我们创建了两个伪造的 AddOwnerInfo 对象，将两个主人的信息添加到应用程序中。针对每个主人，我们访问 Add Owner 页面，填写信息并保存。为了增加主测试程序的可读性，我们创建了一个私有辅助方法 addOwners()。

(3) 访问 Owner 页面并获得列表中的所有主人。我们期待两个新加的主人信息也应该在列表中，所以我们断言该列表包含两个条目，就是新创建的两个主人。

(4) AddOwnerPage 使用的数据结构 AddOwnerInfo 不同于 ListOfOwnersPage 返回的数据结构 OwnerInfo。前者中，姓名的名和姓在一起；而后者里，名和姓是分开的。可为这两者设计一套数据结构，也可以单独设计。这里选择了单独设计，所以需要从一种数据结构转换到另一种数据结构。在 AddOwnerInfo 类中，我们实现了简单的 toOwnerInfo()方法，代码清单如 9.31 所示。

代码清单 9.31 toOwnerInfo 转换方法

```
public OwnerInfo toOwnerInfo() {
  return new OwnerInfo(firstName+""+lastName,address,city,telephone,"");
}
```

现在，当运行测试时，它就像魔术一样；打开浏览器，在页面上输入主人的名字，单击按钮使页面跳转，关闭浏览器，JUnit 告诉我们测试通过了。这样就完成了第一个页面的 Selenium 测试。

注意：对我们来说，一个很好的练习是为其他应用程序旅程编写测试，这需要开发更多页面对象。

如果再次运行测试，它将失败。主人列表将返回四个人，而不是测试预期的两个人，原因在于我们正在运行整个 Web 应用程序，之前的数据已存储在数据库中。我们需要确保在运行测试时可以重置 Web 测试环境，见下一节的讨论。

9.3.3　模式与最佳实践

我们注意到，第一个系统测试工作所需的代码量比之前要多得多。在本节中，将介绍一些有助于编写可维护的 Web 测试的模式和最佳实践。这些模式来自于我过去编写大量测试所总结的经验。在 2014 年的 PLoP 会议上，我与 Guerra 和 Gerosa 一起提出了其中的一些模式。

将系统设置为 Web 测试所需状态的方式

为确保 Find Owners 旅程正常运行，需要数据库中有一些主人信息。通过浏览 Add Owners 页面来反复添加、填写表格并保存。这种策略在简单场景中的效果非常好。但你可以想象一下复杂的场景，比如测试需要在数据库中建立 10 个不同的实体，以特定的顺序来访问 10 个不同的网页，这样工作量会太大(而且速度较慢，因为测试需要花费相当长的时间来访问所有网页)。

这种情况下，我们建议在运行所有测试前，创建好所有必需的数据。但是，如果 Web 应用程序独立并拥有自己的数据库，我们将如何做到呢？可提供便于测试访问的 Web Service(例如，REST Web Service)。这样，每当我们需要应用程序中的一些数据时，可通过简单的请求来获得它。想象一下，我们调用 API 而不是访问页面。从测试的角度看，实现的类应当可以隐藏远程 Web Service 调用的所有复杂性。代码清单 9.32 展示了之前的测试在使用了 Web Service 后的样子。

代码清单 9.32 通过 Web Service 来添加主人的测试

```
@Test
void findOwnersBasedOnTheirLastNames() {
  AddOwnerInfo owner1 = new AddOwnerInfo(
    ➥ "John", "Doe", "some address", "some city", "11111");
  AddOwnerInfo owner2 = new AddOwnerInfo(
    ➥ "Jane", "Doe", "some address", "some city", "11111");
  AddOwnerInfo owner3 = new AddOwnerInfo(
    ➥ "Sally", "Smith", "some address", "some city", "11111");

  OwnersAPI api = new OwnersAPI();
  api.add(owner1);
  api.add(owner2);
  api.add(owner3);

  page.visit();
  ListOfOwnersPage listPage = page.findOwners("Doe");
  List<OwnerInfo> all = listPage.all();

  assertThat(all).hasSize(2).
      containsExactlyInAnyOrder(owner1.toOwnerInfo(),
owner2.toOwnerInfo());
}
```

调用 API，我们不再需要访问 Add Owners 页面。OwnersAPI 类隐藏了调用 Web Service 的复杂性

鉴于Web框架的全面支持，如今创建简单的REST Web Service很容易。在 Spring MVC(或 Ruby、Django 或 ASP.NET Core)中，可通过几行代码来编写 Web Service，客户端也一样。调用 REST Web Service 很简单，我们不必编写太多代码。

考虑到安全问题，如果 Web Service 只为测试所用，不希望用于在生产环境，那么软件应该在发布时隐藏这些 API，而且仅允许在测试环境中使用。

此外，如果为这些 API 编写不同的功能可以使得测试过程更容易，就应该这样做。如果页面需要商品、发票、购物车和条目的组合，可设计一个 Web Service 来专门帮助测试设置复杂的数据。

确保每次测试都在干净的环境中运行

与之前测试 SQL 查询类似，我们要确保测试始终运行在干净的 Web 应用程序中。否则，测试会因为缺陷之外的原因而失败。这意味着数据库和其他依赖项只包含测试所需的最小数据。

我们可以用 Web Service 像提供数据一样重置 Web 应用程序。该应用程序可以提供一个简单的后门来重置它。毫无疑问，这样的 Web Service 永远不应该部署在生产环境中。

重置 Web 应用程序通常意味着重置数据库。可通过不同的方式来实现，例如清空所有表，或删除并重建它们。

警告：重置的后门非常适合测试，但是如果一不小心部署到生产环境中，可能导致混乱。如果我们使用了此类方法，一定要确保仅在测试环境中可用。

给 HTML 元素指定有意义的名称

定位元素是 Web 测试的重要组成部分，我们可以通过搜索它们的名称、类、标签或 XPath 来做到这一点。在上述的示例代码中，我们首先搜索元素所在的表单，然后通过标签找到该元素。但是用户界面在网站的生命周期中经常变化，这也是为什么 Web 测试集往往会显得非常不稳定。我们不希望因为网页呈现方式的更改导致测试失效(例如将按钮从左侧菜单移动到右侧菜单)。

因此，建议为将在测试中发挥作用的元素分配适当的、唯一的名称和 ID。即使元素不需要 ID，给它指定一个 ID 也会简化测试，并确保元素的呈现变化不会影响测试。

如果因为某种原因，元素的 ID 非常不稳定(如动态生成)，我们需要为测试创建某种特定的属性。HTML5 允许我们在 HTML 标签上创建额外的属性，如代码清单 9.33 所示。

代码清单 9.33　具有易于查找的属性的 HTML 元素

```
<input type="text"
id="customer_\${i}"
name="customer"
data-selenium="customer-name" />
```

很容易找到具有 data-selenium 属性且值为 customer-name 的 HTML 元素

如果这个额外属性部署在生产环境中会导致问题，请在部署期间将其删除。有许多工具可在部署 HTML 页面之前对其进行操作(如 minification)。

注意：在将该模式应用到项目之前，我们需要和团队的前端负责人沟通。

仅当旅程处于测试状态时才访问旅程的每一步

与单元测试不同，在系统测试中构建场景可能很复杂。我们发现某些旅程可能需要测试程序浏览许多不同的页面才能到达要测试的页面。

想象一下，对于特定的页面 A，它需要测试访问页面 B、C、D、E 和 F，最后才到达 A 并对其进行测试。此处显示了对该页面的测试。

代码清单 9.34 调用众多页面对象的非常长的测试

```
@Test
void longest() {
  BPage b = new BPage();      // 调用第一个页面对象
  b.action1(...);
  b.action2(...);

  CPage c = new CPage();      // 调用第二个页面对象
  c.action1(...);

  DPage d = new DPage();      // 调用第三个页面对象，以此类推
  d.action1(...);
  d.action2(...);

  EPage e = new EPage();
  e.action1(...);

  FPage e = new FPage();
  f.action1(...);

  // finally!!
  APage a = new APage();
  a.action1();

  assertThat(a.confirmationAppears()).isTrue();
}
```

请注意测试的时间和复杂度。我们之前讨论过类似的问题，我们的解决方案是提供 Web Service 来跳过许多页面的访问。但是如果访问这些页面是测试旅程的一部分，就应该访问它们。如果其中一两个步骤不是旅程的一部分，那么我们可以使用 Web Service。

断言应该使用来自页面对象的数据

在 Find Owners 的测试中，我们的断言侧重于检查是否所有的主人都

在列表中。代码中，FindOwnersPage 页面对象提供了返回主人信息的 all() 方法。测试代码只负责断言就好了，这是值得推荐的做法。每当测试需要来自页面的信息用于断言时，页面对象都会提供此信息，JUnit 测试不应该自行定位 HTML 元素。但是，断言要在 JUnit 测试代码中。

将重要的配置信息传递给测试集

示例测试集中有固定硬编码的内容，例如应用程序的本地 URL(现在是 localhost:8080)和运行测试的浏览器(当前是 Safari)。但是我们可能需要动态更改这些配置。比如，持续集成可能要求 Web 应用程序运行在不同的端口上，或使用 Chrome 来执行测试集。

有许多不同的方法将配置传递给 Java 测试，但是我们通常选择最简单的方法，用 PageObject 基类中的方法来提供所有配置内容。例如，String baseURL()方法返回应用程序的 URL，而 WebDriver browser()方法返回 WebDriver 的具体实例。这些方法从配置文件或环境变量中读取内容，因为它们很容易通过构建脚本来传递。

在多个浏览器中运行测试

应该在多个浏览器中运行测试来确保一切正常。但是由于它太费时，一般不会在自己的机器上这样做。相反，持续集成(CI)工具有一个多阶段的流程来多次运行 Web 测试集，每次都使用不同的浏览器。如果配置此类 CI 存在问题，可以考虑使用诸如 SauceLabs(https://saucelabs.com)的服务，它们会自动执行此过程。

9.4　关于大型测试的最后说明

在本章的最后，我们提出了一些之前没有提到的观点。

9.4.1　如何让所有的测试技术匹配

本书的前几章，我们的目标是探索那些帮助我们系统地设计测试用例的技术。在本章中，我们讨论了一个不相关的话题：大型测试该如何做？我们已经展示了几个关于大型组件测试、集成测试和系统测试的例子。但是不管是哪种级别的测试，设计好的测试用例仍然是重点。

我们应当在单元级别测试所有内容(可很轻松地在单元级别覆盖完整的需求和结构)，并在大型测试中测试最重要的行为，这样就对程序在所有部分组合在一起时能正常工作更有信心。重新阅读第 1 章的 1.4 节的测试金字塔可能会有所帮助。

9.4.2 执行成本效益分析

测试的箴言之一是好的测试设计代价低却能发现重要缺陷。单元测试很容易编写，所以我们不需要过多地考虑成本。

而编写、运行和维护大型测试的代价比较高，我们见过需要花费数小时才能运行的集成测试集，以及开发者花费数小时才能编写一个集成测试用例。因此，进行简单的成本效益分析就变得至关重要。诸如“写这个测试的代价是多少”“运行的代价如何”“这个测试的收益是什么？能够发现什么样的缺陷？”以及“单元测试是否已经覆盖了这个功能？如果是，我们还需要用集成测试覆盖它吗？”的问题，可以帮助我们更好地了解这个测试是不是必需的。

如果大部分问题的答案是肯定的，收益大于成本，就应该编写测试。否则，要考虑简化测试。能否在没有太多损失的情况下将部分内容换成桩程序？能否编写只关注系统一小部分更集中的测试？与之前类似，这里没有唯一的答案，也没有黄金法则可以遵循。

9.4.3 当心那些已覆盖但未测试的方法

大型测试会执行更多的类、方法和行为的组合。除了本章讨论的权衡之外，在大型测试中，覆盖一个方法但未对其进行测试的机会大大增加。

Vera-Pérez 及其同事在 2019 创造了术语——伪测试方法(pseudo-tested method)，指的是：这些方法都测试过了，但是如果我们用简单的 return null 来替换整个方法的实现，测试仍然可以通过。相信与否，Vera-Pérez 及其同事表明伪测试方法广泛存在，即使在重要的开源项目中也是如此。这是我们拥护单元测试和大型测试的另一个原因，把它们结合起来使用可以确保一切正常。

9.4.4　适当的编码基础设施是关键

集成测试和系统测试都需要良好的、幕后的基础设施；没有它，我们将花费大量的时间来设置环境或设置断言以判断行为符合预期。这里，我们的核心建议是在测试基础设施建设上投入更多精力。基础设施可帮助开发者设置环境、清理环境、检索复杂数据、判断复杂数据以及执行编写测试所需的其他复杂任务。

9.4.5　干系人编写测试的 DSL 和工具

在本章中，我们使用大量的 Java 代码编写了系统测试。在这个级别上，有很多常见的自动化工具。有些框架，如 Robot Framework (https://robotframework.org)和 Cucumber (https://cucumber.io)，甚至允许我们用近乎自然语言的方式来编写测试。如果我们想让其他非技术类的干系人编写测试，这些工具就非常有意义了。

9.4.6　测试其他类型的 Web 系统

测试的层次越高(如 Web 测试)，我们就越要考虑应用程序运行的框架和环境。如果 Web 应用是响应式的，我们该如何测试？ 如果使用 Angular 或 React，我们如何测试？或者如果使用非关系数据库，如 Mongo，我们该如何测试它？

测试这些特定的技术已经远远超出了本书的范围。我建议访问社区，探索最先进的测试工具和知识体系。我们在本书中学到的所有测试用例工程技术适用于通过任何技术开发的软件。

Web 应用程序之外的软件系统测试

因为我在 Web 应用程序开发方面具有丰富经验，所以使用 Web 应用程序来举例说明系统测试。但是系统测试的思想可以运用到任何类型的软件上。如果软件是一个库或框架，系统测试就像使用者一样检查整个库。如果软件是移动应用程序，系统测试则像客户端一样对程序进行测试。

之前讨论的最佳实践仍然适用。设计系统测试比设计单元测试更困难，我们需要一些基础设施代码(如我们创建的页面对象等)使测试更有成效。

可能也有针对软件的特定最佳实践，请务必做一些这方面的研究。

9.5 练习题

1. 为使 Web 应用程序可测，我们应该遵循以下哪些建议？(选择所有适合的答案)

A. 使用 TypeScript 而不是 JavaScript。

B. 确保 HTML 元素在测试中容易找到。

C. 确保对网络服务器的请求是异步的。

D. 避免在 HTML 页面中内嵌 JavaScript。

2. 以下关于端到端/系统测试的说法，哪个是正确的？

A. 对 Web 应用程序来说，端到端的测试不能自动化，所以必须手动执行。

B. 在 Web 测试中，端到端的测试比单元测试更重要。

C. 端到端的测试可以用来验证前端和后端能否良好地协同工作。

D. 端到端的测试与单元测试类似，都不是特别现实。

3. 关于页面对象，以下正确的是？

A. 页面对象是对 HTML 页面的抽象，以方便进行端到端的测试。

B. 页面对象不能用在高度复杂的 Web 应用程序中。

C. 通过引入页面对象，我们不再需要类似于 Selenium 的库。

D. 页面对象通常使得测试代码更复杂。

4. 以下哪些对正在设计集成测试和系统测试集的开发者来说是最重要的建议？(选择所有适合的答案)

A. 能通过单元测试完成的，尽量使用单元测试。使用集成测试或系统测试只能发现对应层次上的缺陷。

B. 对于开发者开说，有强大的基础设施来编写测试是必要的，否则会影响生产效率。

C. 如果有些内容已经通过单元测试覆盖过了，就不需要再使用集成测试来覆盖它了。

D. 太多的集成测试可能意味着应用程序设计得很糟糕。要关注单元测试。

5. 以下哪种情况会使 Web 测试出现不稳定的情况(即有时通过、有时失败)？(选择所有适合的答案)。

A. AJAX 请求的时间超过预期

B. 使用 LESS 和 SASS 而不是纯 CSS

C. 被测试 Web 应用程序的数据库在每次测试执行后没有被清理

D. Web 应用程序的某些组件当下不可用

9.6 本章小结

- 开发者可从编写大型测试中获益，包括测试整个组件、与外部集成以及测试整个系统。
- 设计大型测试比编写单元测试更具挑战，因为被测试的组件可能比系统的单个元素更大、更复杂。
- 我们讨论过的所有测试工程技术(基于需求规格的测试、边界测试、结构化测试和基于属性的测试)，都适用于大型测试。
- 为大型测试构建良好的测试基础设施是必要的。没有它，我们会花费太多时间来编写单个测试用例。

第 10 章

测试代码的质量

本章主要内容：

- 良好和可维护的测试代码的原则和最佳实践
- 避免阻碍测试代码理解和演化的坏味道

我们注意到一旦测试被感染[1]，软件开发团队编写和维护 JUnit 测试的数量会变得很大。在实践中，测试代码库增长迅猛。此外，我们观察到 Lehman 的进化定律，“代码趋于腐烂，除非有人积极地维护它(1980)”，这也适用于测试代码。Garousi 和 Küçük 在 2018 年发表的文献表明，我们关于测试代码可能出错的知识体系已经很全面。

与产品代码一样，**我们必须付出额外的努力来编写高质量的测试代码库，以便可以持续地维护和开发它们**。本章中，我们将从两种相对立的视角讨论测试代码的编写。首先，我们检查什么构成了良好和可维护的测试代码，以及可以控制代码复杂度的最佳实践。然后看看什么是有问题的测试代码，即专注于那些阻碍测试代码理解和改进的坏味道。

在前面的章节中，已经零星地讨论了其中一部分内容。本章将巩固这些知识。

1 译者注：Test Infected 是 Erich Gamma 发明的用来描述像 TDD 那样编程行为被彻底转变的状态。

10.1 可维护的测试代码的原则

好的测试代码应该是什么样的？有大量关于测试代码质量的文献，本节的讨论中主要参考了这些文献。这里所讲的大部分内容都可以在 Langr, Hunt, Thomas(2015)、Meszaros(2007)和 Beck(2019)的著作中找到，但会加入我自己的想法。

10.1.1 测试要快

测试是开发者的安全网。对源代码进行维护或改进时，我们会使用测试集来反馈系统是否正常工作，从测试代码中得到的反馈越快越好。较慢的测试集使得我们减少运行测试的次数，导致测试更低效。因此，好的测试必须要快。快的测试与慢的测试没有明确的边界，我们应该使用一些常识来判断。

如果遇到慢的测试，应当考虑以下事项：

- 使用模拟对象或桩对象来替代测试中慢的组件。
- 重新设计产品代码，以使慢的代码片段与快的代码片段分开测试。
- 将慢的测试移到其他测试集，这样就可以减少运行次数。

有时，我们无法避免慢的测试。想想 SQL 测试，它们比单元测试慢得多，但是我们又做不了什么。我们会将慢测试与快测试分开，这样就可以每次都运行快测试。而只有当修改到与慢测试相关的产品代码时，才需要运行慢测试。也可在提交代码前和持续集成时运行慢测试。

10.1.2 测试应该是内聚的、独立的和隔离的

测试应该尽可能内聚、独立和隔离。理想状况下，一个测试方法应该测试系统的单一功能或行为。胖测试(或者像测试坏味道社区所称呼的：贪婪测试)测试多个功能，在实现上很复杂。复杂的测试代码降低了我们一目了然地了解被测试内容的能力，并使未来的维护更加困难。如果面临这样的测试，需要将其分解为多个小型测试。测试越简单、越短小就越好。

此外，一个测试的成功不应依赖于其他测试。无论测试是单独执行还是与测试集的其他部分一起执行，测试结果都应该是一样的。测试 B 只有在先执行测试 A 时才有效的情况也比较常见。当测试 B 依赖于测试 A 为

它建立环境时，常出现这种情况。这样的测试将变得非常不可靠。

如果有一个测试在某种程度上依赖另一个测试，请重构测试集，使每个测试负责设置它所需要的整体环境。另一个有助于使测试独立的技巧是确保每个测试能自我清理，比如，删除在磁盘上创建的任何文件，或清理插入数据库中的值。这使得测试自我设置而不是依赖于已经存在的数据。

10.1.3　测试要有存在的理由

我们期望测试要么能帮助我们发现缺陷，要么能帮助我们记录行为，而不希望测试只是为了增加代码覆盖率。如果一个测试没有很好的存在理由，它就不应该存在。记住， 我们要维护所有测试。完美的测试集是可用最少量的测试来检测出所有缺陷。虽然拥有这样完美的测试集是不存在的，但我们至少可从去掉无用的测试开始。

10.1.4　测试应该是可复用且稳定的

可复用的测试指的是无论其被执行多少次，结果都是一致的。开发者会对那些表现不稳定的测试(如系统或测试代码没有变化，但是测试有时通过，有时不通过)失去信任。

不稳定的(flaky)测试会降低软件开发团队的生产效率。由于很难知道不稳定的测试失败是由于行为的缺陷还是测试本身的不稳定性，慢慢地，不稳定的测试会使我们对测试集失去信心。信心的缺乏会导致我们在测试失败的情况下仍然部署系统，因为这些失败可能是测试的不稳定导致的，而非系统的行为异常。

随着时间的推移，不稳定的测试在软件开发界中的流行和影响已经增加，至少我们现在开始讨论它们了，例如谷歌、脸书等公司公开讨论过不稳定测试带来的问题。

测试可能由于以下多种原因导致不稳定。

- **测试依赖于外部或共享资源**。如果测试依赖于数据库，那么很多内容都会变得不稳定。例如，执行测试时，数据库可能不可用、可能包含测试不期望的数据，或者两个开发者可能同时运行测试集并共享同一个数据库，导致其中一个破坏了另一个测试。

- **不适当的超时**，这个是 Web 测试中的常见原因。假设测试需要等待系统中某些事件发生，例如，从 Web Service 返回的请求需要显示在 HTML 元素中。如果 Web 应用程序响应速度比平时慢一些，测试可能会因为没有等待足够长的时间而导致失败。
- **不同测试方法之间的隐性交互**。测试 A 以某种方式影响了测试 B 的结果，可能导致它失败。

Luo 等人的工作(2014)也阐明了不稳定测试的原因。在分析了开源系统中的 201 个不稳定测试后，Luo 等人注意到以下几点：

- 异步等待、并发和测试顺序依赖是导致不稳定测试的三个最常见的原因。
- 大多数不稳定测试在编写之初就是不稳定的。
- 不稳定测试很少由特定的平台而导致(它们不会因为不同的操作系统而失败)。
- 不稳定性通常是由于对外部资源的依赖，可以通过清理测试运行之间的共享状态来解决。

检测不稳定测试的根源非常具有挑战性。软件工程研究人员提出了用自动化工具来检测不稳定测试。如果你对此类工具和当前的技术状态有兴趣，建议阅读以下内容：

- Bell 等人(2018)提出了 DeFlaker，一种监控最新代码变化的测试覆盖率工具，如果任何新的、失败的测试没有执行到任何被修改的代码，则将测试标记为不稳定。
- Lam 等人(2019)提出了 iDFlakies，一种以随机方式执行测试的工具，来发现不稳定性。

由于这些工具还不是很成熟，所以还要靠我们自己发现不稳定测试并修复它们。Meszaros 制作了一个帮助我们完成该任务的决策表。可以在他的书籍或网站(http://xunitpatterns.com/Erratic%20Test.html)中找到此决策表。

10.1.5 测试应该有强断言

测试体现在为被测代码的行为是否符合预期设置断言，因此编写好的断言是良好测试的关键。从断言看，糟糕测试的极端例子是没有断言。这看起来很奇怪，但不管相信与否，它确实发生了，这不是因为我们不知道在做什么， 而是编写好的断言是很困难的。在观察行为结果不容易实现的情况下，我们建议重构测试类或方法来增加其可观测性。若想了解这方面如何做的技巧，请重温第 7 章。

断言应该尽可能强。我们希望测试能完全验证行为，并在输出有任何细微变化时测试中断。设想 ShoppingCart 类中的方法 calculateFinalPrice()改变了两个属性 finalPrice 和 taxPaid。如果测试只确保了 finalPrice 属性的值，那么当 taxPaid 的设置方式出现 Bug 时，测试就发现不了 Bug。一定要确保为所有需要判断的点设置断言。

10.1.6　行为改变时测试要中断

测试让我们知道程序违反了预期的行为。如果程序破坏了行为，而测试集仍然通过，那么测试就有问题了。这可能是由于我们刚讨论的弱断言，或者是由于在第 9 章中讨论的情况，方法被覆盖了但是没有被测试到。请回顾之前提到过的 Vera-Pérez 的工作(2019 年)以及伪测试方法的存在。

当设计测试时，要确保它会在行为变化时中断。测试驱动的开发(TDD)循环允许开发者总能看到测试被中断，发生这种情况是因为行为尚未被实现，但是我喜欢“如果行为不存在或不正确，测试是否会中断”的想法。我们不害怕在代码中故意引入缺陷，运行测试并看到它们变红(然后去掉缺陷)。

10.1.7　测试失败应该有单一且明确的原因

我们喜欢测试不通过，这表明代码有问题，通常发生在代码被部署之前非常早的时间。但是测试失败是理解和修复缺陷的第一步，测试代码应该要帮助我们了解导致缺陷的原因。

有很多种方法可以实现这一点：

- 如果测试遵循了前面的原则，那么测试是内聚的，并且只执行了软件系统中的单一行为(希望是很小的行为)。
- 测试的命名能表明其执行意图和行为。
- 确保任何人都能理解传递给被测方法的输入值。如果输入值很复杂，请使用能解释其含义的、合适的变量命名，并用自然语言进行注释。

最后，确保断言是清晰的并能解释期望值。

10.1.8 测试应该易于编写

在编写测试时，不应该有什么阻力。如果很难实现(也许编写集成测试需要设置数据库、一个接一个地创建复杂对象等)，我们就很容易放弃而不去做了。

大多数时候编写单元测试应该很容易，但当被测类需要太多设置，或者依赖于太多其他类时，它可能会变得很繁杂。集成测试和系统测试往往还需要每个测试都设置和清除其外部测试环境。

确保测试总是易于编写，为开发者提供各种工具来帮助他们做到这一点。如果测试需要设置数据库，就为开发者提供一个只需要 1～2 个方法调用的 API，瞧，瞬间就为测试准备好了数据库。

在构建良好的测试基础设施上的投入是必要的，从长远来看是有回报的。还记得我们为提升 SQL 集成测试而创建的测试基类，以及我们在第 9 章为提升 Web 测试而创建的所有页面对象吗？这就是这里说的基础设施类型。在测试基础设施到位后，剩下的工作就容易了。

10.1.9 测试应该易于阅读

当说到测试失败应该有明确的原因时，我们谈到了这一点，现在我们再强调一下。测试代码库的代码量会显著增加，但只有在出现缺陷或需要将测试添加到测试集时，我们才会阅读代码。

众所周知，开发者花在阅读代码上的时间比编写代码更多。因此，节省阅读代码的时间会提高效率。关于代码可读性的最佳实践也适用于测试代码。不要害怕投入一些时间来重构测试，下一个开发者会感谢我们的。

在使测试具有可读性方面，我遵循两种做法：

(1) 确保所有信息(尤其是输入和断言)足够清晰。

(2) 每当构建复杂数据结构时，使用测试数据生成器。

让我们用一个例子来说明以上两点，代码清单 10.1 展示了 Invoice 类。

代码清单 10.1　Invoice 类

```
public class Invoice {

  private final double value;
  private final String country;
  private final CustomerType customerType;

  public Invoice(double value, String country, CustomerType customerType)
{
    this.value = value;
    this.country = country;
    this.customerType = customerType;
  }

  public double calculate() {    ◄── 我们将很快测试的方法，想象一下这里的业务规则
    double ratio = 0.1;

    // some business rule here to calculate the ratio
    // depending on the value, company/person, country ...

    return value * ratio;
  }
}
```

calculate()方法不太清晰的测试代码可能类似于代码清单 10.2。

代码清单 10.2　Invoice 的不太清晰的测试代码

```
@Test
void test1() {
  Invoice invoice = new Invoice(new BigDecimal("2500"), "NL",
  ➥ CustomerType.COMPANY);
  double v = invoice.calculate();
  assertThat(v).isEqualTo(250);
}
```

乍一看，可能很难理解代码中所有信息的含义。可能需要仔细查看才能理解这张发票的样子。想象一下真实企业系统中的一个实体类：Invoice 类可能有几十个属性。测试的名称和神秘变量 v 的名称不能清楚地解释它们的含义，也不清楚选择 NL 作为国家名或 COMPANY 作为客户类型是否对测试有任何影响，或者它们是不是随机值。

该测试方法的更优版本如代码清单 10.3 所示。

代码清单 10.3 更易读的测试版本

```
@Test
void taxesForCompanies() {
  Invoice invoice = new InvoiceBuilder()
       .asCompany()
       .withCountry("NL")
       .withAValueOf(2500.0)
       .build();

  double calculatedValue = invoice.calculate();

  assertThat(calculatedValue)
     .isEqualTo(250.0); // 2500 * 0.1 = 250
}
```

通过流式构建器来创建 Invoice 对象

存储结果的变量现在有了更优的命名

该断言加了注释来解释 250 的来源

首先，测试方法的命名(taxesForCompanies)清楚地表达了该方法正在执行的行为。这是一种最佳实践，用测试的内容来命名测试方法。为什么这样做？因为一个好的方法命名可以使开发者不必阅读方法的主体来了解测试的内容。在实践中，通常会略过测试集来寻找特定测试或了解有关类的更多信息，有意义的测试命名会有所帮助。一些开发者会主张使用更详细的方法命名，例如 taxForCompanyAreTaxRateMultipliedByAmount。开发者甚至可以略过测试集来理解业务规则。

在前面几章中，虽然测试的许多方法复杂，但职责单一。例如，第 2 章的 substringsBetween 或第 3 章的 leftPad。我们甚至使用通用名称创建了单个参数化的测试。我们不需要一组命名恰当的测试方法，因为被测方法的名称就说明了一切。但是在企业系统中，我们有类似业务的方法，如 calculateTaxes 或 calculateFinalPrice，每种测试方法(或分区)涵盖了不同的业务规则，这些都可用测试方法的名称来表达。

其次，我们使用 InvoiceBuilder(很快就会展示它的实现)清楚地表达了这张发票的内容。它是一家公司的发票(正如 asCompany()方法所明确指出的那样)，NL 是国名，且发票金额为 2500。计算结果被存储到一个变量(calculatedValue)中，变量的含义不言而喻。该断言包含一处注释，解释了 250 的来历。

InvoiceBuilder 是实现测试数据构建器的一个示例(如 Pryce[2007]所定义)。该构建器通过提供清晰而富有表现力的 API 来帮助我们创建测试场景。使用流式接口(如 asCompany().withAValueOf()...)是一种常见的实现选择。就其实现而言，InvoiceBuilder 是一个 Java 类，允许方法被链接的技巧是在方法中返回类(方法返回 this 指针)，如代码清单 10.4 所示。

代码清单 10.4　Invoice 测试数据构建器

```
public class InvoiceBuilder {

  private String country = "NL";
  private CustomerType customerType = CustomerType.PERSON;
  private double value = 500;

  public InvoiceBuilder withCountry(String country) {
    this.country = country;
    return this;
  }

  public InvoiceBuilder asCompany() {
    this.customerType = CustomerType.COMPANY;
    return this;
  }

  public InvoiceBuilder withAValueOf(double value) {
    this.value = value;
    return this;
  }

  public Invoice build() {
   return new Invoice(value, country, customerType);
  }
}
```

构建器包含预定义的值，允许用户仅为当前测试设置自定义的值

构建器包含许多方法，允许测试改变特定的值(如国名)

一旦所需的 Invoice 被设置好，构建器就会创建一个实例

可随意定制构建器。一个常见技巧是让构建器创建一个通用类，而不需要调用所有的设置方法。然后，可在一行中创建一张复杂的发票，如代码清单 10.5 所示。

代码清单 10.5　用一行代码来构建发票实例

```
var invoice = new InvoiceBuilder().build();
```

这种情况下，构建方法(不做任何设置)将始终为我们创建一个数值为 500.0 且国家为 NL 的发票(请参考 InvoiceBuilder 中的初始化值)。

其他开发者可以编写快捷方法，为该类构建其他常见的固定设置。在代码清单 10.6 中，anyCompany()方法返回一张属于某个公司的发票(以及其他字段的默认值)。fromTheUS()方法为美国的某个客户构建了一张发票。

代码清单 10.6 构建器中的其他辅助方法

```
public Invoice anyCompany() {
   return new Invoice(value, country, CustomerType.COMPANY);
}

public Invoice fromTheUS() {
   return new Invoice(value, "US", customerType);
}
```

由于经常要构建复杂的测试数据，框架可以提供一些帮助，例如 Java 界的 Java Faker(https://github.com/DiUS/java-faker)和 Ruby 的 factory_bot (https://github.com/thoughtbot/factory_bot)。我相信一定可以找到一种适合编程语言的框架。

最后，我们会注意到断言后的注释，2500*0.1 = 250。有些开发者认为，可用这个注释说明代码需要改进。为删除注释，可引入解释变量。在代码清单 10.7 中，在断言中使用 invoiceValue 和 tax 变量。这取决于我们和团队决定什么方法是最适合的。

代码清单 10.7 通过解释变量使测试代码更具可读性

```
@Test
void taxesForCompanyAreTaxRateMultipliedByAmount() {
  double invoiceValue = 2500.0;      <-- 声明 invoiceValue 和
  double tax = 0.1;                      tax 变量

  Invoice invoice = new InvoiceBuilder()
    .asCompany()
    .withCountry("NL")
    .withAValueOf(invoiceValue)      <-- 使用变量而不是硬编
    .build();                            码值

  double calculatedValue = invoice.calculate();

  assertThat(calculatedValue)
```

```
        .isEqualTo(invoiceValue * tax);
    }
```

断言使用解释性变量而不是硬编码值

总之，引入测试数据构建器、使用变量名来解释信息的含义、有明确的断言以及在代码表达力不够的地方添加注释将有助于开发者更好地理解测试代码。

10.1.10　测试应该易于修改和演化

尽管我们倾向于设计具有单一职责的稳定类，这些类对修改是封闭的，但对扩展是开放的(有关开放封闭原则的更多信息，请参见 Martin [2014])，但实际上，并非总是如此。我们的产品代码会改变，这也会迫使测试发生改变。

因此，我们的任务是在实现测试代码时，确保修改它不会太痛苦。虽然不可能完全没有痛苦，但可减少需要修改的范围。例如，如果我们在 10 种不同的测试方法中看到相同的代码片段，请考虑将其提取出来。如果变更发生且必须要修改该代码片段，那么我们现在只需要在 1 个地方而不是 10 个地方进行修改。

测试以某种方式与产品代码耦合，这是事实。测试对产品代码的工作方式了解得越多，修改它们的难度就越大。正如我们在第 6 章中所讨论的，使用模拟对象的明显缺点是与产品代码的显著耦合。

10.2　测试坏味道

在前面的章节中，我们讨论了编写好的测试代码的一些最佳实践。现在我们来讨论测试坏味道(code smell)。术语“坏味道”表明系统源代码中可能存在更深层次的问题。一些众所周知的例子是 Long Method、Long Class 和 God Class。几篇研究论文表明，代码坏味道会阻碍软件系统的可理解性和可维护性(例如 Khomh 及其同事的工作[2009])。

虽然该术语长期以来一直被应用于产品代码，而我们的社区一直在开发针对测试代码坏味道的目录。研究还表明，测试坏味道在现实工作中普遍存在，而且不出所料，通常会损害测试集的可维护性和可理解性(Spadini 等人，2020 年)。

以下几节将研究几种众所周知的测试坏味道。更全面的列表可以在Meszaros(2007)的 xUnit 测试模式中找到。我还建议阅读 Deursen(2001)关于测试坏味道的基础性论文。

10.2.1 过度重复

测试代码中出现代码重复并不奇怪，因为它在产品代码中很普遍。测试通常在结构上相似，大家可能已经在本书的几个代码清单中注意到了这一点。我们甚至使用参数化测试来减少重复。不太用心的开发者可能最终写出重复的代码(正如 Treude、Zaidman 和我在一项实证研究[2021]中观察到的那样，复制粘贴在现实工作中经常发生)，而不是投入一些精力来实现更好的解决方案。

重复的代码会降低软件开发者的工作效率。如果需要修改一段重复的代码，必须对所有重复的代码进行相同的修改。在实践中，我们很容易忘记修改其中一个地方并最终得到有问题的测试代码。如前所述，重复代码也可能阻碍测试集的优化和维护。如果产品代码发生变化，我们不想修改太多测试代码，隔离重复的代码可减轻这种痛苦。

我们建议经常重构测试代码。将重复代码提取到私有方法或外部类中，往往是解决问题的快速且廉价的方案。但务实是关键，少量的重复可能不会造成伤害，我们应该根据自己的经验来判断何时需要重构。

10.2.2 不明确的断言

在测试失败时，开发者首先会查看断言。一个好的断言能清楚地表明失败的原因，清晰易读，并且尽可能具体。当难以理解断言或其失败的原因时，就会出现测试坏味道。

产生这种坏味道的原因有很多。有些功能或业务规则非常复杂，以至于需要一组复杂的断言来确保其行为。这些情况下，我们最终会写出复杂且不易理解的断言指令。为帮助应对这种情况，我们建议编写可定制的断言指令，以抽象出断言代码的部分复杂性，并加上代码注释，用自然语言快速解释这些断言的内容。如果可以帮助未来的开发者了解正在发生的事情，尽可在代码中加注释。

有趣的是，文献中常见的最佳实践是“每个方法一个断言”。这个想法指：带有单个断言的测试只关注单个行为，如果断言失败，开发者更容易理解。我们强烈反对这条规则。如果我们的测试足够内聚并且专注于单一特性，那么断言应该确保整个行为符合预期。这意味着断言可以判断多个字段是否已更新并具有新值，也可能意味着断言可以判断模拟对象与其他依赖项是否正确交互。许多情况下，在一个测试中使用多个断言是很有用的。强迫开发者让每个测试方法只能有一个断言是极端的，但测试也不应该有无用的断言。

框架通常提供执行软断言(soft assertions)的可能性，软断言是指在测试失败时不会停止而继续测试，仅在测试执行结束后报告该测试失败。例如，AssertJ 提供了这种能力(http://mng.bz/aDeo)。

最后，即使我们知道要断言什么，不管使用什么测试框架，选择其正确的断言方法也会有不同的效果。使用错误或不理想的断言指令可能导致不精确的断言错误消息。我们强烈建议使用 AssertJ 及其扩展的断言集合。

10.2.3　对复杂或外部资源的处理不当

理解使用外部资源的测试代码可能很困难，该测试应确保资源可用并为其做好准备。测试还应该在运行后清理环境。

一个常见的坏味道是对外部资源持乐观态度。当测试假设在其执行开始时必要的资源(例如数据库)是随时可用的，就会出现“资源乐观主义”。问题是当资源不可用时，测试就会失败，通常也没有明确的信息来解释原因。这会使得开发者感到困惑，他们可能认为系统中引入了一个新缺陷。

为避免这种资源乐观主义，测试不应该假设资源已处于正常状态，而是应该自己设置状态。这意味着测试要负责填充数据库、将所需文件写入磁盘或启动 Tomcat 服务器等。此设置可能需要复杂的代码，我们还应该尽最大努力抽象出这种复杂性，例如，将这种代码封装为其他类(如 DatabaseInitialization 或 TomcatLoader)，让测试代码专注于测试用例。

当测试假定资源始终可用时，会发生另一种常见的测试坏味道。设想与 Web Service 交互的测试方法，Web Service 可能因为无法控制的原因而宕机。为避免这种测试坏味道，我们有两个选择：通过使用桩对象和模拟对象来避免依赖外部资源；或者，如果测试无法避免使用外部依赖，则要使测试集足够健壮。例如，让测试集在资源不可用时跳过该测试，并提供警告来解释为什么会这样。这似乎是违反直觉的，但请记住，开发者信任其测试集。某个测试由于错误的原因而失败，会使开发者对整个测试集失去信心。

从可读性的角度看，应该很容易理解测试所需和使用的所有外部资源。想象一下，测试需要某个目录中的测试文件。如果该文件不存在，则测试失败。开发新手可能难以理解这个前置条件。要避免在测试集中出现此类"神秘客人"，测试代码应该明确说明其所有的外部依赖项。

10.2.4 过于通用的测试夹具

测试夹具(Fixture)是用于执行被测组件的一组输入值的集合。正如我们可能已经注意到的，夹具是测试方法的明星，因为它们自然而然地来自于工程师使用之前讨论过的任何技术所设计的测试用例。

当测试更复杂的组件时，我们可能需要建立几个不同的夹具：待验证的每个分区各自会用一个，这样这些夹具会变得复杂。而让情况变得更糟的是，当这些测试彼此不同时，它们的夹具可能会相互作用。考虑到不同夹具之间可能的交叉、以及建立复杂实体和夹具的难度，我们可决定声明一个大的夹具用于许多不同的测试，而每个测试将使用这个大夹具的一小部分。

虽然这种方法可能有效，而且测试可能正确地实现了测试用例，但它们很快就变得难以维护。一旦测试失败，我们会发现这个大夹具可能与那个特定的失败测试不完全相关。然后，我们必须手动过滤掉那些没有被失败测试验证的夹具部分。这是一个不必要的成本。

确保一个测试的夹具是尽可能具体和内聚的，有助于我们理解测试的本质(当测试开始失败时，这也是非常相关的)。构建模式(专注于构建测试数据)有助于避免产生过于通用的夹具。更具体地说，我们讨论的测试数据构建器模式经常用于企业级应用程序的测试代码中，这样的应用程序经常会创建复杂的、相互关联的业务实体集，这很容易导致开发者编写过于通用的夹具。

10.2.5　敏感断言

好的断言是测试用例的基础。错误的断言可能导致测试在其不应该通过的时候却通过了。当然，错误的断言也可能导致测试在不应该失败时却失败了。当组件产生脆弱的输出(经常变化的输出)时，设计一个好的断言语句就更具挑战性。即使测试代码应该尽可能适应被测组件的实现细节，断言也不应该对内部变化过于敏感。

在用于评估学生作业的工具(https://github.com/cse1110/andy)中，有一个类负责将评估结果转换为基于云的 IDE 中显示的消息(字符串)。代码清单 10.8 展示了其中一个练习的输出。

代码清单 10.8　工具的输出示例

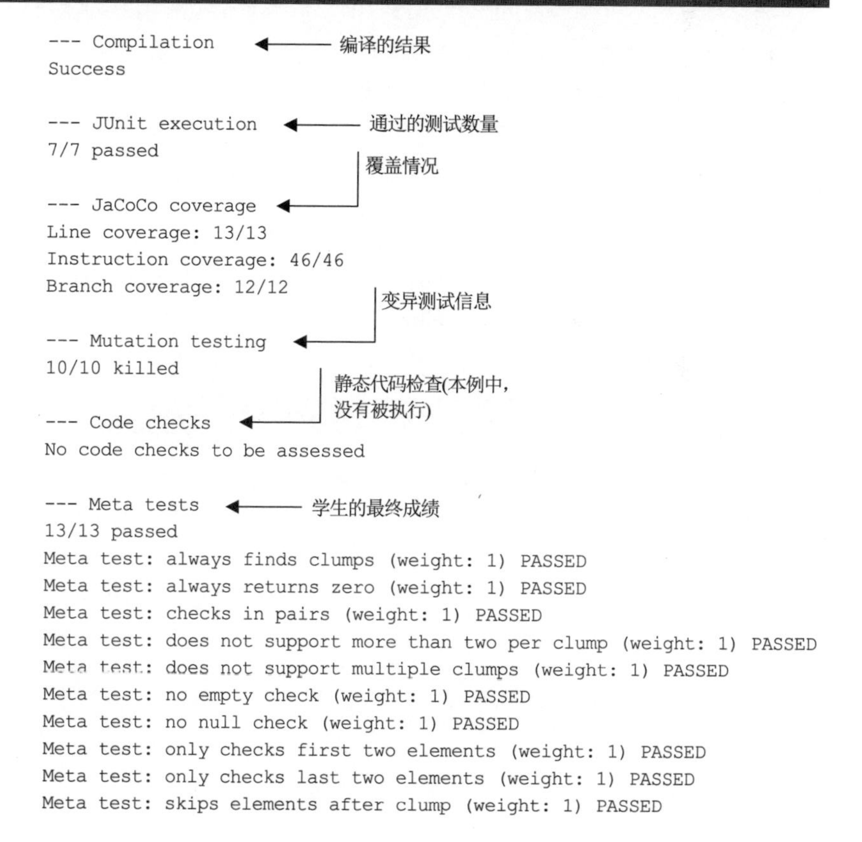

```
--- Compilation
Success

--- JUnit execution
7/7 passed

--- JaCoCo coverage
Line coverage: 13/13
Instruction coverage: 46/46
Branch coverage: 12/12

--- Mutation testing
10/10 killed

--- Code checks
No code checks to be assessed

--- Meta tests
13/13 passed
Meta test: always finds clumps (weight: 1) PASSED
Meta test: always returns zero (weight: 1) PASSED
Meta test: checks in pairs (weight: 1) PASSED
Meta test: does not support more than two per clump (weight: 1) PASSED
Meta test: does not support multiple clumps (weight: 1) PASSED
Meta test: no empty check (weight: 1) PASSED
Meta test: no null check (weight: 1) PASSED
Meta test: only checks first two elements (weight: 1) PASSED
Meta test: only checks last two elements (weight: 1) PASSED
Meta test: skips elements after clump (weight: 1) PASSED
```

```
Meta test: skips first element (weight: 1) PASSED
Meta test: skips last element (weight: 1) PASSED
Meta test: wrong result for one element (weight: 1) PASSED

--- Assessment
Branch coverage: 12/12 (overall weight=0.10)
Mutation coverage: 10/10 (overall weight=0.10)
Code checks: 0/0 (overall weight=0.00)
Meta tests: 13/13 (overall weight=0.80)
Final grade: 100/100
```

如果我们在编写测试时没有仔细考虑，最终会编写大量断言来检查输出中是否有某些字符串。鉴于我们将为许多不同的输出编写大量测试用例，其测试集最终将包含许多语句，例如“assert output contains Final grade: 100/100”。

注意这个断言太敏感。如果稍微更改消息，测试都会中断。写出对微小变化不太敏感的断言，这通常是个好主意。

这种情况下，我们别无选择，只能断言字符串与已有的字符串相匹配。为解决这个问题，我们决定为需要断言的消息的每个部分创建自有的断言集。这些断言能将测试代码与字符串本身解耦。未来，如果消息发生了变化，我们需要做的只是改变其断言。

在代码清单 10.9 中，当学生提交无法编译的解决方案时，reportCompilation-Error 测试方法确保向他们显示正确的消息。我们创建了一个带有编译错误的 Result 对象(代表学生解决方案的最终评估)，然后调用被测方法并返回生成的字符串消息。

代码清单 10.9 使用我们自己断言的测试

创建一个结果，然后告知学生其解决方案中存在编译错误

```
@Test
void reportCompilationError() {

  Result result = new ResultTestDataBuilder()
    .withCompilationFail(
      new CompilationErrorInfo(
        ➥ "Library.java", 10, "some compilation error"),
      new CompilationErrorInfo(
        ➥ "Library.java", 11, "some other compilation error")
  ).build();
```

```
    writer.write(ctx, result);          ◄──  调用被测的方法，并获得生成
    String output = generatedResult();       的消息

    assertThat(output)                  ◄──
      .has(noFinalGrade())
      .has(not(compilationSuccess()))        断言该消息与预期的一致。但请注意断
      .has(compilationFailure())             言集：noFinalGrade、compilationSuccess
      .has(compilationErrorOnLine(10))       等。它们将测试与具体的字符串解耦
      .has(compilationErrorOnLine(11))
      .has(compilationErrorType("some compilation error"))
      .has(compilationErrorType("some other compilation error"));
}
```

断言也是有技巧的。请注意我们创建的许多断言：noFinalGrade()确保最终成绩不显示出来，compilationErrorOnLine(10)确保通知学生在第 10 行有一个编译错误，以此类推。为了创建这些断言，我们使用了 AssertJ 的扩展功能。我们所要做的就是创建一个返回 AssertJ 的 Condition<?>类的方法。泛型类型应该与我们要执行断言的对象类型相同。在本例中，输出变量是一个字符串，所以我们需要创建一个 Condition<String>。

compilationErrorOnLine 断言的实现如代码清单 10.10 所示。如果发生了编译错误，将打印“-line<number>:<errormessage>”。然后，此断言在字符串中查找“-line <number>”。

代码清单 10.10　compilationErrorOnLine 断言

```
public static Condition<String> compilationErrorOnLine(int lineNumber) {  ◄──
  return new Condition<>() {                                   定义静态方法，这样可以
    @Override                                                  在测试类中静态地导入
    public boolean matches(String value) {
      return value.contains("- line " + lineNumber);  ◄──
    }
  };                                                 检查值是否包含我们要查
}                                                    询的字符串
```

概括起来，要确保断言不要太敏感，否则测试可能会毫无理由地中断。

10.3　练习题

1. Jeanette 听说两项测试表现异常。它们在单独执行时都通过了，但在一起执行时会失败。以下哪一项不是造成此问题的原因？

A. 测试依赖于相同的外部资源

B. 测试的执行顺序很重要

C. 两个测试都很慢

D. 测试后没有执行清理操作

2. 查看下面的测试代码，最可能出现的测试代码坏味道是什么？

```
@Test
void test1() {
  // web service that communicates with the bank
  BankWebService bank = new BankWebService();

  User user = new User("d.bergkamp", "nl123");
  bank.authenticate(user);
  Thread.sleep(5000); // sleep for 5 seconds

  double balance = bank.getBalance();
  Thread.sleep(2000);

  Payment bill = new Payment();
  bill.setOrigin(user);
  bill.setValue(150.0);
  bill.setDescription("Energy bill");
  bill.setCode("YHG45LT");

  bank.pay(bill);
  Thread.sleep(5000);

  double newBalance = bank.getBalance();
  Thread.sleep(2000);

  // new balance should be previous balance - 150
  Assertions.assertEquals(newBalance, balance - 150);
}
```

A. 不稳定测试(Flaky Test)

B. 测试代码重复

C. 模糊测试

D. 长方法

3. RepoDriller 是从 Git 代码库中提取信息的项目。它的集成测试使用大量真实的 Git 代码库(专门为测试而创建)，每个代码库都有不同的特性：一个代码库包含一个合并提交，另一个包含一个恢复操作，等等。

它的测试如下所示：

```
@Test
public void test01() {

  // arrange: specific repo
  String path = "test-repos/git-4";

  // act
  TestVisitor visitor = new TestVisitor();
  new RepositoryMining()
    .in(GitRepository.singleProject(path))
    .through(Commits.all())
    .process(visitor)
    .mine();

  // assert
  Assert.assertEquals(3, visitor.getVisitedHashes().size());
  Assert.assertTrue(visitor.getVisitedHashes().get(2).equals("b8c2"));
  Assert.assertTrue(visitor.getVisitedHashes().get(1).equals("375d"));
  Assert.assertTrue(visitor.getVisitedHashes().get(0).equals("a1b6"));
}
```

这段代码可能受到哪种测试坏味道的影响？

A. 测试中的条件逻辑

B. 通用夹具

C. 不稳定测试

D. 神秘客人

4. 下面的代码展示了一个来自非常流行的开源 Java 库 Apache Commons Lang 的实际测试。本次测试重点关注静态 random()方法，该方法负责生成随机字符。这个测试中的一个有趣细节是注释中说**“大约 1000 次会随机失败 1 次”**。

```
/**
 * Test homogeneity of random strings generated --
 * i.e., test that characters show up with expected frequencies
 * in generated strings. Will fail randomly about 1 in 1000 times.
 * Repeated failures indicate a problem.
 */
@Test
public void testRandomStringUtilsHomog() {
  final String set = "abc";
  final char[] chars = set.toCharArray();
  String gen = "";
  final int[] counts = {0, 0, 0};
```

```
  final int[] expected = {200, 200, 200};
  for (int i = 0; i < 100; i++) {
    gen = RandomStringUtils.random(6,chars);
    for (int j = 0; j < 6; j++) {
      switch (gen.charAt(j)) {
        case 'a': {counts[0]++; break;}
        case 'b': {counts[1]++; break;}
        case 'c': {counts[2]++; break;}
        default: {fail("generated character not in set");}
      }
    }
  }
  // Perform chi-square test with df = 3-1 = 2, testing at .001 level
  assertTrue("test homogeneity -- will fail about 1 in 1000 times",
     chiSquare(expected,counts) < 13.82);
}
```

关于该测试，以下哪一项陈述是不正确的？

A. 由于生成字符时存在随机性，该测试很不稳定。

B. 该测试检查无效生成的字符，并检查字符是否以相同的比例被挑选。

C. 该方法是静态的，与它的不稳定性无关。

D. 为避免不稳定性，开发人员应该模拟 random()函数。

5. 开发者观察到两个测试在单独执行时通过，但在一起执行时失败。以下哪项最不可能解决此问题(也称为测试运行战争)？

A. 使每个测试运行器成为一个特定的沙盒。

B. 在每次测试中使用新的夹具。

C. 删除并隔离重复的测试代码。

D. 在 tearDown 时清理状态。

10.4 本章小结

- 编写好的测试代码与编写好的产品代码一样具有挑战性。我们应该确保测试代码易于维护和演化。

- 我们在测试方法中渴望得到很多东西。测试应该是快速的、内聚的和可复用的；测试不通过时其原因明确并包含强大的断言；测试应该易于阅读、编写和演化；测试应该与产品代码松耦合。
- 许多事情都会阻碍测试方法的可维护性：过度重复、太多的不良断言、对复杂外部资源的不良处理、太多的通用夹具、太敏感的断言和不稳定性。我们应该避免这些问题。

第 11 章 全书总结

本章主要内容：

- 回顾本书中讨论的内容

我们现在已经到了本书的结尾。本书包含关于软件测试实践的大量知识，我希望大家现在已经领会了多年来一直支持我的测试技术。在本章中，我将就如何看待实践中的有效测试进行总结，并强调大家最应该关心的几点内容。

11.1 尽管模型看起来是线性的，但迭代是基础

图 11.1(第 1 章中第一次出现)描绘了我们所说的有效的软件测试。虽然这个图和本书各章的顺序可能会给我们一种线性的感觉(也就是说，我们首先进行基于需求规格的测试，然后进行结构化测试)，但事实并非如此。我们不应将建议的流程视为一种测试的瀑布模型。

软件开发是一个迭代的过程。我们可能从基于需求规格的测试开始，再进行结构化测试，然后我们感觉需要重回到基于需求规格的测试。或者我们可以从结构化测试开始，因为 TDD 阶段形成的测试已经足够好。因此，根据具体情况定制流程并没有错。

随着我们的测试经验越来越丰富，将对应用这些技术的最佳顺序找到感觉。只要我们掌握了所有这些并了解每个目标和输出，这种感觉自然而然就能找到。

11.2 没有缺陷的软件开发：现实还是神话

这些技术从许多不同的角度探索源代码。这可能会给我们留下一种印象：如果应用所有这些技术，缺陷就永远不会发生。遗憾的是，事实并非如此。

我们从更多角度对代码进行更多测试，揭示之前未被发现的缺陷的可能性就更大。但是我们今天使用的软件系统非常复杂，并且在涉及数十个不同组件一起工作的边角场景可能出现缺陷。领域知识可以帮助我们了解此类情况。因此，我们深入了解被测软件系统背后的业务，对于预见系统之间可能导致崩溃或缺陷的复杂交互至关重要。

我把所有筹码都押在了智能测试上。尽管它出现在了图 11.1 中，但我们在本书中并没有过多地谈论它。智能测试就是让计算机为我们探索软件系统。在本书中，我们实现了测试执行过程的自动化。测试用例设计(即思考好的测试)是一项人类活动，而智能测试系统可为我们推荐测试用例。

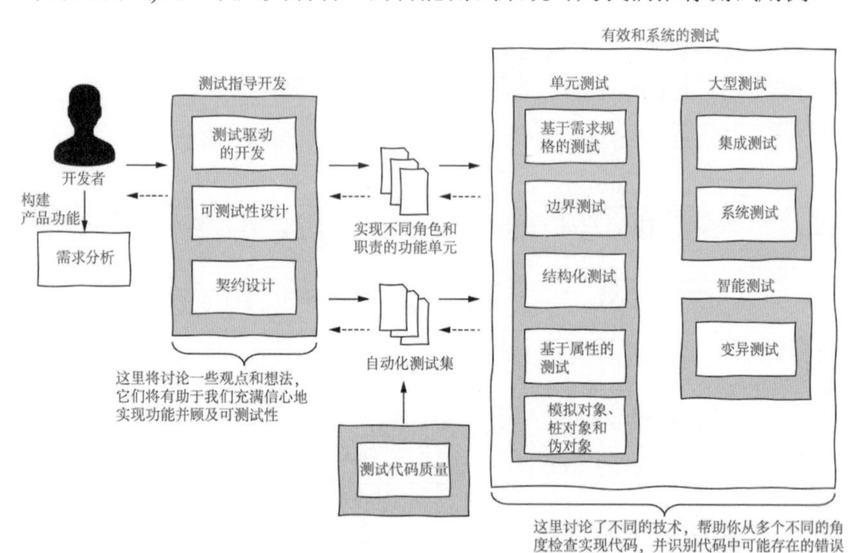

图 11.1 适合开发者进行有效和系统测试的工作流程。箭头表示过程的迭代性；随着开发者对正在开发和测试的程序有更多的了解，可在不同技术之间来回切换

这个想法在学术界不再新颖。有许多有趣的智能测试技术，其中一些已经足够成熟，可以部署到生产中。例如，脸书公司部署了 Sapienz，这是一种使用基于搜索的算法自动探索移动应用程序并查找程序崩溃的工具。谷歌大规模部署模糊测试(Fuzz testing，为程序生成意外输入以查看它们是否崩溃)，以识别开源系统中的错误。这项研究的美妙之处在于，这些工具并不是随机生成输入数据，它们变得越来越聪明。

如果我们想试用自动化测试用例生成，对于 Java 语言可尝试 EvoSuite (www.evosuite.org)。EvoSuite 接收一个代码类作为输入并生成一组通常能达到 100%分支覆盖率的 JUnit 测试。这多么令人惊叹。我们希望这个世界上的大型软件开发公司能跟上这个想法并构建更多成熟的产品化工具。

11.3　让最终用户参与进来

本书侧重于验证，验证可确保代码按预期工作。另一个需要考虑的方面是确认，确认软件是否满足用户的真实需求。交付能带来最大价值的软件，与交付有效的软件一样重要。要确保有机制来保证在流水线上构建正确的软件。

11.4　尽量多使用单元测试

我们关于单元测试与集成测试有一个明确的立场，即应该尽可能多使用单元测试，而将集成测试留给系统中需要它的部分。为此，需要使代码容易测试，并在设计时考虑可测试性。然而，本书的大多数读者并不处在这样好的情形下，软件系统的设计也很少是这样的。

当我们编写对其有更多控制的新代码时，要确保以一种易开展单元测试的方式进行编码。这意味着将新代码与难以测试的遗留代码集成。对此，我们有一个非常简单的建议，适用于大多数情况。想象一下，当需要向遗留类添加新行为时，与其在这个类中添加行为，不如创建一个新类来实现新行为，并对其进行单元测试。然后，在遗留类中，实例化新类并调用方法。这样就避免了为无法测试的类编写测试的麻烦。如代码清单 11.1 所示。

代码清单 11.1 处理遗留代码

```
class LegacyClass {

  public void complexMethod() {
    // ...
    // lots of code here...
    // ...

    new BeautifullyDesignedClass().cleanMethod();

    // ...
    // lots of code here...
    // ...
    }
}

class BeautifullyDesignedClass {
  public void cleanMethod() {
    // ...
    // lots of code here...
    // ...
  }
}
```

在遗留类中，我们调用了新类中的行为

该类也复杂，但可测试

当然，我们可能需要针对具体情况采取不同的做法，但思路是一样的。关于处理遗留系统的更多信息，我建议阅读 Feather 的书(2004)，以及阅读 Evans(2004)提出的防腐层(Anti-corruption layer，介于新代码和遗留代码之间，用于确保新代码的设计不受遗留代码的限制)的想法。

11.5 在监控上投入精力

在部署之前，我们会尽力捕获所有缺陷。但在实践中，我们知道这是不可能的。我们能做什么呢？确保在生产环境发生缺陷时，我们能立即检测到缺陷。

软件监控与测试一样重要。确保我们的团队能够构建合适的监控系统。这比我们想象的要复杂得多。首先，开发者需要知道日志包含哪些内容。这可能是一个棘手的决定，因为我们不想记录太多(以避免基础设施过载)，也不想记录太少(因为没有足够的信息来调试问题)。确保团队对日志的内容、使用的日志级别等有良好的指导方针。如果感到好奇，我们写了一篇论文，表明机器学习可以向开发者推荐日志(Cândido 等人，2021 年)。我们希望将来有更具体的工具。

当系统每月记录数百万甚至数十亿条日志行时，开发者也很难识别异常。有时异常发生了，软件需要具有足够的韧性从而能够处理这些异常。无论如何，开发者都会记录这些异常，但通常这些异常并不重要。因此，有必要在识别重要异常的方面进行投入。

11.6　未来的方向

关于软件测试，还有很多东西要学习！本书没有足够的篇幅来涵盖下列重要的主题。

- **非功能性测试**——如果有非功能性需求，如性能、可扩展性或安全性，也需要为它们开发测试。Gayathri Mohan 于 2022 年出版的 *Full Stack Testing*(https://learning.oreilly.com/library/view/full-stack-testing/9781098108120)一书很好地涵盖了这些类型的测试。
- **针对特定架构和上下文进行测试**——如第 9 章中所讨论的，不同技术可能需要不同的测试模式。如果正在构建 API，为此编写 API 测试是明智之举。如果正在构建 VueJS 应用程序，编写 VueJS 测试是明智的。Manning 有几本关于该主题的有趣书籍，包括 Mark Winteringham 撰写的 *Testing Web APIs* (www.manning.com/books/testing-web-apis); Alex Soto Bueno 和 Jason Porter 撰写的 *Exploring Testing Java Microservices*(www.manning.com/books/exploring-testing-java-microservices)以及 Edd Yerburgh 撰写的 *Testing Vue.js Applications* (www.manning.com/books/testing-vue-js-applications)。
- **为编程语言设计可测试性原则**——本书主要讨论了对一般面向对象语言有意义的原则。例如，如果使用的是函数式语言，则原理可能会有所不同。以 Clojure 为例，Phil Calçado 有一篇很好的博客文章，介绍了他在该语言中使用 TDD 的经验(http://mng.bz/g40x)，Amit Rathore 和 Francis Avila 撰写的 Clojure in Action 一书(www.manning.com/books/ clojure-in-action-second-edition)中有一整章专门介绍 TDD。

- **静态分析工具**——像 SonarQube(www.sonarqube.org)和 SpotBugs (https://spotbugs.github.io/)等在代码库中查找质量问题的工具，也是我们感兴趣的。这些工具主要依赖于静态分析并寻找特定的错误代码模式，主要优点是速度快且可在持续集成时运行。强烈建议大家熟悉这些工具。
- **软件监控**——前面提到应该在监控上投入，这意味着我们还需要学习如何进行适当的监控。A/B 测试、蓝绿部署等技术将有助于确保缺陷更难进入生产环境。Rouan Wilsenach 的博客文章 QA in Production 很好地介绍了该主题(https://martinfowler.com/articles/qa-in-production.html)。

祝测试愉快！

附录

习题答案

第1章

1. 顾名思义，系统性测试的目的是以比较系统的方式设计测试用例，而不是简单地跟随直觉。系统性测试为工程师提供了良好技术，使他们能够基于需求、边界和源代码设计测试用例。

2. 没有缺陷的误区(absence-of-errors fallacy)。虽然该软件没有太多缺陷，但它并没有给用户提供他们想要的功能。这种情况下，验证(verification)工作没问题，但开发人员需要进一步进行有效性确认(validation)。

3. B。大多数情况下，测试是不能穷尽的。

4. D。尽早测试是一项重要原则，但绝不是说只做单元测试。所有其他原则可帮助开发人员理解：运用不同类型的测试是重要的。

5. A。杀虫剂悖论最适合这个讨论。开发团队有很高的代码覆盖率，但是他们需要应用不同的测试技术。

6. A。集成测试的主要用途是找出系统与其外部依赖项之间通信的错误。

7. A。

8. A。

9. B。

第2章

1. D。这是一种功能测试技术。不需要源代码。

2. 可能采取的措施如下。

- 应该将“没带此名称的文件名”和“省略”视为异常，只测试它们1次。
- 应该将模式大小为“空”视为异常，只测试1次。
- 应该将“模式引语不当”视为异常，只测试1次。
- 应该将“单行中的出现次数”类别中的选项限制为：仅当“在文件中出现”恰好是一个或多个时才发生。在一个文件中没有出现且在一行中只有一个模式，这是没有意义的。

3. 这个练习的答案没有对错。它表明，我们所做的许多决策都基于对系统的了解，在这个例子中，是基于对系统的假设。当上下文开始发挥作用时，存在的无效用例可能比边界内的测试用例还多。

不管我们作为一个测试人员对特定的无效测试用例所做的决定是什么，重要的是如何证明这些决定。例如：

- 需要将负数和正数分开测试吗？根据规范，没有理由这样做。如果查看源代码(假设可以访问源代码)，是否会觉得这个测试是必要的？
- 需要测试尾随的零吗？如果用户输入的字符串稍后要进行转换，那么这样的测试可能很重要。
- 是否需要测试诸如 Integer.MAX_VALUE、长整型或者浮点类型的极端数值？
- 需要测试只包含一个字母或两个以上字母的字符串吗？如果程序中没有输入验证，可能发生意外行为。
- 需要测试小写字母吗？也许程序不能区分字母大小写。

下面是一些可能无效的分区示例：

- [Integer.MIN_VALUE, 999]
- [4001, Integer.MAX_VALUE]
- [A,B]
- [N,Z]
- [0, 999]
- [AAA, ZZZ]

4. 可按分区对测试用例分组。

- 能被 3 和 5 整除：T1, T2
- 只能被 3 整除(不能被 5 整除)：T4

- 只能被 5 整除(不能被 3 整除)：T5
- 不能被 3 或 5 整除：T3

上面，只有“能被 3 和 5 整除”的分区有两个测试，所以我们只能移除 T1 或 T2。

5. A。上点可以从条件中读取：570。上点使条件为真。因此，离点应该使条件为假：571。

6. 上点为 10。这里处理的是一个等式。该值可以上下移动，使条件为假。因此，我们有两个离点：9 和 11。

第3章

1. B。

- 2~4、6 和 8 行总是被覆盖。
- 第 4 行中的条件为 true，因此第 5 行也被覆盖。
- 当 right=21 时，第 6 行中的条件是 false，所以第 7 行没有被覆盖。
- 第 8 行的条件为 false(注意 left 的值已被更改)，因此，第 9 行没有被覆盖，但第 10 行和第 11 行被覆盖了。

共覆盖了 10 行中的 8 行，所以行覆盖率为 $8/10 \times 100 = 80\%$。

2. 实现 100%行覆盖率的测试集示例如下。

```
@Test
public void removeNullInListTest() {
  LinkedList<Integer> list = new LinkedList<>();

  list.add(null);

  assertTrue(list.remove(null));
}

@Test
public void removeElementInListTest() {
  LinkedList<Integer> list = new LinkedList<>();

  list.add(7);

  assertTrue(list.remove(7));
}

@Test
public void removeElementNotPresentInListTest() {
  LinkedList<Integer> list = new LinkedList<>();
```

```
    assertFalse(list.remove(5));
  }
```

注意，许多测试集都能实现 100%行覆盖率；这只是一个例子。

这里应该设计 3 个测试。首先，至少需要一个测试来覆盖第 5 行和第 6 行(在本例中是 removeNullInListTest)。这个测试还覆盖了第 2~4 行。

其次，需要用一个测试对第 12~13 行进行覆盖(removeElementIn-ListTest)，该测试还覆盖了第 9~11 行。最后，用一个测试覆盖第 17 行(removeElementNotPresentInListTest)。

3. C。你需要至少 1 个测试来覆盖第 2 行中判定为 true 的分支。然后，通过另一个测试覆盖第 2 行和第 12 行中判定为 false 的分支。还要添加一个测试来覆盖第 16 行中判定为 false 的分支。最后，需要一个额外的测试来覆盖第 16 行中判定为 true 的分支。这就要求至少四个测试。

4. A 和 B。

5. 给定表达式的真值表如下：

测试	A	B	结果
1	F	F	F
2	F	T	F
3	T	F	T
4	T	T	T

从这个表中，可推导出每个参数的独立对集。

- A：{(1,3)，(2,4)}
- B：{(空)}

B 没有独立对，因此不可能实现该表达式的 MC/DC 覆盖率。

由于 B 没有独立对，因此该参数不影响结果。你应该建议开发人员在不使用 B 的情况下重构表达式，使代码更容易维护。

这个例子表明，软件测试人员不仅可通过在测试中发现错误来提高代码质量，还可提出修改代码的建议，让代码达到更好的可维护性。

6. D。方法中的循环让代码无法达到 100%的路径覆盖，因为你必须测试所有可能的循环。对于其他答案，你可以设计一条测试用例“aXYa”让 100%代码覆盖成为可能。

7. A 是正确的。关于基本条件覆盖的表述，D 是错误的，“完全条件覆盖”确实包含分支覆盖，因为它是分支覆盖和条件覆盖的组合。

8. A。

9. D。所有选项都不正确。

- 没有研究证实结构化测试一定优于基于需求规格的测试。
- 我们需要好的需求，但它们不一定要转化为形式化模型。
- 可在需求规范或源代码中完成边界值分析。

第4章

1. D。

2. 现有的前置条件不足以确保被删除的断言所检查的属性能够被满足。squareAt 方法中的后置条件用于确认 result 变量的返回值不是无效值。前置条件只是确保 board 变量不是无效值，并且 x 和 y 都在其边界范围内，并不能确保 board 中的值不包含无效值。为了确保被删除的断言所检查的属性，可在这个类中定义一个不变式来确认 board 中不包含任何无效值。

3. B。

4. C。

5. 静态方法没有不变式。类的不变式是针对整体对象定义的，而静态方法不属于任何具体对象(静态方法是无状态的)。因此，类的不变式的概念不适用于静态方法。

6. A。

第5章

1. 在基于实例的测试中，测试使用一个具体实例(通常有无限的可能性)。在基于属性的测试中，测试定义了程序需要满足的属性，测试框架生成随机输入，寻找会破坏属性的输入。

2. 该方法有两个明确的属性：输入为回文字符串时，方法应该返回 true；而输入不是回文字符串时，方法应该返回 false。对于第一个属性，基于属性的测试可生成一个随机字符串，然后将其与反转值连接起来。对这类输入，程序应该返回 true。对于第二个属性，基于属性的测试可生成一个随机字符串。而对这类输入，程序应该返回 false。

这里有一些需要注意的事项。对于第一个属性，你还需要考虑具有奇数长度的回文。假设你生成一个随机字符串 abc。abccba 是一个回文，但 abcXcba 也是一个回文，其中 X 可以是任何字符。让测试能生成奇数长度的回文是测试这种边界的好方法。

对于第二个属性，你可以在生成的字符串中添加一些随机字母，以确保该字符串不是回文。这些随机字母应该不同于生成字符串所用的字符。否则，随机生成的字符串可能会偶然生成一个回文，这将错误地破坏测试。

3. 模糊或模糊测试都是关于使用无效的、意外的和随机的数据来执行程序，以检查程序是否崩溃。基于属性的测试也生成随机数据，但始终以测试属性为目标；而且针对这些"随机数据"的输入，测试应该通过。而在模糊测试中，我们不断尝试随机输入，直到测试崩溃。模糊测试是一个主要的研究领域，一些模糊测试工具正变得越来越智能。你可从 *The Fuzzing Book*(www.fuzzingbook.org) 了解更多信息。

第 6 章

1. 伪对象是所模拟的类的真实、可工作的实现，但通常以更简单的方式完成同样的任务。

桩对象为测试中的方法调用提供硬编码的响应信息。与伪对象不同的是，桩对象不具备可工作的具体实现。

模拟对象和桩对象相似，区别在于，其他对象和模拟对象的交互行为是可以被设置的。

2. A。

3. C。

4. C。

5. 任何基础设施相关的对象、异常复杂的对象或访问速度太慢的对象都可考虑用模拟对象来替代。另一方面，实体类、简单的 utility 函数，以及数据持有对象通常不需要被模拟。

6. 无。

第 7 章

1. 分析如下。

开发者 1：可观察性